AGIL

Heinz W. Droste

AGIL

Kommunikation als kreativer Prozess

Anleitungen, Checklisten,
Modelle und Case Stories

Impressum

Droste, Heinz W.

AGIL – Kommunikation als kreativer Prozess.
Anleitungen, Checklisten, Modelle und Case Stories
Auflage 2 – 02/19

(Auflage 1 - "PR-Formel" - 01/13)

Bibliografische Information der Deutschen Nationalbibliothek

Die Deutsche Nationalbibliothek verzeichnet diese Publikation in der Deutschen Nationalbibliografie; detaillierte bibliografische Daten sind im Internet über http://dnb.d–nb.de abrufbar.

ISBN 978–3–9814882–8–9

Redaktion, Layout, Satz, Grafik und Produktionsleitung:
Pedion Hückelhoven

Für meine Eltern

–

Rosa B. und Heinz W. Droste

Inhaltsübersicht

»Alle Fachleute sind sich einig:
Die Qualität von Public Relations
hängt ab von der Qualität
der Konzeption.
Anders gesagt:
Professionelles Konzipieren ist
Voraussetzung für
gute Public Relations.«
(1)
Klaus Dörrbecker

Vorwort:

In sieben Schritten zum kreativen Netzwerk-Strategen

Qualifikations-Ziel dieses Buchs:

Die bisher üblichen PR-Patentrezepte und -Checklisten helfen nicht mehr weiter. Funktionierende Lösungen erfordern einen Rückgriff auf die aktuellen Ergebnisse angewandter Kommunikations- und Netzwerk-Forschung. Aktuelle Erkenntnisse und Daten sind mit Hilfe eines kreativen Verfahrens konsequent in praktische und teamfähige Vorgehensweisen umzuwandeln.

Hierfür liefert dieses Buch eine umfassende, innovative Kommunikations-Technologie – im Einzelnen: geprüftes Know-how, direkt einsatzfähige *Analyse- und Konzeptions-Werkzeuge, Anleitungen, Checklisten und Case Stories*.

Was Sie durch dieses Buch mitnehmen:

Leserinnen und Leser erhalten eine wirkungsvolle, unmittelbar einsetzbare *»agile Formel«* an die Hand.

Dieses AGIL-Konzept umfasst neben einem *praxisbewährten Paket von Kommunikations-Tools* eine gründliche, *in sieben Schritte* übersichtlich strukturierte *Einweisung in die Nutzung* dieser Werkzeuge.

Herausforderungen zeitgemäßer Public Relations bewältigen:

Die Kreativität von PR-Beraterinnen und PR-Beratern wird täglich durch komplexer werdende Herausforderungen und Fragen auf die Probe gestellt:

- *Wie können wir im dynamischen digitalen Zeitalter angesichts unüberschaubarer Interaktionsnetze unsere Kommunikations-Ziele sicher erreichen?*
- *Wie setzen wir die Briefings von Unternehmen und Institutionen verantwortungsvoll, risikovermeidend und besonders wirksam im Meinungsmarkt um?*
- *Wie können wir vor dem Hintergrund zunehmender Digitalisierung der Öffentlichkeit als Kommunikations-Profis gleichermaßen produktiv, effektiv und kostenbewusst arbeiten?*

Kommunikations–Profis haben vielfältige Netzwerke zu managen, die sich durch ein kommunikatives Eigenleben und eine Eigendynamik auszeichnen, die sich nicht durch klassische PR–Maßnahmen wie beispielsweise Presse– und Medienarbeit oder die gängige Social Media–Nutzung kontrollieren lassen.

Erfolgreiche Profis bewältigen ihre Aufgaben, indem sie stattdessen mit ständig neu entwickelten Lösungen wirkungsvoll am dynamisch–systemischen Prozess moderner Netzwerk–Kommunikation teilnehmen.

Eine neue Ära beginnt, und die stellt sich folgendermaßen dar:

In Zukunft heißen Public Relations,

»kompetent und verantwortlich die Kommunikationskanäle zu Dialoggruppen kreativ bestimmen und betreiben, mit dem Ziel, die legitimen Interessen des PR–Auftraggebers auf direktem Weg zu verwirklichen«.

Mit dem AGIL-Konzept haben Leserinnen und Leser ein Werkzeug bei der Hand, sich für diese neue Ära der Kommunikation zu qualifizieren.

Quellenhinweise

1. Dörrbecker, Klaus; Renée Fissenewert; *Wie Profis PR–Konzeptionen entwickeln. Das Buch zur Konzeptionstechnik;* Frankfurt/Main 2003 (4); S. 9

»No intuition should be
left untested, and one›s
most deep seated intuitions
should be revised
from time to time.«
(1)
Mario Bunge

Einleitung

Kommunikation: Kreative Prozesse steuern

Leserinnen und Lesern ...

... wird in diesem Buch Schritt für Schritt ein Verfahren zur Entwicklung kreativer Kommunikations–Lösungen vermittelt. Mit diesem Verfahren werden sie zukünftig in der Lage sein, zügig relevante Fakten der Ausgangssituation zu ermitteln und darauf zugeschnitten wirkungsvolle Kommunikations–Mechanismen zum Einsatz zu bringen.

Es ist vor allem praktisches Interesse an PR–Konzeption und Maßnahmen–Planung, das die Leserinnen und Leser zu »AGIL« greifen lässt. Der Autor wird deshalb für die anschließende Vorstellung des AGIL-Ansatzes nicht unmittelbar notwendige Hintergrundinformationen zu Theorien, Forschung und Philosophien aussparen. Wer solche Details sucht, kann auf andere Veröffentlichungen des Autors zurückgreifen.[2]

Bevor es in die »Vollen« geht...

Im nächsten Kapitel wird der Autor thematisch sofort »in die Vollen« gehen. Außerdem wird er diesen Einleitungsabschnitt möglichst kurz halten. Dieser soll lediglich dazu dienen, ein paar Hintergrundinformationen zu geben, für die in den folgenden Kapiteln keine Zeit und kein Raum verschwendet werden soll:

Vorgänger–Buch: Public Relations – Analyse–Schema

Ja, diesem Buch ist eine, wenn auch »schmale« Veröffentlichung vorausgegangen, die Dr. Heinz Flieger, der PR–Pionier und engagierte Förderer der deutschen PR–Forschung, in seinem Verlag vor Jahren herausgegeben hat.

Hintergrund: Als der Autor seine PR–Karriere begann, nahm ihn Heinz Flieger »unter seine Fittiche«. Flieger sorgte dafür, dass jener nicht nur die Ehre hatte, die damals noch aktiven »PR–Altmeister« Prof. Albert Oeckl, Prof. Franz Ronneberger und Georg–Volkmar Graf Zedtwitz–Arnim persönlich kennen zu lernen. Sondern der Autor wurde eingeladen, zusammen mit ihnen Mitgründer der PR–Akademie Wiesbaden zu werden, die Flieger an seine *Gesellschaft zur Förderung der PR–Forschung* anschloss.

Weiterhin regte Flieger den Autor dazu an, sich Gedanken über die Professionalisierung von PR–Konzeptionen zu machen. Die Ideenskizze, die daraufhin entstand, ist eben diese kleine Veröffentlichung *»Public Relations – Analyse–Schema für die Praxis des PR–Beraters«*.[3] Was Flieger und Droste im Jahr der Veröffentlichung (1989) nicht voraussehen konnten, ist die Tatsache, dass dieses Bändchen in die Liste der Basisliteratur von Kommunikations–Studiengängen an deutschen Universitäten aufgenommen werden sollte und sich heute in zahlreichen PR–Bibliographien findet. Mit solchen »Vorschuss–Lorbeeren« hatten Herausgeber und Autor nicht gerechnet.

Doch nun liegt das Endprodukt vor, dessen Konturen in dem kurzen Vorgänger–Manuskript noch recht schemenhaft skizziert waren. Das »Analyse–Schema« ist damit Geschichte, »AGIL« ist das Endergebnis der Mission, die Heinz Flieger dem Autor mit auf den Weg gegeben hatte.

Das Vorgänger-Buch ist »Geschichte«.

AGIL-Werkzeuge: »Auf den Schultern von Giganten«

Basis des Verfahrens, das in diesem Buch vermittelt wird, sind bewährte Analyse– und Konzeptions–Werkzeuge, die Wissenschaftler und Kommunikations–Experten entwickelt haben. Der Autor hat diese kreativen »Tools« für die Anwendung in der PR–Praxis weiterentwickelt. Neu erfinden brauchte er diese nicht. Lediglich die verschiedenen, in der Folge vorgestellten Anwendungs–Modelle, Case Stories und grafischen Umsetzungen sind von ihm selbst aufgrund langjähriger Beratungstätigkeit und aufgrund eigener Studien erstellt worden.

Die wichtigsten Werkzeuge, die Leserinnen und Leser hier bald kennen lernen werden, wurden von renommierten Sozialwissenschaftlern und Psychologen im *»Department of Social Relations«* an der *Harvard University* entwickelt. Dieses berühmte »Department« hieß eigentlich *»The Department of Social Re-*

lations for Interdisciplinary Social Science Studies« und wurde im Jahr 1946 gegründet. Hintergrund war, dass begabten Wissenschaftlern – unter anderem aus den Bereichen Soziologie, Anthropologie und Psychologie – Gelegenheit gegeben werden sollte, über ihre Wissenschaftsbereiche hinweg interdisziplinär zu forschen. Ergebnis war, dass viele richtungweisende Forschungsprojekte z.B. in den Bereichen Persönlichkeits- und Motivationsforschung, in der kognitiven Psychologie, der Sozialpsychologie, der Psycholinguistik, der Wertorientierungs-Forschung, der Sozialpsychologie, der Wirtschafts-Soziologie und der Politologie angestoßen werden konnten. Viele der beteiligten Wissenschaftler und manche Harvard-Absolventen aus den Zeiten des Departments wurden zu international bedeutenden »Köpfen« der modernen Sozialwissenschaften.

AGIL nutzt interdisziplinäre »Tools«.

Hier ein »Vorgeschmack« auf die Werkzeuge, die Leserinnen und Leser bereits in den folgenden ersten Kapiteln kennen lernen werden: Eines der wichtigsten im AGIL-Ansatz verwendeten »Tools« gehört zu den »Produkten« der interdisziplinären Zusammenarbeit von Soziologen, Psychologen und Ökonomen im »Department«. Es dient zur Anleitung von kreativen »Sessions« und von Brainstormings, die sich durch einen qualitativ besonders hochwertigen Ideenfluss auszeichnen.[4]

Dieses Tool funktioniert gleichermaßen motivierend als Orientierungsinstrument und Wegweiser als auch als innovativer Ideengenerator. Mit diesem Instrument lassen sich diejenigen Kommunikations-Prozesse und -Strukturen übersichtlich aufzeichnen – »mappen« –, die im Anschluss eine Basis dafür bieten, zügig Mechanismen zur Lösung von Problemstellungen offen zu legen. – Die Details zum Einsatz dieses Werkzeugs werden wie gesagt in der Folge Schritt für Schritt vorgestellt.

Nun fragen wahrscheinlich manche Leserinnen und Leser, ob es sich tatsächlich lohnt, dieses und die weiteren Werkzeuge näher in Augenschein zu nehmen: *Wird sich die zeitliche Investition in diese Instrumentarien tatsächlich auszahlen? Lohnt es sich, hier »Gehirn-Schmalz« zu investieren? Sind diese Tools überhaupt praxisrelevant?*

Handfeste Vorteile in der Übersicht

Als motivierende Antwort mag der Hinweis dienen, dass der Autor und seine Team–Kollegen dieses besondere Werkzeug jahrzehntelang in der Kommunikations–Beratung, der Entwicklung und Umsetzung von PR–Konzeptionen einsetzten und dabei ständig verfeinerten. Dabei zeigte sich, dass Teams, die mit dem Instrument arbeiten, gegenüber »klassisch« arbeitender Konkurrenz eine ganze Reihe handfester Vorteile genießen, von denen hier einige aufgelistet sein sollen:

- *Schnelles Erfassen der Problem–Konstellation in einer komplexen Kommunikations–Situation*
- *Schnelles Einarbeiten in neue Aufgabenfelder aufgrund einer steilen Lernkurve*
- *zügige Entwicklung neuer Kommunikations–Kompetenzen in bisher »unbeackerten« Branchenfelder*
- *Schnelles Entwickeln von erfolgsträchtigen Lösungen in Krisensituationen*
- *Das Instrument ermöglicht detaillierte, aber dennoch pointierte und übersichtliche Präsentationen von Konzeptionen und Projektplänen etwa gegenüber den PR–Auftraggebern.*
- *Das Instrument begünstigt innovative und kreative Lösungen, wenn es im Kommunikations–Research und als Orientierungsinstrument bei Studien eingesetzt wird.*[5]

Problemlösungs-Methoden der »Creative Education Foundation«

An dieser Stelle sei auch vorweggenommen, dass in *»AGIL«* nicht nur Werkzeuge zum Einsatz kommen, die an der Harvard University entwickelt wurden. Eine weitere wichtige Quelle ist die *»Creative Education Foundation«*, die im Jahr 1954 von Alex Faickney Osborn an der *Universität von Buffalo* im amerikanischen Bundesstaat New York gegründet wurde.

Gemeinsam mit einem Partner hatte Osborn ein Verfahren zur Entwicklung von kreativen Kommunikations–Lösungen entwickelt: den *»Creative Problem Solving Process«*. Die dabei gefundenen, bewährten Prinzipien kreativer Problembearbeitungen spielen in *»AGIL«* eine große Rolle, wenn es darum geht, ein teamfähiges Verfahren der Konzeptions–Entwicklung zu schaffen. Leserinnen und Leser wird es an dieser Stelle interessieren zu erfahren, dass Alex Faickney Osborn zu seiner Zeit nicht nur Bestsellerautor war,[6] sondern als Mitgründer und langjähriger Chairman der Werbeagentur BBDO fungierte – heute noch repräsentiert durch das »O« im Agenturnamen.

Kreativität: Kurs halten im Land der wilden Fantasien

In der Folge werden Leserinnen und Leser eins ums andere Mal in das »Land« der kreativen Imagination geführt. Wir werden es dort mit Evidenzen, Ahnungen, spontanen Eingebungen, unserem Gespür, plötzlichen »erhellenden« Einsichten, Gedankenblitzen, Assoziationen und insbesondere mit Intuitionen zu tun bekommen.

Intuition: Erkenntnisquelle mit zweifelhaftem Ruf

Zugegeben: Intuition und Imagination sind die Domänen von Scharlatanen und »Aufschneidern«, die sich auf diese »Erkenntnis–Zugänge« berufen, um mangelnde Kompetenz zu überspielen. Doch wir sind angewiesen auf kreative Imagination, wenn wir an der Einführung neuer Konzepte, dem Aufstellen neuer Hypothesen oder der Erfindung neuer Prozeduren oder Techniken arbeiten – kurz gesagt, wenn wir eine neue Idee haben.

Intuitionen und Imagination sind »unzuverlässige Embryos«, die offenbar einer besonders umsichtigen Behandlung bedürfen.[7] Wie kreative Ideen im Einzelnen zu behandeln sind, die als Ergebnis der Arbeit mit Kreativ–Werkzeugen entstehen, um daraus nützliche theoretische und technologische Anwendungen zu machen, hat der argentinisch–kanadische Wissenschaftsphilosoph und Physiker Mario Bunge in seinem umfassenden wissenschaftstheoretischen Werk ausgiebig beschrieben. Es ist also bekannt, auf welche Weise das »wilde Wesen« Intuition gebändigt werden kann.

Der Autor orientiert sich in diesem Problembereich bei der Entwicklung von AGIL konsequent an Bunges Überlegungen, allerdings ohne Leserinnen und Leser in diesem Buch mit Ausführungen zu den philosophischen Hintergründen der spannungsreichen Beziehung zwischen »Intuition und Wissenschaft« zu behelligen. Hier soll aber stellvertretend für solch eine philosophische Tiefenanalyse die »Grundthese« festgehalten sein, an denen die Entwicklung des AGIL-Ansatzes orientiert ist:[8]

Als PR Professionals müssen wir unsere Intuitionen und Eingebungen deutlich von Annahmen unterscheiden, die objektiv erklärbar sind und für die es empirisch begründete Belege gibt. Dinge, die uns lediglich als evident, einleuchtend usw. erscheinen, erweisen sich im Laufe der Zeit allzu oft als Irrwege – auch wenn sie uns im ersten Augenblick spontan als überaus klar und wahr aufdrängten.

Wissenschaftler und Technologie–Anwender wissen, dass die Entwicklung tragfähiger Problemlösungen zweierlei voraussetzt:

- *»ungeduldiges« Erfinden und Assoziieren auf der einen Seite*
- *und »geduldiges Überprüfen« dieser Vorschläge auf der anderen Seite*

Um es noch einmal ein wenig anders zu formulieren:

Fruchtbare kreative Ideen erfordern beides:

- *kontrollierte Imagination – Fantasie, Vorstellungskraft, Gedankenexperimente –, die zu neuen Gedanken führt*
- *eine geplante Vorgehensweise zur Hinführung auf diese Gedanken und zur empirischen Überprüfung und Kontrolle dieser neuen Ideen*

Solide Lösungen ohne »heiße Luft«

Diese Einsichten seien direkt an den Anfang von AGIL gestellt. Damit sollen Leserinnen und Leser beruhigt werden, die möglicherweise befürchten, im Laufe dieses Buchs mit Fantastereien und obskuren Assoziations–Techniken konfrontiert zu werden, mit denen allerlei bizarre Gedankenketten gebildet, aber keine einsatzfähigen Kommunikations–Lösungen entwickelt werden können.

Der Feminisierung Tribut gezollt: Abschließender Hinweis an Leserinnen und Leser

Nach einführenden Worten geben Autoren von Fach- und Sachbüchern häufig Hinweise zu sprachlichen Besonderheiten der folgenden Kapitel. Nicht selten pflegen sich männliche Autoren bei Leserinnen wegen diskriminierend wirkender Redeweisen zu entschuldigen. Angesichts unseres besonderen Themenbereichs halten wir uns an dieses Ritual, »kehren« es allerdings gewissermaßen »um«. Denn das Berufsfeld der Public Relations hat sich in den letzten Jahrzehnten stark feminisiert – PR sind zur weiblichen Domäne geworden.

Public Relations sind weiblich.

Das Manuskript von *»AGIL«* war beinahe fertig geschrieben. Da wurde dem Autoren bewusst, dass die sich immer wieder »einschleichende« Terminologie *»der PR-Berater«* oder *»der Konzeptioner«* angesichts dieses Tatbestands unpassend ist und mit der Berufsrealität zu kollidieren droht.

Der Autor ist bestrebt, mit *»AGIL«* diejenigen Personen möglichst direkt anzusprechen, die mit den darin diskutierten Aufgaben hautnah konfrontiert sind. Wo es möglich war, kommen deshalb im Folgenden »Anreden« wie *»PR-Beraterin«* und *»Konzeptionerin«* zum Einsatz.

In der Hoffnung, dass auch der schrumpfende Anteil in der PR-Tagesarbeit verbliebener männlicher Berater sich für den AGIL-Ansatz interessiert, bittet der Autor nun abschließend seine Kollegen um Verständnis für die möglicherweise als diskriminierend empfundene feminisierte Ansprache des vorliegenden Buchs.

Quellenhinweise und Anmerkungen

1. Bunge, Mario; *Intuition and Science*; Englewood Cliffs/New Jersey 1962; S. 120

2. Siehe:

   - Droste, Heinz W. ; *Kommunikation. Planung und Gestaltung öffentlicher Meinung. Band 1: Grundlagen / Band 2: Mechanismen;* Neuss 2011

3. Droste, Heinz W. ; *Public Relations – Analyse-Schema für die Praxis des PR-Beraters ;* Wiesbaden 1989

4. Die Soziologin Renée C. Fox hat in einem biografischen Artikel festgehalten, wie eine beispielhafte »Kreativ-Session« von Harvard–Wissenschaftlern ablief – Teilnehmer waren im Jahr 1976 die Soziologen Robert Bellah, Harold Bershady, Victor Lidz und der langjährige Vorsitzende des »Departments« Talcott Parsons. (Renée C. Fox, *»Talcott Parsons – Mein Lehrer«;* in: Staubmann, Helmut; Harald Wenzel (Hg.); *Talcott Parsons – Zur Aktualität eines Theorieprogramms*; Österreichische Zeitung für Soziologie, Sonderband 6, Wiesbaden 2000; S. 15–30.).

5. Der Autor hat mit Hilfe des Harvard-Instrumentariums z. B. zusammen mit Soziologen an der Universität Düsseldorf und der Universität Bamberg zwei Studien (*»Innovationen in mittelständischen Unternehmen«; »Börsengänge und Investor Relations mittelständischer Unternehmen«*) durchgeführt und dokumentiert:

   - Droste, Heinz W. ; *Innovations–Monitor 2000 Mittelstand;* Grevenbroich 2000

   - Droste, Heinz W.; *Investor Relations Monitor Neuer Markt 1997–2000;* Grevenbroich 2000

   - Droste, Heinz W.; *Praktikerhandbuch Investor Relations. Mit IPO–Kommunikationskalender für die erfolgreiche Börsenpräsenz;* Stuttgart 2001

6. Osborn, Alex F.; *Applied Imagination. Principles and Procedures of Creative Problem–Solving; New York 1963*

7. *Vergleiche:* Bunge, Mario; *Intuition and Science*; Englewood Cliffs/New Jersey 1962; S. 104–11

8. *Vergleiche: ebenda: S. 67–120*

»In der ersten Phase der PR–Planung wird der systematische und zugleich kreative Charakter der PR–Arbeit deutlich.«
(1)
Fritz Neske

Ausgangspunkt:

Das Strategiemodell der Public Relations

1. Ausgangspunkt der Öffentlichkeitsarbeit

Der konkrete Anlass für die Tätigkeit der PR–Beraterin liegt im *Auftrag*, der von einer Organisation ausgeht.

Begriff der Organisation

Organisation soll im Folgenden ganz allgemein als Begriff für eine Ordnung von arbeitsteilig und zielgerichtet miteinander arbeitenden Personen und Gruppen dienen. Der Begriff der Organisation bezeichnet also nicht nur Verbände und Vereinigungen, sondern alle Institutionen, Gruppen und sozialen Gebilde, deren Angehörige geplant auf ein Ziel hinarbeiten, arbeitsteilig gegliedert sind und ihre Aktivität auf Dauer eingerichtet haben. Wenn eine Organisation als Auftraggeber für Öffentlichkeitsarbeit auftritt, so kann es sich hierbei beispielsweise um ein Wirtschaftsunternehmen aber auch um einen politischen Verband handeln.

Die *PR–Beraterin* ist entweder Mitarbeiterin der PR–Abteilung der betreffenden Organisation oder sie kann als externe Beraterin mit der Gestaltung der Öffentlichkeitsarbeit betraut sein.

Bei besonderen Problemen oder bei besonderen Aufgabenstellungen übernehmen externe PR–Beraterinnen über begrenzte Zeiträume Öffentlichkeitsarbeit, die ein Verband oder ein Unternehmen in dieser konkreten Situation aus eigener Kraft nicht bewältigen kann. Möglicherweise möchte sich der Auftraggeber den organisatorischen Aufwand einer eigenen PR–Abteilung sparen und greift deshalb auf externe Hilfe zurück.

Die konkrete Öffentlichkeitsarbeit hat sich an den *institutionalisierten Zielen der Organisation* zu orientieren. Darüber hinaus liegen meist eine Reihe von Entscheidungen über die Grundprinzipien und Maßstäbe der Öffentlichkeitsarbeit vor, die in der Philosophie oder den Maximen des Handelns der Organisation verankert und als verbindlich festgelegt sind.

Aufgabe der PR–Beraterin ist es ganz allgemein, ein Verhältnis von gegenseitigem Verstehen und Vertrauen zwischen dem Auftraggeber und der Öffentlichkeit zu erreichen und zu erhalten.

Aufgrund von Offenheit und *gezielter Information* soll gegenseitiges Verständnis und Akzeptanz aufgebaut werden.

Adressaten der Öffentlichkeitsarbeit

Adressat der Öffentlichkeitsarbeit kann ein eng umgrenzter Personenkreis sein, mit dem es die Organisation – der politische Verband oder das Wirtschaftsunternehmen – zu tun hat. Die Arbeit der PR–Beraterin kann aber auch auf die gesellschaftliche Gemeinschaft insgesamt bezogen oder gar über nationale Grenzen hinweg international orientiert sein.

2. Das Strategiemodell der Öffentlichkeitsarbeit

Vierstufiges Strategiemodell

Diesen Bemühungen um das gegenseitige Verständnis zwischen Organisation und Öffentlichkeit liegt üblicherweise ein vierstufiges Strategiemodell[2] zugrunde, anhand dessen PR–Aktionen von der PR–Beraterin planvoll und zielführend konzipiert und durchgeführt werden *(siehe Abb. 1)*.

PHASEN DER ÖFFENTLICHKEITSARBEIT

1. **SITUATIONSANALYSE:**
   Untersuchung der Ausgangslage
2. **PLANUNG:**
   Entwicklung von Kampagnenmotiven
3. **DURCHFÜHRUNG:**
   Realisierung der einzelnen PR–Aktionen
4. **ERFOLGSKONTROLLE:**
   Untersuchung der Wirkung der Öffentlichkeitsarbeit

Abb. 1: Phasen der Öffentlichkeitsarbeit

Situationsanalyse Die PR-Tätigkeit beginnt mit einer *Situationsanalyse*; die Ausgangslage vor dem Beginn der eigentlichen Öffentlichkeitsarbeit wird untersucht.

Planung Der nächste Schritt ist *die Planung*; hier werden die Adressaten der Öffentlichkeitsarbeit festgelegt, Zielgruppen definiert, Leitmotive für die Öffentlichkeitsarbeit entwickelt, Medien zum Transport dieser Motive ausgewählt. Zeitplanung sowie Kostenplanung gehören ebenfalls zu dieser Arbeitsphase.

Durchführungsphase Im dritten Schritt, in der *Durchführungsphase*, wird die PR-Kampagne mit ihren einzelnen PR-Aktionen realisiert.

Erfolgskontrolle Eine mit Mitteln der empirischen Sozialforschung durchgeführte Untersuchung ermittelt idealerweise im letzten Schritt, welchen Fortschritt die Kommunikation der betreffenden Organisation aufgrund der PR-Kampagne gemacht hat. Durch diese *Erfolgskontrolle* soll der Grad der Informiertheit der Öffentlichkeit über die Organisation und das Ausmaß des Verständnisses für ihre Belange dokumentiert werden.

3. Sammlung und Analyse der Informationen als erster Schritt der Öffentlichkeitsarbeit

Die Tätigkeit der PR-Beraterin beginnt mit der Bestandsaufnahme und der Analyse der Ausgangssituation des Auftraggebers.

Am Anfang der Öffentlichkeitsarbeit steht damit die Aufgabe, ein zutreffendes Bild von der Situation und von der Kommunikation einer Organisation – etwa einer Institution oder eines Unternehmens – zu zeichnen *(siehe Abb. 2)*.

SITUATIONSANALYSE

1. **Sammlung aller relevanten Informationen**
- **intern:** Eigenbild der Organisation
- **extern:** Image der Organisation in der Öffentlichkeit

2. **Analyse des Faktenmaterials**
- **intern und extern:** realistisches Bild der Kommunikationssituation
- **Feststellung der Probleme und Chancen in der Beziehung zwischen Organisation und Öffentlichkeit**

Abb. 2: Situationsanalyse

Fakten-sammlung

Zunächst werden *Fakten und Daten gesammelt* und zusammengestellt. Im Blickpunkt liegt das Faktenmaterial, das beim Auftraggeber selbst recherchiert werden kann und somit in der *Struktur der Organisation* zu ermitteln ist.

1. Schritt: Blick nach Innen

In einem ***ersten Schritt*** werden alle erreichbaren Informationen, seien es Selbstdarstellungen eines Unternehmens, Protokolle von Vorstandssitzungen, frühere Presseerklärungen usw., zusammengestellt und vorsortiert.

Es kommt darauf an, die Organisation aus den unterschiedlichsten Blickwinkeln zu erfassen und dazu eine umfassende geordnete Sammlung von Fakten und Daten vorzulegen.

Aus diesem Material herauszuarbeiten ist zunächst, wie sich das Unternehmen selbst sieht, welches Eigenbild es im Einzelnen hat. Es ist festzuhalten, wie es die eigenen Leistungen und seine Beziehung zur Öffentlichkeit einschätzt.

Katalog mit Grundinformationen

Mit Hilfe aller zur Verfügung stehenden Informationen wird ein Katalog mit Grundinformationen aufgestellt, der folgende Themenkreise abdeckt:

- *allgemeine Ziele der Organisation*
- *Philosophie*
- *verbindliche Wertvorstellungen*
- *geschichtliche Entwicklung der Organisation*
- *Prinzipien der Organisationspolitik*
- *Dienstleistungen oder Produkte, welche die Organisation anbietet*
- *rechtliche Voraussetzungen des Wirkens der Organisation*
- *innerer Aufbau und Abläufe der Organisation*
- *wirtschaftliche Lage*
- *Selbstdarstellung in der Öffentlichkeit bisher*
- *Adressaten der Öffentlichkeitsarbeit der Organisation*

Im Fall eines Wirtschaftsunternehmens gilt es beispielsweise, zunächst genau festzuhalten, an welchen Wertvorstellungen sich die *Geschäftspolitik* des Unternehmens orientiert.

Neben diesen Grundprinzipien der Unternehmensführung ist von Interesse, welche *Produkte* hergestellt werden bzw. welche *Dienstleistungen* angeboten werden, welche wirtschaftlichen Ergebnisse damit jeweils erzielt werden (Wirtschaftsdaten) und wie der äußere Auftritt des Unternehmens gestaltet ist.

Entwicklungs-Perspektiven

Von Interesse ist auch die *geschichtliche Entwicklung*, die das Unternehmen seit seiner Gründung genommen hat und eine Einschätzung dazu, welche *Entwicklungen für die Zukunft* zu erwarten sind.

Besondere Beachtung verdient das *»Betriebsklima«* in einem Unternehmen, also ein Überblick darüber, welche Meinungen und Urteile es intern in Bezug auf den Arbeitgeber gibt.

Für die Planung von PR–Aktivitäten ganz entscheidend ist die Feststellung der spezifischen *Zielgruppen* des Unternehmens, insbesondere die Feststellung der Adressaten der im Folgenden zu planenden PR–Aktivitäten.

2. Schritt: Blick nach Außen

In einem ***zweiten Schritt*** werden *Informationen* ermittelt, die von *außerhalb der Organisation* kommen. Hier geht es insbesondere um die Erforschung der öffentlich vertretenen Meinungen und Urteile gegenüber dem PR–Auftraggeber.

Die dazu notwendigen Informationen erhält die PR–Beraterin durch Auswertung vorliegender *demoskopischer Untersuchungen* und von *Studien*, die speziell für die Erkundungsphase der Öffentlichkeitsarbeit durchgeführt werden.

Darüber hinaus wird die *Berichterstattung der Medien* über die Organisation betrachtet sowie der Meinungsaustausch mit Journalisten gesucht, die mit der Berichterstattung über den betreffenden Auftraggeber betraut sind.

Nützlich sind an diesem Punkt der Informationssammlung *Verbands– und Branchenberichte, Urteile von Fachleuten und sozialwissenschaftliche Forschungsergebnisse*.

Hat die PR–Beraterin diesen Schritt der Informationssammlung bewältigt, den aktuellen Bestand an Meinungen und Urteilen in den wichtigen Zielgruppen über die Organisation zusammengestellt, zeichnet sich das *Image* ab, welches das Unternehmen oder die Institution im Rahmen der bisherigen PR–Politik in der Öffentlichkeit bewirken konnte.

4. Die Analyse von Image und Eigenbild

Es ist wie gesehen in der PR–Branche verbreitet, die Aufgabe der PR–Beraterin zu definieren als Versuch, *»gegenseitiges Vertrauen und Verständnis zwischen ihrem Auftraggeber und der Öffentlichkeit zu erreichen und zu erhalten«*.

Indem sie die gerade beschriebene Informationssammlung durchgeführt hat, verfügt die PR–Beraterin über die erste Analyse des Verhältnisses von Auftraggeber und Öffentlichkeit, welche ihr als Grundlage für ihre nächsten Arbeitsschritte dient.

Relation zwischen Eigen- und Fremdbild

Diese Analyse besteht aus der genauen Untersuchung der Relation, in der das Eigenbild der auftraggebenden Organisation – also die Selbsteinschätzung ihrer Mitglieder – zu dem Bild steht, das sich die Öffentlichkeit von ihr macht – in der mit anderen Worten *Eigenbild* und *Image* des Auftraggebers stehen.

Als *erstes Ergebnis* dieser Untersuchung ergibt sich ein *realistisches Bild von der Kommunikationssituation*, die beide Aspekte – Eigenbild und Image – erfasst. Beide werden von der PR–Beraterin gegenübergestellt und anhand des objektiven Faktenmaterials gegeneinander abgewogen.

Als eine aus Prinzip »außenstehende« Betrachterin ermittelt die PR–Beraterin, wo die auftraggebende Organisation *Konfliktstoff* in die Kommunikationssituation hineinbringt. Sie stellt fest, wo die Notwendigkeit der Anpassung an begründete Anliegen der Öffentlichkeit besteht, wo die Öffentlichkeit berechtigte Anliegen hat, die eine Veränderung des Handelns und der Kommunikation der Organisation erfordern.

Konflikte in der Kommunikationssituation von Organisation und Öffentlichkeit sind nicht allein in der Struktur der Organisation des Auftraggebers begründet. So hat die PR–Beraterin festzustellen, wo die Öffentlichkeit Informationsdefizite hat und der Organisation Verständnis und *Zustimmung schuldet*, die sie ihr derzeit noch vorenthält.

Mithilfe dieser ersten Analysen werden die Probleme, Schwachstellen und Gefahren im *Verhältnis der Organisation zur Öffentlichkeit* ermittelt.

In einem nächsten Schritt gilt es, *Anknüpfungspunkte* für die zu konzipierenden PR–Aktivitäten herauszuarbeiten. Die PR–Beraterin untersucht, wo der Auftraggeber Stärken hat, die zur Verbesserung der Beziehung zur Öffentlichkeit beitragen können. Entsprechend stellt sie fest, wo in der Öffentlichkeit Chancen liegen, die Kommunikation zu verbessern.

Öffentlichkeitsarbeit bewirkt auf diese Weise einen *planbaren Anpassungsprozess* zwischen der Organisation und der Öffentlichkeit, bei dem die Situationsanalyse als Faktenbasis eine entscheidende Rolle spielt.

Mit der Situationsanalyse erarbeitet die PR–Beraterin ein umfassendes Bild von den Problemen in einer Kommunikationssituation auf der einen Seite und erfasst auf der anderen die *Chancen zur Verbesserung* der Situation.

5. Situationsanalyse, Planung, Durchführung

Der wie gesehen erste Schritt im Rahmen der PR–Tätigkeit für einen Auftraggeber – die Situationsanalyse der Ausgangslage – steht in engem Zusammenhang mit den anschließenden Planungs– und Durchführungsschritten.

Überwindung von Defiziten ist Basis-Kriterium.

Es sind die aufgrund der Situationsanalyse festgestellten *Diskrepanzen* in der Kommunikation zwischen Auftraggeber und der Öffentlichkeit, an denen die Planung der PR–Aktionen ansetzt und an deren Behebung letztendlich der Erfolg der später durchzuführenden PR–Aktionen gemessen wird.

Es sind die Ergebnisse dieser Situationsanalyse, aufgrund derer die PR–Beraterin die für die Planungen notwendigen Lösungsalternativen ersinnt und deren Erfolgschancen abschätzt.

Eine gewissenhafte – präzise und umfassende – Situationsanalyse gewährleistet, dass Risiken, die in der Entscheidung für eine konkrete PR–Aktion liegen, von vornherein sichtbar werden.

Darüber hinaus können die Ergebnisse dieses ersten Schritts der Öffentlichkeitsarbeit Implikationen für den gesamten institutionellen Rahmen der

Organisation haben, in dem die PR-Beraterin mit der Übernahme ihrer Aufgabe betraut worden ist:

Es kann im Einzelfall das dringende Erfordernis ermittelt werden, die vom Auftraggeber vorgegebenen grundlegenden Prinzipien und Zielvorstellungen für die Öffentlichkeitsarbeit zu überdenken und im Detail zu revidieren.

6. Kriterien für eine adäquate Situationsanalyse

Aus dem Bisherigen lassen sich eine Reihe von Anforderungen an die PR-Beraterin und ihre erste Aufgabe ableiten, die grundlegenden Informationen zu sammeln, aufzubereiten und in ein analytisches Bild von der zu bearbeitenden Problemsituation zu bringen *(siehe Abb. 3)*:

Die relevanten Informationen zur Kommunikationssituation von Organisation und Öffentlichkeit sind umfassend zu berücksichtigen.

Frei von persönlichen Wünschen und Vorurteilen soll die vorliegende Situation *objektiv* bewertet und gedeutet werden.

Zutreffendes und stimmiges Bild der Ausgangslage

Unter Anknüpfung an ihre bisher in der Praxis gemachte Erfahrung soll die Beraterin alle relevanten Informationen zu einem zutreffenden und stimmigen Bild der Ausgangslage zusammenstellen. Nur so kann der Gesamtzusammenhang der Probleme und Chancen ihrer Öffentlichkeitsarbeit für den Auftraggeber *nachvollziehbar* aufbereitet werden.

Im nachfolgenden Kapitel werden die formalen Kriterien der Situationsanalyse im Einzelnen diskutiert. Darüber hinaus soll untersucht werden, ob die in diesem Kapitel ermittelten drei Kriterien ausreichen oder ob sie eventuell noch zu ergänzen sind.

KRITERIEN FÜR EINE ADÄQUATE SITUATIONSANALYSE:

- **Vollständigkeit der Informationserfassung**
- **Objektivität der Darstellung der Ausgangssituation**
- **Nachvollziehbarkeit der Ergebnisse der Analyse**

Abb. 3: Kriterien für eine adäquate Situationsanalyse

7. Hilfsmittel der Öffentlichkeitsarbeit

Für die Planung und Durchführung von PR–Aktionen kann auf zahlreiche ausgereifte Hilfsmittel zurückgegriffen werden – wie beispielsweise auf Netzpläne oder Muster–Projektlisten. In der PR–Praxis fehlen solche Planungshilfen bisher allerdings, wenn es um die Durchführung von Situationsanalysen geht.

Dennoch ist für diese komplexe Aufgabe am Anfang jeder Öffentlichkeitsarbeit ein standardisiertes Verfahren notwendig:

Standard für adäquate Situationsanalyse

Die PR–Beraterin benötigt einen *Leitfaden* für die planvolle, detaillierte Recherche, die nicht lediglich das allseits Bekannte aufgreift. Es ist ein analytisches Modell erforderlich, das neue Einsichten und einen tiefen Einblick in die Problematik der realen Kommunikationssituation ermitteln hilft.

Nichts ist peinlicher, als eine Konzept–Präsentation, an deren Ende ein Auftraggeber der PR–Beraterin nach vorgetragener Situationsanalyse erklärt, das wisse er als Laie alles selber und er vermisse die fachlichen, weiterführenden Erkenntnisse.

Das Design eines solchen *Analyse-Schemas* für die Ausgangssituation von PR-Aktivitäten ist an den im letzten Abschnitt ermittelten formalen Kriterien Vollständigkeit, Objektivität und Nachvollziehbarkeit auszurichten.

Wie die bisherigen Überlegungen dieses ersten Kapitels zeigen, hat dieser Begriffsrahmen eine ganze Reihe von Leistungen zu erbringen, die wir hier in vier Punkten zusammenfassen:

Punkt 1: Interaktive Prozesse erfassen

Erster Punkt (1): Der zu entwickelnde Begriffsrahmen muss tauglich sein, *interaktive Prozesse und Kommunikation* zu erfassen.

Es gilt, komplexe Kommunikationsvorgänge, vielfältige Meinungsbilder zu dokumentieren und zu analysieren. Wie gesehen muss ein »räumliches«, mehrere Ebenen umfassendes Bild von der Situation erstellt werden.

Zunächst hat die PR-Beraterin das *Eigenbild* der auftraggebenden Organisation zu registrieren. Entsprechend hat sie das Meinungsbild in der Öffentlichkeit zu ermitteln und festzustellen, welches *Image* die Organisation hier hat. Anschließend ist beiden – Eigen- und Fremdbild – eine umfassende Meinungsanalyse gegenüberzustellen, die beide Blickrichtungen erfasst und mit der *objektiven Tatsachenlage* konfrontiert.

Dabei muss die PR-Beraterin auf drei verschiedenen Kommunikationsebenen arbeiten:

Sie hat sich die Ordnung der Kommunikation *innerhalb der auftraggebenden Organisation* zu erarbeiten (a).

Sie muss die mit einem grundlegend anderen »Sprachstil und -verständnis« operierenden Meinungsäußerungen *im Bereich der Öffentlichkeit* erfassen (b) und darüber hinaus auf einer *analytischen Betrachterebene* arbeiten (c).

Am Ende ihrer Arbeit muss die PR-Beraterin schließlich ihr Arbeitsergebnis von dieser analytischen Ebene aus auf die *Ebene des Auftraggebers* rückübersetzen.

Der *zweite* wesentliche Punkt (2) in der Leistungsbeschreibung eines solchen Begriffsrahmens ist das Erfordernis, mit der vorgelegten Analyse die *erklärungsrelevanten Fakten* ablesbar zu machen. Der Begriffsrahmen muss die Untersuchung der kausalen Bedingungen der Kommunikationssituation anleiten. Es muss ablesbar werden, welche Umstände für die besondere Funktionsweise der Kommunikation des Auftraggebers und seiner Zielgruppen verantwortlich sind.

Punkt 2: Erklärungsrelevante Fakten

Erst mithilfe eines solchen analytischen Instruments zeichnet sich ab, in welchen Bereichen der Kommunikation Schwierigkeiten zu erwarten sind, aber auch, wo Vorteile und Stärken liegen, die dazu dienen können, Diskrepanzen auszugleichen.

Das *dritte* Erfordernis (3) betrifft den Gesamtrahmen, in dem die Öffentlichkeitsarbeit stattfindet.

Punkt 3: Grundprinzipien der PR-Arbeit

Bei allen Arbeitsschritten – auch bei der Situationsanalyse – müssen die Grundprinzipien und Maßstäbe der Öffentlichkeitsarbeit berücksichtigt bleiben, die der Auftraggeber für die Öffentlichkeitsarbeit vorgegeben hat.

Außerdem hat sich die Recherche der Informationen eng an den konkreten *PR–Auftrag* zu halten und die Informationsbeschaffung zielgerichtet an den sich abzeichnenden Problemen auszurichten.

Entscheidend ist darüber hinaus, dass in diesem ersten Schritt der Öffentlichkeitsarbeit die *Erfordernisse der folgenden Planungs– und Durchführungsschritte* zu ihrem Recht kommen. So müssen Ansatzpunkte für Lösungsstrategien verfügbar und Ideen für konkrete PR–Aktionen herleitbar werden. Schließlich gilt es, die Bezugspunkte zu ermitteln, anhand derer bei der *Erfolgskontrolle* die Messung des PR–Erfolgs vorgenommen werden kann.

Das *vierte* Erfordernis (4) hat mit dem Kriterium der Nachvollziehbarkeit zu tun, das im vorhergehenden Abschnitt besprochen wurde:

Punkt 4: Geschlossenes Gesamtbild

Gerade wegen der Komplexität der Zusammenhänge, mit denen es die PR–Beraterin bei der Ausgangssituation zu tun bekommt, sollte die Situationsanalyse übersichtlich gestaltet sein und die Informationsfülle in ein *geschlossenes Gesamtbild* verpacken. Da komplizierte Zusammenhänge durch grafische Darstellungen und Modelle sichtbar und handhabbar werden, sollte dieses Begriffsschema Ansätze bieten, die Situationsanalyse und alle gefundenen Zusammenhänge angemessen zu visualisieren.

Damit ergibt sich zusammengefasst als Ergebnis dieses Kapitels für das Instrument zur Anleitung und Durchführung der Situationsanalyse:

Der gesuchte Begriffsrahmen ermöglicht die *Beschreibung und Analyse von interaktiven Prozessen*. Diese Prozesse sind die wichtigen *erklärungsrelevanten Fakten* des Gesamtbildes einer Kommunikationssituation. Sie sind bei der Definition der *Aufgabenstellung in den Mittelpunkt* zu stellen.

Quellenhinweise und Anmerkungen

1. Neske, Fritz; PR–Management; Gernsbach 1977; S. 9

2. Das hier vorgestellte Phasenmodell ist über die Jahre ein Stück »PR–Folklore« geworden. Es findet sich als »Evergreen« in beinahe jedem Buch zu PR–Konzeption und PR–Strategie. Auch wenn mancher Autor Formulierungsvariationen erfindet, so konzentriert sich die Diskussion stets auf die selben vier strategischen »Grundbausteine« unseres ersten Kapitels:

   - Dörrbecker, Klaus; Renée Fissenewert; *Wie Profis PR–Konzeptionen entwickeln* (2003)

   - Fissenewert, Renée; Stephanie Schmidt; *Konzeptionspraxis*; Frankfurt/Main 2004 (2)

   - Hendrix, Jerry; *Public Relations Cases*; Belmont/Kalifornien 2003 (6)

   - Kendall, Robert; *Public Relations Campaign Strategies. Planing for Implementation*; New York 1997 (2)

   - Knödler–Bunte, Eberhard; Klaus Schmidbauer; *Das Kommunikationskonzept. Konzepte entwickeln und präsentieren*; Potsdam 2004

   - Leipziger, Jürg W.; Konzepte entwickeln. *Handfeste Anleitungen für bessere Kommunikation*; Frankfurt/Main 2007 (2)

   - Marston, John E.; *The Nature of Public Relations;* New York 1963

   - Neske, Fritz; *PR–Management*; Gernsbach 1977

   - Oeckl, Albert; PR–Praxis. *Der Schlüssel zur Öffentlichkeitsarbeit;* Düsseldorf, Wien 1967

   - Schulze–Fürstenow, Günther (Hg.); *Handbuch für Öffentlichkeitsarbeit (PR)* – (Loseblattsammlung); Neuwied

   - Smith, Ronald D.; *Strategic Planning for Public Relations;* Mahwah/New Jersey 2005 (2)

- Szyszka, Peter; Uta–Micaela Düring (Hg.); *Strategische Kommunikations– Planung (Praxis PR);* Konstanz 2008

- Weintraub Austin, Erica; Bruce E. Pinkleton; *Strategic Public Relations Management. Planing and Managing Effective Communication Programs*; Mahwah/New Jersey 2006 (2)

»Scientific research starts
with the realization
that the available fund of
knowledge is insufficient
to handle certain problems.«
(1)
Mario Bunge

Schritt 1:

Die zuverlässige Situationsanalyse

1. Der allgemeine Handlungsbegriff

Unsere Aufgabe ist es, ein alternatives Planungs–Verfahren zu entwickeln, welches das in der PR–Profession übliche Abarbeiten der schlichten PR–Konzeptions–Standard–Checkliste ablöst.

Das »Grundrezept« der Public Relations hat – wie das erste Kapitel zeigte – eine typische *viergliedrige Grundstruktur.* In einer ersten Phase – der *Situationsanalyse* – wird die Ausgangslage der Öffentlichkeitsarbeit untersucht. In der zweiten Phase – der *Planungsphase* – werden die eigentlichen Kampagnenmotive entwickelt. Die Realisierung der einzelnen PR–Aktionen erfolgt in der dritten Phase, der *Durchführungsphase.* In der letzten Phase findet die *Erfolgskontrolle* statt, durch welche die Wirkung der Öffentlichkeitsarbeit überprüft wird.

Handlungsbezugsrahmen als Modell der Öffentlichkeitsarbeit

Diese »Daumenregel« der PR–Tätigkeit stimmt mit der *allgemeinen Struktur des menschlichen Handelns* in wesentlichen Zügen überein. Die Bemühung um die Aufdeckung und Lösung von Problemen ist ein Grundmerkmal menschlichen Handelns und nicht auf den Bereich der PR beschränkt.

Der *Handlungsbegriff*[2] setzt zunächst einen Handelnden – einen Akteur – voraus. Im Weiteren erfordert er ein Handlungsziel, einen Zweck, den das Handeln erfüllen soll. Der Vorgang des Handelns findet in einem Rahmen von Gegebenheiten und Umständen – handlungstheoretisch gesprochen: in einer *Situation* – statt *(siehe Abb. 4).*

In der Situation begegnen dem Akteur Gegebenheiten, die hingenommen werden müssen und die den unveränderbaren Rahmen der Handlung bilden: die *Bedingungen des Handelns*. Die für den Handelnden handhabbaren und in der Handlung manipulierbaren Umstände der Situation sind die Mittel des Handelns.

In seinem Ablauf wird jedes Handeln durch *Normen und Selektionsstandards* geordnet, die bestimmen, welche Ziele und Mittel gewählt werden dürfen und welche Mittel für welche Ziele angemessen sind.

GRUNDSTRUKTUR DES HANDELNS

(1) ein Akteur

(2) ein Ziel

(3) eine Situation

  a. Bedingungen

  b. Mittel

(4) Normen und Selektionsstandards

Abb. 4: Grundstruktur des Handelns

Dieser Bezugsrahmen des Handelns lässt sich auf den Bereich der Öffentlichkeitsarbeit anwenden *(siehe Abb. 5)*.

Akteur

Akteur der PR–Tätigkeit ist die *PR–Sachbearbeiterin*. Ziel der Öffentlichkeitsarbeit ist die Erfüllung der von einer Organisation übertragenen Aufgabe, beispielsweise die *Lösung von Problemen in der Kommunikation* von Auftraggeber und Öffentlichkeit.

Situation

Die *Situation* der PR–Tätigkeit ist die *Kommunikationssituation*, an der die zu planenden PR–Kampagnen ansetzen. Den Bedingungen zuzurechnen, also den Voraussetzungen der Öffentlichkeitsarbeit, die von der PR–Sachbearbeiterin nicht gestaltet werden können, sind Konjunkturdaten, rechtliche und politische Bedingungen, Infrastruktur–Daten, Produktions–Prozesse usw. *Mittel* der PR–Aktivität liegen allgemein gesprochen in den Chancen, welche die Struktur der Öffentlichkeit zur Verbesserung der Kommunikation bietet, bzw. in den Stärken der Organisation, die sich die Beraterin zunutze machen kann.

Normen, Selektionsstandards, Grundprinzipien

Zu den *Normen und Selektionsstandards,* welche die Ziel– und Mittelwahl im Rahmen von PR kontrollieren, gehören beispielsweise die von der auftraggebenden Organisation vorgegebenen *Grundprinzipien und Maßstäbe* der Öffentlichkeitsarbeit sowie ethische Richtlinien für PR–Aktivitäten, wie sie beispielsweise im *Code d› Athène* festgelegt sind.

GRUNDSTRUKTUR DER ÖFFENTLICHKEITSARBEIT

(1) der Akteur: die PR–Sachbearbeiterin

(2) das Ziel: Aufhebung von Kommunikationsproblemen

(3) die Situation:

die Kommunikationssituation von auftraggebender Organisation und Öffentlichkeit

a. Bedingungen der Öffentlichkeitsarbeit

b. Mittel der Öffentlichkeitsarbeit

(4) Normen der Öffentlichkeitsarbeit

Abb. 5: Grundstruktur der Öffentlichkeitsarbeit.

Das Vier-Phasen-Modell der PR

Das Modell der Phasen der Öffentlichkeitsarbeit leitet sich direkt aus dem allgemeinen Begriffsrahmen des Handelns ab. Die *vier Phasen* stellen Orientierungsstufen eines beliebigen Handlungsverlaufs dar, die typisch sind für jegliche Form *zweckrationalen Verhaltens*.

1. *Im Handlungsprozess ist die Situationsanalyse der Vorgang, durch den der Handelnde Bedingungen und Mittel seiner Aktion registriert.*

2. *In der Planungsphase entwirft der Handelnde eine Strategie zur Erreichung seines Handlungsziels, zur Lösung des ihm gestellten Problems.*

3. *In der Durchführungsphase findet die eigentliche zweckrationale Handlung, die Realisierung der entworfenen Strategie zur Zielerreichung statt.*

4. *Der sich der Handlung anschließende Vergleich des Handlungsergebnisses mit den Absichten und Zielvorstellungen ist die Erfolgskontrolle des Akteurs. Der Grad der Übereinstimmung von Handlungsergebnis und Handlungs-*

zweck wird bewertet, Gründe für Abweichungen gesucht. Hieraus ergibt sich Wissen, das für eine nachfolgende Handlung mobilisiert werden kann, um die Handlungsergebnisse zu optimieren.

Das viergliedrige Standard–Konzeptions–Modell der PR ist offenbar nicht Produkt einer spezifischen Problemlösungs–Technologie. Es beruht lediglich auf den Grundprinzipien vernünftigen Alltagshandelns.

2. Die Phasen der wissenschaftlichen Forschung

Treiben wir die Analyse des bisherigen »PR–Arbeits–Rezepts« bei unserem Streben nach einem professionelleren und Kommunikations–gerechterem Verfahren noch etwas weiter:

Der im Bereich der Öffentlichkeitsarbeit zu beobachtende Durchlauf von Phasen der Situationsanalyse, der Planung, der Durchführung und Erfolgskontrolle ist aus der *Grundstruktur des menschlichen Problemlösens* abgeleitet.

Eine Situationsanalyse ist ein elementarer Orientierungsvorgang, durch den sich der Akteur die Bedingungen seines Handelns und die Mittel zur Erreichung seines Handlungszwecks vergegenwärtigt.

Dem Akteur mehr oder weniger bewusst, ist die Situationsanalyse Bestandteil jeder menschlichen Handlung.

Erfolgsfaktor Situationsanalyse

Wie diese Analyse im Einzelnen abläuft, welche Zwischenschritte dazugehören, welche methodischen Regeln eingehalten werden müssen, erfassen wir am besten, blicken wir in ein Feld ausgesprochen erfolgreicher Problemlösungs–Aktivitäten, in dem die Situationsanalyse mit besonderer methodischer Strenge durchgeführt wird.

Paradigmatisch entwickelt und optimiert wurde die Situationsanalyse für die *empirisch–wissenschaftliche Forschung.*

In der *Wissenschaftstheorie* wird diese Forschung selbst zum Gegenstand wissenschaftlicher Untersuchung.[3] Anhand der Ergebnisse, welche die methodologische Forschungs–Diskussion erbracht hat, können wir im Detail nachvollziehen, nach welchen methodischen Regeln die Situationsanalyse abläuft:

> –*Hinter der Situationsanalyse steckt der allgemeine Vorgang der Welterfassung. Es geht um die Vergewisserung darüber, was in einem bestimmten Augenblick der Fall ist und warum dieses und jenes so und nicht anders geschieht.*

Prozess der wissenschaftlichen Welterfassung

Der *Prozess der Welterfassung* durchläuft im Bereich der wissenschaftlichen Forschung in der Regel folgende Zwischenschritte *(siehe Abb. 6)*:

In einer *Erkundungsphase* werden erste Beobachtungen verarbeitet, die Ergebnisse älterer Untersuchungen ausgewertet und der Erfahrungsaustausch mit Wissenschaftlern gesucht, die zum selben oder zu einem vergleichbaren Thema forschen.

In einer *theoretischen Phase* wird eine neue Theorie formuliert oder eine bereits vorliegende Theorie aufgegriffen. Aus der betreffenden Theorie wird eine spezielle Hypothese abgeleitet.

In einer *Überprüfungsphase* wird die abgeleitete spezielle Hypothese empirisch überprüft. Dazu wird ein Experiment oder beispielsweise eine Befragung geplant und es werden abhängige und unabhängige Variablen der Untersuchung festgelegt. Diese Phase umfasst darüber hinaus die Datenerhebung. Zu diesem Zweck werden – betrachten wir Sozialwissenschaften wie beispielsweise die Psychologie, die Politikwissenschaft, die Soziologie, die Kommunikationswissenschaft – Interviews, Gruppendiskussionen, Beobachtungen, Inhaltsanalysen usw. durchgeführt. Die Auswertung der erhobenen Daten ist ebenfalls Teilaspekt dieser Überprüfungsphase.

In der abschließenden *Entscheidungsphase* wird untersucht, ob sich die Hypothese angesichts der Untersuchungsergebnisse aufrechterhalten lässt und ob mit der verwendeten Theorie weitergearbeitet werden soll.

DIE PHASEN DER WISSENSCHAFTLICHEN FORSCHUNG

- **Erkundungsphase:** erste Informationssammmlung und -verarbeitung
- **theoretische Phase:** Ableitung einer speziellen Hypothese per Deduktion
- **Überprüfungsphase:** Erhebung und Auswertung von Untersuchungsergebnissen
- **Entscheidungsphase:** Beurteilung der Brauchbarkeit von Theorie und Hypothese

Abb. 6: Die Phasen der wissenschaftlichen Forschung

Wir sollten nicht übersehen, dass Parallelen zwischen der Konzeptionsarbeit in den Public Relations und der wissenschaftlichen Forschungstätigkeit bestehen. Es gibt allerdings wichtige, charakteristische Unterschiede:

Meinungsveränderungen im Fokus

Während die PR-Beraterin erfasstes Wissen über die Kommunikationssituation in Kampagnen-Planungen umsetzt, also beispielsweise *Meinungs- und Verhaltensänderungen* in der Öffentlichkeit zu erreichen plant, orientiert sich der Wissenschaftler am Ideal des empirischen Forschers.

Ein Wissenschaftler erstrebt allgemeines Wissen, die Verdichtung von Einzelinformationen und Beobachtungen aufgrund allgemeingültiger theoretischer Aussagen.

Dagegen geht es der PR-Beraterin vorrangig um Wirkungswissen, das sie für die von ihr zu leistende Problemlösung und die dafür notwendige Maßnahmenplanung praktisch nutzen kann.

3. Die Hypothesengeleitetheit des Problemlösungsprozesses

Trotz dieser wichtigen Unterschiede profitieren PR–Beraterinnen deutlich von der Anwendung des Modells wissenschaftlichen Vorgehens. Schauen wir dazu auf die Kernbegriffe *»Theorie«* und *»Hypothese«*:

Wie gesehen beginnt der Forschungsprozess mit einer Erkundungsphase, in der erste Beobachtungen gemacht und Ergebnisse von Vorgänger–Untersuchungen berücksichtigt werden. In der theoretischen Phase wird eine allgemeine Theorie formuliert bzw. auf eine bereits vorliegende Theorie zurückgegriffen, um eine spezielle Hypothese abzuleiten, die in der Untersuchungsphase systematisch mit der Realität konfrontiert werden kann. Nach Auswertung der Untersuchungsergebnisse wird in der Entscheidungsphase die Brauchbarkeit von Hypothese und Theorie beurteilt.

Es scheint zwar, als bestehe der Forschungsprozess im Wesentlichen aus der empirischen Erhebung und der Analyse von Daten. Empirische Erhebungen sind in der Forschung kein Selbstzweck, sondern stellen zusammen mit den Methoden der Statistik das ausschlaggebende Mittel dar, um theoretische Aussagen und Hypothesen angesichts der beobachteten und untersuchten Realität zu überprüfen und über deren Gültigkeit zu entscheiden.

Forschung basiert auf theoretischer Vorarbeit.

Kern der Forschungstätigkeit ist die *theoretische inhaltliche Vorarbeit*, durch die eine begründete, konkrete Fragestellung ermittelt und bearbeitet wird.

Erst wenn der Wissenschaftler über den bisher erreichten Wissensstand hinausführende Hypothesen konstruiert hat, geht er im nächsten Schritt daran, Daten zu erheben und Untersuchungsergebnisse beispielsweise mit Mitteln der Statistik auszuwerten.

Der Vergleich des erhobenen und ausgewerteten Datenmaterials mit den theoretisch zu erwartenden Daten führt dann zu einer Beurteilung des Ausmaßes der Übereinstimmung von Realität und Theorie.

Die Hypothesengeleitetheit des Problemlösungsverhaltens ist nicht auf den Bereich der wissenschaftlichen Forschung beschränkt. Stattdessen können Problemlösungen grundsätzlich als Konstruktionen mit Hypothesencharakter betrachtet werden.

Was sind Hypothesen?

Hypothesen sind empirisch gehaltvolle Aussagen, die das Vorliegen von Regelmäßigkeiten in einem bestimmten empirischen Bereich behaupten. Sie haben ihre Bestimmung darin, mit der Realität so konfrontiert zu werden, dass der Grad der Übereinstimmung mit den materiellen Gegebenheiten ablesbar wird. Hypothesen sind grundsätzlich empirisch *überprüf- und revidierbar.*

Mit der Formulierung einer Hypothese hat der Handelnde, der ein Problem lösen möchte, ständig auch die Möglichkeit der Verbesserung dieser Hypothesen und der Ausarbeitung von alternativen Annahmen im Blick.

Was sind Theorien?

Die Rolle von Theorien in Problemlösungsprozessen

Der Begriff der Theorie wird mit stark variierender Bedeutung verwendet. Meist wird darunter ein System logisch miteinander verbundener Hypothesen verstanden, das im Problemlösungsprozess die Aufgabe hat, die Erkenntnisse über einen Bereich von Sachverhalten zu *ordnen, Tatbestände zu erklären und vorherzusagen.*

Theorien ermöglichen nicht nur die Erklärung der Vorgänge in ihrem Objektbereich, sondern darüber hinaus auch Prognosen zu künftigen Vorgängen. Wer aufgrund einer Theorie verstanden hat, warum unter bestimmten Voraussetzungen ein bestimmter Tatbestand auftrat, kann beim Wiedereintreten dieser Voraussetzungen ableiten, dass sich dieser Tatbestand mit großer Wahrscheinlichkeit wieder einstellt.

Dieser Aspekt der Theorie ermöglicht die *systematische Intervention in Prozesse* ihres Gegenstandsbereichs und darauf aufbauend die Entwicklung von Technologien. Sind die Randbedingungen eines Geschehens also beeinflussbar, so kann das Erklärungs– und Prognosepotential einer Theorie genutzt werden, um mit gezielten Eingriffen in die Realität die betrachteten Vorgänge in eine gewünschte Richtung zu beeinflussen.

Fazit: Theorien werden außerhalb der wissenschaftlichen Forschung zur Grundlage von Handlungs–Entscheidungen. Sie zeigt, wie wir unser Verhalten zu gestalten haben, um bestimmte gewünschte Ergebnisse zu erzielen.

4. Öffentlichkeitsarbeit als Problemlösungsprozess

Bezogen auf den Problemlösungsprozess im Bereich der Öffentlichkeitsarbeit, lässt sich Folgendes ableiten:

Wissen über Kommunikations-Mechanismen erforderlich

Wenn die PR–Beraterin für eine bestimmte Kommunikationssituation Problemlösungsvorschläge macht und PR–Kampagnen entwirft, so hat sie sich vorher mehr oder weniger bewusst darüber Gedanken gemacht, wie bestimmte Erscheinungen im Bereich der *Kommunikation* in *Ursache und Wirkung* zusammenhängen.

Das heißt, dass sie mit einer Theorie arbeitet, aus der sie im konkreten Problemfall Hypothesen entnimmt oder ableitet, die sie unter Zuhilfenahme des verfügbaren Informationsmaterials und – wenn der Etat des Auftraggebers dazu ausreicht – mittels einer Marktstudie oder Meinungsumfrage zu prüfen hat.

Erweist sich diese Hypothese als akzeptierbar, leitet die PR–Beraterin aus der Hypothese und den damit erfassten Zusammenhängen von Ursache und Wirkung ihre *Lösungsstrategie* für das konkrete Kommunikationsproblem ab.

Der Erfolg einer PR–Kampagne hängt zunächst davon ab, wie zutreffend die Theorie und ihre Hypothesen Wirkungszusammenhänge der Kommunikation erfassen.

Darüber hinaus ist es entscheidend, dass die PR-Beraterin kompetent genug ist, PR-Kampagnen kreativ auf der Basis des ermittelten Wissensbestands zu entwickeln und erfolgreich umzusetzen.

5. Grundzüge einer PR-Theorie

In der Öffentlichkeitsarbeit gibt es eine Reihe von »axiomatischen Grundhypothesen«, die von PR-Beraterinnen eingesetzt werden. Zusammengenommen bilden diese Grundannahmen so etwas wie ihre »Proto«-PR-Theorie.(4)

Laien-Theorie öffentlicher Kommunikationsprozesse

Diese »Proto-PR-Theorie« ist keine geschlossene »Theorie öffentlicher Kommunikationsprozesse und deren Gestaltbarkeit« nach wissenschaftlichem Maßstab. In der Praxis der Öffentlichkeitsarbeit bilden deren Axiome dennoch die stillschweigend befolgten Grundthesen und Grundannahmen, mit denen PR-Konzepte zu begründen gesucht werden.

Die Grundthese dieser PR-Theorie lautet:

Grundhypothese (1)

Die **Wechselseitigkeit** und **Dynamik der Kommunikationsbeziehungen** einer demokratischen Gesellschaft ist die **Voraussetzung für die Stabilität und Kontinuität** der darin ablaufenden Handlungsprozesse und darin bestehenden Handlungs-Systeme.

Eine zweite Grundthese lautet:

Grundhypothese (2)

Organisationen müssen darum bemüht sein, mit der Öffentlichkeit einen Kommunikationsprozess in Gang zu setzen und über alle Schwierigkeiten des Alltags hinweg aufrechtzuerhalten, der allmählich zu einer **Verständigung** führt. Blockierendes, Störendes und Angstmachendes soll in einer Atmosphäre gegenseitiger Verständigungsbereitschaft aufgehoben werden.

Auf den Aufgabenbereich der Öffentlichkeitsarbeit bezogen lautet eine dritte Grundhypothese:

Grundhypothese (3)

In einer parlamentarisch-freiheitlichen Ordnung müssen Parteien, Verbände, soziale Gruppen usw. **um Vertrauen in der Öffentlichkeit werben**. Nur so können sie die Zustimmung – d.h. im einzelnen Mitglieder, Verbündete, unterstützendes Verhalten seitens der Öffentlichkeit usw. – erlangen, die benötigt wird, um die Ziele der jeweiligen Organisation zu erreichen.

Eine Kommunikationsbeziehung kann Bestand haben und lebendig erhalten werden, wenn die Kommunikationspartner über einen gemeinsamen Grundbestand an Werten und Regeln verfügen, der ihre Interaktionen sowie Haltungen und Meinungen maßgeblich beeinflussen kann.

Die Beziehung zwischen einer Organisation mit der Öffentlichkeit kann dann Bestand haben, wenn sich die Organisation zu der ethischen Minimalprämisse der gesellschaftlichen Verantwortung und Wahrung des öffentlichen Wohls bekennt.

Auf den Bereich von Wirtschaftsunternehmen bezogen lassen sich hieraus weitere Hypothesen für die Öffentlichkeitsarbeit ableiten.

Hypothese zu Wirtschaftsunternehmen (1)

Eine wirtschaftliche Unternehmung kann nur dann Bestand haben, wenn ihre Leitung den **eigenen Gewinn** und das **allgemeine öffentliche Wohl** als **untrennbar** zusammenhängend betrachtet.

Es gibt einen vitalen Zusammenhang zwischen privaten und öffentlichen Interessen, zwischen dem Gewinnstreben der Unternehmensleitung und ihrer Verantwortung gegenüber der Gesellschaft.

Daraus ergibt sich als weitere Hypothese der Öffentlichkeitsarbeit der unternehmerischen Wirtschaft:

Hypothese zu Wirtschaftsunternehmen (2)

Die **PR von Unternehmungen** hat die Aufgabe, für Erzeugnisse oder Dienstleistungen **Aufnahmebereitschaft und Verständnis** zu gewinnen, indem sie belegt, wie die Leistungen des Unternehmens **mit den Interessen freier Menschen** in einer **freien Gesellschaft** vereinbar sind.

Unter Einbeziehung konkreter wirtschaftlicher Fakten lassen sich für die Kommunikation von Untemehmen konkrete Hypothesen ableiten.

Hypothese zu Wirtschaftsunternehmen (3)

Tatsache ist, dass Unternehmungen in ständiger **Konkurrenzbeziehung** zu anderen Unternehmungen stehen und gleichzeitig bemüht sind, ihre Wettbewerbssituation hinsichtlich Absatz und Gewinn zu verbessern.

Da die allgemeinen Geschäftskosten wie Löhne und Gehälter, Material und Dienstleistungen, Verwaltung usw. im Großen und Ganzen festliegen, kann kein Unternehmen annehmen, auf diesen Gebieten entscheidende Vorteile gegenüber den Konkurrenten zu erzielen.

Die Einzelunternehmung muss daher in wachsendem Maß Programme zur **Förderung der Kundenbeziehung** entwickeln, um sich dadurch Wettbewerbsvorteile zu verschaffen.

Auf die Öffentlichkeitsarbeit von Wirtschaftsunternehmungen bezogen bedeutet das:

Hypothese zu Wirtschaftsunternehmen (4)

Ziel der Öffentlichkeitsarbeit ist die Schaffung von **gutem Willen** und **Vertrauen** der Kunden in die Unternehmung und ihre Produkte und Dienstleistungen sowie eines **erhöhten Absatzes und steigenden Gewinns**.

Zur Anschaulichmachung soll der Einsatz von Theorie und Hypothesen im Rahmen der Situationsanalyse an einem Beispiel entwickelt werden.

6. Förderung der Kundenbeziehungen durch Serviceleistungen

Case Story: Der Computerhersteller

Als *Case Story* soll die skizzenhafte Fallgeschichte rund um die Wettbewerbssituation eines *Computerherstellers* dienen, der wachsende Schwierigkeiten hat, sich gegenüber Wettbewerbern mit Produkten auf identischem Preis– und Qualitätsniveau durchzusetzen.

Wie gesehen durchläuft die Situationsanalyse – legen wir den im Bereich der wissenschaftlichen Forschung ausgearbeiteten Standard zugrunde – vier Grundschritte:

In der *Erkundungsphase* werden erste empirische Betrachtungen verarbeitet. In der *theoretischen Phase* wird daraufhin aus einer allgemeinen Theorie die zu überprüfende Hypothese abgeleitet. In der *Überprüfungsphase* wird die Hypothese aufgrund von empirischen Erhebungen geprüft. In der abschließenden Entscheidungsphase wird untersucht, ob angesichts der Untersuchungsergebnisse mit der ausgewählten Hypothese weitergearbeitet werden sollte.

In der *Erkundungsphase* stellt der Computerhersteller zunächst fest, dass er im Vergleich zu seinen Konkurrenten an Umsatz eingebüßt hat.

Seine PR–Beraterin sucht nach möglichen Ursachen in der Kommunikationssituation. Sie stellt fest, dass die Konkurrenz mit vorbildlichen Serviceleistungen wirbt und unbürokratische Soforthilfe bei Reklamationen verspricht.

In der *theoretischen Phase* rekurriert die PR–Beraterin auf das Grundaxiom der unternehmerischen Öffentlichkeitsarbeit:

Ziel der Öffentlichkeitsarbeit ist die Schaffung von gutem Willen und Vertrauen der Kunden in die Unternehmung, in ihre Produkte und Dienstleistungen sowie die Erreichung eines erhöhten Absatzes und steigenden Gewinns.

Daraus und aus dem Ergebnis der ersten Situationserkundung leitet sie folgende Hypothese ab:

Hypothese zur Kundenbeziehung

Vernünftige und kulante Handhabung der Garantieleistungen, Hilfe bei Reklamationen, Beratung über den Kauf hinaus erhöht das Vertrauen in das Produkt und das anbietende Unternehmen und verbessert Umsatzchancen.

In der *Überprüfungsphase* analysiert die PR-Beraterin zunächst die Marktstellung der Konkurrenten. Im Einzelnen wird untersucht, wie Marktstellung, Absatzzahlen auf der einen Seite mit den gebotenen Serviceleistungen und der Bedeutung von Serviceleistungen als Thema der PR auf der anderen Seite zusammenhängen.

Im konkreten Fall wird dabei ein enger Zusammenhang zwischen erhöhten Absatzzahlen, zunehmender Marktbedeutung und der Betonung von guten Serviceleistungen in der Öffentlichkeitsarbeit ermittelt.

Die dadurch bestätigte Hypothese wird in einem weiteren Zwischenschritt der Überprüfungsphase auf das Umfeld des Unternehmers übertragen und geprüft.

Dazu untersucht die PR-Beraterin im Detail, wie die Serviceleistungen bei unserem Computerhersteller gehandhabt werden und welche Rolle solche Serviceleistungen in der Kommunikation mit dem Kunden spielen. Informationen hierzu verschafft sich die PR-Beraterin durch die Beobachtung der Handhabung der Serviceleistungen im Geschäftsalltag. Von besonderem Interesse sind hier die Auslobungsargumente des Verkaufspersonals im Kundenkontakt.

Durch persönliche Gespräche mit Kunden und durch eine Fragebogenaktion – bei der Kunden vom Unternehmen angeschrieben und um die Beantwortung einiger Fragen gebeten werden – wird überprüft, welche Auswirkung die Serviceleistungen des Unternehmens auf dessen Image beim Kunden haben

Während der Computerhersteller seine Serviceleistungen bisher für ausreichend gehalten hatte, ergibt sich nach diesen Untersuchungen, dass die gebotenen Leistungen im Vergleich zur Konkurrenz zu kurz kommen und dass das Unternehmen bei der Gewährung von Garantieleistungen nicht kulant genug verfährt. Darüber hinaus ergibt sich, dass die bisher gebotenen Leistungen in Verkaufsgesprächen zu wenig zum Ausdruck gebracht werden. Sie entwickeln zu wenig positiven Einfluss auf die Kunden–Kommunikation.

In der Folge wird der Unternehmer davon überzeugt, dass er auf der einen Seite seine Serviceleistungen auszubauen hat und auf der anderen diese Serviceleistungen zu einem Schwerpunktthema seiner Kommunikation mit den Kunden machen sollte.

Damit ist die Phase der Situationsanalyse abgeschlossen. In den nächsten Schritten können die ermittelten Einsichten umgesetzt werden.

In der *Planungsphase* wird das Servicethema zum Grundmotiv einer PR–Kampagne gemacht. Die bestätigte Hypothese über den Zusammenhang von ausgesprochen guten Serviceleistungen und der Marktbedeutung eines Unternehmens wird in der Durchführungsphase in Slogans für Anzeigentexte, in der textlichen Gestaltung einer Unternehmensbroschüre umgesetzt und mittels Kundenberatungs–Manuals dem Verkaufspersonal an die Hand gegeben.

Schließlich wird der Erfolg der Öffentlichkeitsarbeit anhand der Umsatzzahlen, durch Gespräche mit Kunden usw. überprüft. Aufgrund der Einsicht in die Wirksamkeit einzelner Kampagnenelemente ergibt sich die Möglichkeit, die Öffentlichkeitsarbeit zu optimieren, indem besonders erfolgreiche PR–Projekte ausgebaut werden.

7. Die Hypothesengeleitetheit der Öffentlichkeitsarbeit

Parallel zur Handlungsstruktur

Als erstes Ergebnis hat das gegenwärtige Kapitel ergeben, dass der in der Öffentlichkeitsarbeit praktizierte Konzept–Durchlauf mit Hauptphasen wie Situationsanalyse, Planung von Aktionen, der Durchführung und der Erfolgskontrolle kein Spezifikum der PR ist. Der Ablauf dieser Schritte leitet sich aus der *Grundstruktur menschlichen Handelns* ab.

Die *Situationsanalyse* hat *vier mehr oder weniger stark differenzierte Aspekte*. Die *Erkundungsphase* bezeichnet den Vorgang der ersten Informationssammlung und –verarbeitung. In der *theoretischen Phase* wird unter Rückgriff auf Hypothesen einer allgemeinen Theorie eine spezielle Hypothese mit Bezug zum per Aufgabenstellung definierten Problemfeld hergeleitet. In der *Überprüfungsphase* wird diese Hypothese und besonders die in ihr erfasste Vermutung über die kausalen Zusammenhänge der Kommunikationshintergründe anhand einer Konfrontation mit der Realität überprüft. Die Beurteilung der Brauchbarkeit der Hypothese und die Entscheidung darüber, ob sie der weiteren Planung und Durchführung der Öffentlichkeitsarbeit zugrunde gelegt werden soll, erfolgt in der *Entscheidungsphase*.

Bedeutung von Theorien

Kern der Situationsanalyse ist damit die theoretische inhaltliche Vorarbeit, durch welche die *Wirkungszusammenhänge der Kommunikation von Organisation und Öffentlichkeit* erfasst werden.

Hypothesengeleitetheit der Öffentlichkeitsarbeit

Hieran zeigt sich nicht allein die *Hypothesengeleitetheit der Situationsanalyse*, sondern auch die der Öffentlichkeitsarbeit insgesamt. Erst mittels einer Theorie, also mittels des Erklärungspotentials eines Systems von miteinander verbundener Hypothesen wird es möglich, Kommunikation zu erklären und schließlich abzuschätzen, mit welchen Eingriffen die betrachteten Kommunikationsprozesse in eine bestimmte Richtung zu beeinflussen sind. Hypothesen sind damit genauso Grundlage einer zuverlässigen Situationsanalyse, wie sie als Basis der Wirkungs–Planung und Durchführung von PR–Aktivitäten dienen.

Der *Erfolg der Öffentlichkeitsarbeit* hängt davon ab, wie zutreffend die von der PR–Beraterin berücksichtigten Hypothesen die *Wirkungszusammenhänge der Kommunikation* erfassen. Darüber hinaus kommt es darauf an, dass die konkrete PR–Strategie korrekt aus der geprüften und bestätigten Hypothese abgeleitet wird – also darauf, dass die von der PR–Beraterin entworfenen Kampagnen das *ermittelte Kommunikations–Wissen korrekt umsetzen.*

Kommunikations–Erfolg basiert auf Wirkungs-Wissen.

Quellenhinweise und Anmerkungen

1. Bunge, Mario; *Scientific Research I. The Search for System;* Berlin, Heidelberg, New York 1967; S. 3

2. Zur Analyse des Handlungsbegriffs und des Handlungsbezugrahmens – action frame of reference – siehe:

   - Parsons, Talcott; *The Structure of Social Action; Volume 1. Marshall, Pareto, Durkheim*; New York/London 1968 (Paperback Edition 1); S. 43–86

3. Zur Methodologie der Konzeptionstechnik siehe:

   - Droste, Heinz W. ; *Kommunikation – Planung und Gestaltung öffentlicher Meinung. Band 1: Grundlagen;* Neuss 2011; S. 213–40

4. Zum Laien–Approach in der PR–Praxis siehe:

   - Ebenda S. 43–71

5. Wirkungsvolle Kommunikation setzt die moralisch–ethische Legitimität von PR–Maßnahmen voraus. Kriterium ist dabei die Anwendbarkeit des Bungeschen Imperativs »*Enjoy Life and Help Live!*«. Vergleiche :

   - Droste, Heinz W. ; *Kommunikation – Planung und Gestaltung öffentlicher Meinung. Band 2: Mechanismen;* Neuss 2011; S. 395–429

»Wie es meistens der Fall ist, enthält die Formulierung des Problems bereits die Lösung. Das Problem in Worte zu fassen ist konzeptionell der schwierigste Teil des gesamten Prozesses, selbst wenn es noch so mühsam erscheinen mag.«
(1)
Mihaly Csikszentmihalyi

Schritt 2:

Kreativität ins Spiel bringen

1. Das Analyse-Schema für die Praxis des PR-Beraters

Unser Ziel ist die Entwicklung des *konzeptionellen Hilfsmittels,* das PR-Beraterinnen nicht nur bei der *Durchführung von Situationsanalysen*, sondern auch bei der Ermittlung von Kommunikations-Theorien und Wirkungshypothesen sicher anleitet.

Die vorhergehenden beiden Kapitel haben die Voraussetzungen eines solchen begrifflichen Instrumentariums untersucht.

Beabsichtigt ist, einen standardisierten Leitfaden der planvollen und detaillierten Recherche zu entwickeln, deren Ergebnisse weit über das hinaus, was Betroffenen und Laien-Betrachtern offenkundig und geläufig ist, Einblick in die Problematik konkreter Kommunikationsbeziehungen verschaffen.

Im ersten Kapitel haben wir einige grundlegende Anforderungen an die PR-Beraterin und ihre erste »Pflicht« formuliert, Informationen zu sammeln, aufzubereiten und in ein analytisches Bild zu bringen:

Analyse-Schema: Leistungsbeschreibung

Das zu ermittelnde Analyse-Schema muss die Beschreibung und Erfassung von *interaktiven Prozessen* ermöglichen, *erklärungsrelevante Fakten* einer Kommunikationssituation ablesbar machen, den Rahmen der Aufgabenstellung berücksichtigen und dies alles zu einem *geschlossenen Gesamtbild* zusammenfügen.

Nachdem das vorhergehende Kapitel als Ergebnis die Hypothesengeleitetheit der Situationsanalyse und der PR insgesamt ermittelt, gilt es nun, diese zu Beginn formulierten Ansprüche an ein Analyse-Schema detailliert zu überdenken und zu diskutieren.

2. Das deduktive Vorgehen im Problemlösungsprozess

Die Forderung nach *Vollständigkeit* der Informationserfassung scheint besonders naheliegend. Die relevanten Informationen zur Kommunikationsbeziehung von Organisation und Öffentlichkeit sollen vollständig berücksichtigt werden.

Eine weitere plausible Forderung betrifft die *Objektivität* der Darstellung der Ausgangssituation. Frei von persönlichen Wünschen und Vorurteilen soll die vorliegende Situation objektiv bewertet und gedeutet werden.

Darüber hinaus hat die Beraterin alle relevanten Informationen zu einem *treffenden* und *stimmigen* Bild zusammenzustellen. Von der vorgelegten Situationsanalyse wird *Nachvollziehbarkeit* für den Auftraggeber verlangt.

Die Situationsanalyse läuft zunächst ab als Ableitungsverfahren einer speziellen Kommunikations–Wirkungs–Hypothese aus einer allgemeinen Theorie, die im Anschluss geprüft wird. In den Schritten Planung und Durchführung von PR–Maßnahmen wird diese Hypothese Basis nachfolgend zu erfindenden Kommunikations–Maßnahmen.

Problemlösungen brauchen Theorien.

In diesem Ablauf von spekulativer Vorgabe und systematischer Prüfung an der Realität kommt die typisch *deduktive Struktur des menschlichen Problemlösungsverhaltens* zum Tragen.

Erst aufgrund von im Vorfeld aufgestellten allgemeinen Annahmen und Hypothesen, die dann in überprüfbare Bestandteile umgesetzt, operationalisiert und an der Wirklichkeit getestet werden, gelingt das Konzipieren von Strategien zur Beeinflussung von Wirkungszusammenhängen im kommunikativen Umfeld einer Organisation.

Eine Hypothese, die dabei einer Überprüfung standgehalten hat, gilt als *vorläufig richtig*, kann aber niemals als endgültig verifiziert gelten.[2]

Da Hypothesen im Problemlösungsprozess prinzipiell der Kritik und der Möglichkeit der Revision unterliegen, können sie niemals als *»wahr«* im Sinne von *»endgültig bestätigt«* gelten.

Auch gibt es keine Beschreibung eines Sachverhalts, welche als die allein zutreffende gelten könnte. Die Realität wird in dem Ausschnitt und unter dem Aspekt betrachtet, welcher die Fragestellung und die Hypothese festlegen, mit denen wir an sie herantreten. Es gibt unendlich viele, grundverschiedene Selektionskriterien, aufgrund derer wir die Realität sinnvoll analysieren können.

Hieraus ergibt sich, dass die Forderung nach *Vollständigkeit* der Informationserfassung grundsätzlich zu relativieren ist. Eine Analyse einer Kommunikationssituation ist nie umfassend in dem Sinne, dass *alle* ermittelbaren Informationen berücksichtigt werden. Vollständigkeit versteht sich mit Bezug auf die Hypothesengeleitetheit des Problemlösungsprozesses als relative Umfassendheit in der Berücksichtigung von Informationen, welche die zugrunde gelegte Hypothese betreffen, diese vorläufig belegen oder vorläufig falsifizieren könnten.

Es gibt ebenfalls keine *Objektivität* der Informationsaufnahme und –verarbeitung im Sinne einer unvoreingenommenen, »reinen« Aufnahme von Informationen. Die Analyse der Erfahrungswelt ist stets durch die konkrete Aufgabenstellung, die verwendete Theorie und durch die daraus abgeleitete Hypothese geleitet und strukturiert. Unser gültiges Wissen über diese Welt beinhaltet so gesehen stets ein unvermeidbares »konstruktives« Element.

Der Mythos der »Wesens-Schau«

Entsprechend ist das von der Beraterin vorzulegende analytische Gesamtbild eines Tatbestands keine menschenunabhängige »Wesens–Schau«. Die Realitätsübereinstimmung dieses Bildes muss stets im Zusammenhang mit der Hypothesengeleitetheit des Problemlösungsverhaltens gesehen werden. Die Gültigkeit einer Analyse hängt von der Qualität der zugrundegelegten Hypothese, insbesondere ihrer Bewährtheit ab, die im Rahmen empirischer Überprüfungen sicherzustellen ist.

3. Das methodische Handwerkszeug zur Durchführung der Situationsanalyse

Im zweiten Kapitel erbrachte die Untersuchung der Struktur des Problemlösungsverhaltens weitere Einblicke in die Erfordernisse einer soliden Situationsanalyse. Es zeigte sich, dass die Erfassung der Empirie eine *Erkundungsphase*, eine *theoretische Phase*, eine *Überprüfungsphase* und eine *Entscheidungsphase* durchläuft, bis es zu einer Formulierung von Handlungsstrategien und –taktiken kommen kann.

»Pflichtfach« Methodenlehre

Die methodisch saubere Situationsanalyse setzt die Anwendung einer Auswahl von Verfahren voraus, die im Bereich der wissenschaftlichen Methodenlehre hinreichend untersucht wurden und in Lehrbüchern etwa der wissenschaftlichen Propädeutik und der empirischen Sozialwissenschaften festgehalten sind.[3] Eine Situationsanalyse ist in dem Maße vollständig, objektiv und nachvollziehbar, in dem sie die Regeln dieses empirisch–wissenschaftlichen Handwerkszeugs erfüllt.

Vollständigkeit, d. h. Umfassendheit in der Berücksichtigung von relevanten Informationen, Objektivität und Nachvollziehbarkeit, ist kein Wert an sich, sondern versteht sich als *Bewertung der Qualität* der Situationsanalyse, für welche im Bereich der wissenschaftlichen Forschung konkrete Maßstäbe vorliegen.

Während für die Erkundungsphase als einer ersten Informationssichtung meist keine strengen methodischen Regeln angelegt werden, verlangt die *theoretische Phase* der Situationsanalyse die Anwendung eines genau definierten methodischen Rüstzeugs. In dieser Phase ist im Einzelnen zu prüfen,

- *ob die verwendete Theorie präzise genug definiert ist,*
- *ob die verwendeten Definitionen ausreichend präzise und untereinander logisch konsistent sind,*
- *ob die Theorie empirisch prüfbar ist, beispielsweise keine tautologischen bzw. kontradiktorischen Sätze enthält*
- *und ob die Arbeitshypothese korrekt aus der Theorie hergeleitet ist.*

Das hierbei zum Einsatz kommende *Instrumentarium der formalen Logik* zeigt sich damit als unverzichtbares methodisches Handwerkszeug der theoretischen inhaltlichen Vorarbeit zur Situationsanalyse.

Die *Überprüfungsphase*, in der die zugrunde gelegte Hypothese getestet wird, erfordert die Beherrschung der Grundregeln der Untersuchungsplanung, der Datenerhebung und der Experimentiertechnik. Darüber hinaus sind zu berücksichtigen: die *Regeln der testtheoretischen Bewertung* von Untersuchungsdaten sowie die *Regeln der darstellenden Statistik* und der *analytischen – schließenden – Statistik*.

Erst aufgrund der auf diese Weise methodisch geprüften Hypothese kann in der *Entscheidungsphase* beschlossen werden, diese Hypothese zur Grundlage der folgenden Schritte der Öffentlichkeitsarbeit zu machen *(siehe Abb. 7)*.

Eine Situationsanalyse ist *umfassend*, wenn die der Analyse zugrunde liegende Hypothese einen möglichst weiten Anwendungsbereich in der Praxis hat und darüber hinaus ausreichend gründlich geprüft wurde. Sie ist insoweit *objektiv*, als sich die Hypothese während der Überprüfung bewährt hat und mit den Gegebenheiten der analysierten Kommunikationssituation übereinstimmt. Sie ist *nachvollziehbar*, wenn gezeigt werden kann, dass alle Analysephasen – die Ableitung der speziellen Hypothese aus einer Theorie, das Überprüfungsverfahren, die Interpretation der Erhebungsdaten und die anschließende Entscheidung über die Verwendbarkeit der Hypothese – sachlich und logisch folgerichtig aufeinander aufbauen.

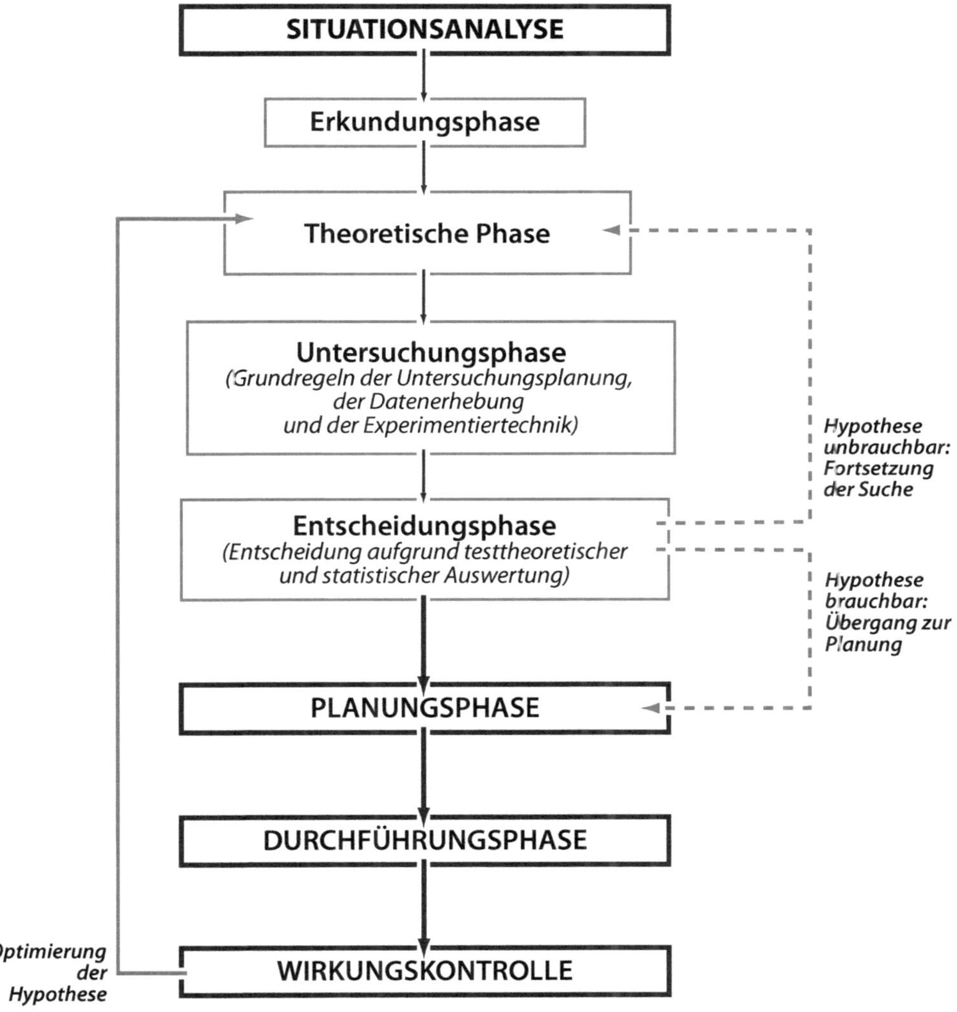

Abb. 7: Das Phasenmodell der PR

4. Kreativität und Methodik

Das alles lässt es so aussehen, als hätte es die PR-Beraterin bei der Situationsanalyse im Wesentlichen mit dem Formalismus von Ableitungsregeln, Regeln der empirischen Sozialforschung und der Statistik zu tun.

Kann von einer PR-Beraterin erwartet werden, dass sie angesichts dieses formalen Prozedere kreative Problemlösungen findet? Dass sie zeigt, wie in einer konkreten Situation die Aufmerksamkeit der Öffentlichkeit erregt, Interesse geweckt und Vertrauen geschafft wird?

PR-Beraterinnen haben mit Blick auf vorgegebene Ziele und angesichts einer Reihe von zu berücksichtigenden Bedingungen Lösungen für komplexe Kommunikationsaufgaben zu entwickeln, haben neue Interaktionsprozesse zu konzipieren und Meinungsbildungen anregende Botschaften und Texte zu entwickeln.

Es wird von ihnen erwartet, dass sie für ihre Aufgabe originelle und »noch nicht dagewesene«, vor allem wirksame Lösungen finden.

Es stellt sich die Frage, wie eine PR-Beraterin kreativ wird, während sie sich parallel möglichst erfolgreich mit den Formalismen »herumschlägt«, welche für die methodisch gelungene Situationsanalyse Bedingung sind.

Unvermittelt stehen sich auf der einen Seite die Kreativität, die von der Beraterin erwartet wird, und auf der anderen die Forderung gegenüber, Wirkungs-Hypothesen zu Kommunikationsprozessen herzuleiten und methodisch ausreichend streng zu prüfen.

Kreativität erfordert die Überwindung von Widersprüchen.

Dieser Widerspruch liegt, wie wir im Folgenden im Detail sehen werden, in der »Natur« kreativen Arbeitens – insbesondere, wenn es um das Thema Kommunikation und Kommunikations-Planung geht. Um kreativ zu sein, reicht es offensichtlich nicht aus, phantasiebegabt zu sein. Stattdessen müssen sich PR-Beraterinnen zunächst unter Maßgabe einer Theorie und einer Hypothese einen detaillierten Überblick über die relevanten Tatsachenzusammenhänge verschafft haben. Die einfallsreichste Kampagne ist nicht wirklich kreativ, führt zu keiner Problemlösung, wenn sie nicht exakt zur vorgegebenen Problemsituation passt.

Je größer der *Erfahrungshorizont* ist, den ihre Kommunikations–Theorie und ihre Wirkungs–Hypothesen betreffen, desto größer sind die Erfolgsaussichten einer Situationsanalyse und der daran anknüpfenden Planung von PR–Aktivitäten.

Die *Formulierung einer Theorie* und die *Bildung von Hypothesen* ist offensichtlich eine grundlegende *kreative Herausforderung,* deren Bewältigung zur Entwicklung erfolgreicher PR–Maßnahmen, PR–Aktionen und Kampagnenmotiven führt.

Theorien und Hypothesen sind kreative Herausforderungen.

Die methodischen Anforderungen an die Situationsanalyse sind nicht »unkreativ«, auch wenn sie PR–Projekt–Unerfahrenen »kopflastig« erscheinen mögen. Die betreffenden methodischen Regeln der Situationsanalyse unterstützen die Kreativität der PR–Beraterin durch die detaillierte Ausarbeitung von Problemlösungen, verhelfen zur Präzisierung von Ideen und schließlich zu ihrer planmäßigen Verwirklichung.

Diese formalen Standards sind im Kanon wissenschaftlicher Forschungsregeln definiert und brauchen von uns nicht erfunden werden.

Sie zeigen allerdings nicht, wo wir *passende Kommunikations–Theorien* finden oder woher wir Einfälle für *wirkungssichernde Hypothesen* beziehen können.

An diesem wesentlichen Punkt und bei diesen wichtigen Aufgaben kommt unsere *Kreativität* ins Spiel.

5. Der Begriff der Kreativität

»*Kreativität*« bezeichnet die Fähigkeit eines Individuums, Probleme zu lösen, indem es flüssig und flexibel neuartige Einfälle produziert und zu originellen Lösungen verarbeitet.[4]

Kreativität ist nicht messbar.

Kreativität ist allgemein gesprochen die spontane Einstellung eines Individuums gegenüber Denkaufgaben. Welche kognitiven Fähigkeiten oder Kompetenzen im Einzelnen kreatives Verhalten ausmachen und ermöglichen, lässt sich aufgrund gängiger psychologischer Theorieansätze kaum bestimmen. Konzepte wie »Intelligenz«, »Begabung« und »Kreativität« sind so genannte *Konstruktbegriffe* und keine direkt beobachtbaren Sachverhalte mit präzise bestimmbaren Größen. Wir können Kreativität scheinbar nur mittelbar, d. h. aus beobachteten Ergebnissen kreativen Verhaltens erschließen.

Kreative Personen unterscheiden sich von weniger kreativen vor allem durch die *Originalität* ihrer Leistungen, durch ihren Ideenreichtum, durch ihre *kognitive Beweglichkeit*, die *Fähigkeit zur Umstrukturierung* und die besondere Fähigkeit zur *Lösung unklarer Probleme*.

Kreatives Problemlösungsverhalten zeichnet sich insbesondere durch die Fähigkeit aus, komplexe Probleme mithilfe vielfältiger Umstrukturierungen zu entschlüsseln. Die *kreative Problemlöserin* ist für die Vielschichtigkeit der betrachteten Realität sensibel und hat die Fähigkeit zum systematischen Vorgehen.

In der Betrachtung der kognitiven Psychologie hat der *Kreativitätsbegriff* drei Bedeutungsaspekte, an denen wir uns im Folgenden orientieren werden:

(1) Problemsensitivität

Zum Kreativitätsbegriff gehört die Vorstellung von einer *besonderen Fähigkeit, Probleme zu erkennen*, Mängel oder Fehler an gebräuchlichen Werkzeugen oder sozialen Institutionen zu erkennen und zu identifizieren.

(2) Neubestimmung und Redefinition

Hiermit ist die *Fähigkeit zur Improvisation* angesprochen. Problemlösungen gelten als kreativ, wenn ihre Lösungsstrategien deutlich mit der *geläufigen Interpretation der Gegenstände* brechen.

(3) Flexibilität des Denkens

Zum Begriff der Kreativität gehört die Vorstellung von einer Flexibilität des Denkens, d. h. einer besonderen Fähigkeit zur *Produktion einer größeren Zahl nuancenreicher Ideen* für außergewöhnliche Problemlösungen.

6. Leistungsanforderungen an das Analyse-Schema

Im nächsten Schritt können wir uns nach den Vorüberlegungen dieses Kapitels unmittelbar an die Vorstellung des gesuchten konzeptionellen Hilfsmittels, des Analyse-Schemas machen, das den kreativen Fluss unserer Gedanken in Zukunft erfolgreich bei der Lösungssuche leiten wird.

Dieses Schema, mit dem insbesondere unsere Suche nach wirkungsvollem Kommunikationswissen systematisiert wird, muss – um seiner Aufgabe gerecht zu werden und um zu einer kreativen Lösung zu führen – einige elementare Leistungen erbringen, die wir zur Vertiefung und zum Abschluss dieses Abschnitts zusammenfassen:

- *Dieses Schema muss über ein begriffliches Instrument verfügen, das die Beschreibung und kreative Erfassung interaktiver Prozesse ermöglicht.*

- *Nicht jeder Begriffsrahmen versetzt in die Lage, dynamische Interaktionsprozesse zu erfassen. Die meisten traditionellen Denkmodelle, auf die Kommunikations-Konzepte bisher aufbauen, begünstigen eine eher statische Interpretation dieser Prozesse. Hier hat das Schema Abhilfe zu schaffen.*

- *Dieses Schema soll den Anwender in die Lage versetzen, die für eine bestimmte Kommunikationssituation erklärungsrelevanten Fakten zu identifizieren.*

- *Darüber hinaus muss das Schema auf der Basis aller relevanten Analyseergebnisse ein deutliches Gesamtbild der Kommunikationssituation vermitteln.*

- *Die durch das Schema angeleitete Analyse muss am zu lösenden Kommunikationsproblem ansetzen und ist keine vom Problemlösungsvorhaben unabhängige, neutrale Beschreibung.*

- *Das Schema soll zu einer gesteuerten Problemsensitivität und Sensibilität für die Vielschichtigkeit der betrachteten Realität verhelfen. Das Schema soll unter anderem die Fähigkeit unterstützen, Mängel und Fehler an Organisationsabläufen – insbesondere an Kommunikationsprozessen – zu identifizieren.*

- *Das Schema muss die Neubestimmung und Redefinition von Problemzusammenhängen ermöglichen. Es soll dazu anleiten, komplexe Probleme durch verschiedene Stufen der Umstrukturierung in fassbare Teilaspekte zu zerlegen.*

- *Die Anwendung des gesuchten Schemas soll die PR–Beraterin flexibel machen in ihrem Problemlösungsverhalten, d. h. es soll Anregungen für die Bildung einer ganzen Fülle von nuancierten Lösungsideen geben, die das Problem aus verschiedensten Perspektiven und unter verschiedensten Aspekten angehen.*

Quellenhinweise und Anmerkungen

1. Mihaly Csikszentmihalyi; *Kreativität. Wie Sie das Unmögliche schaffen und Ihre Grenzen überwinden*; Stuttgart 1997; S. 424

2. Vergleiche: Bunge, Mario; *Scientific Research I. The Search for System;* Berlin, Heidelberg,New York 1967; S. 222 –304

3. Eine kleine Auswahl:

   - Albert, Hans; *»Probleme der Wissenschaftslehre in der Sozialforschung«* in: René König (Hg.); *Handbuch der empirischen Sozialforschung; Band 1;* Stuttgart 1973; S. 57–102

   - derselbe; *Traktat über kritische Vernunft*, Tübingen 1975

   - Bortz, Jürgen; *Lehrbuch der Statistik. Für Sozialwissenschaftler*; Berlin, Heidelberg, New York 1978

   - Friedrichs, Jürgen; *Methoden der empirischen Sozialforschung;* Reinbek 1976

4. Vergleiche: Mihaly Csikszentmihalyi; *Kreativität. Wie Sie das Unmögliche schaffen und Ihre Grenzen überwinden*; Stuttgart 1997; S. 41 –212

»Eine ‹Tatsache› ist Mythos,
Fiktion, aber wir brauchen sie.
Wir müssen isolieren,
um etwas zu erfassen.«
(1)
Charles Ackerman und Talcott Parsons

Schritt 3:

Kommunikations-Systeme entschlüsseln

1. Die Erfahrung leitende Denkmodelle

Wir machen unsere Erfahrung mit der Welt als menschliche Wesen, nehmen die Dinge in unserer Umgebung also aufgrund unserer Interessiertheit an ihnen mit wechselnder Rezeptivität und Intentionalität wahr.

Wir gestalten unsere Welt.

Wir analysieren die von uns für wichtig gehaltenen Erfahrungsdaten, indem wir auf die verschiedensten kognitiven Bezugsrahmen und Denkmodelle zurückgreifen. Wir begegnen der Erfahrungswelt nicht passiv, sondern wir »erschaffen Teilwelten«, indem wir uns auf Einzeltatsachen konzentrieren.

Im Alltagsleben sind wir uns der Nutzung solcher Modelle und Konzepte nicht bewusst. Dennoch ist das Vergegenwärtigen der Wirkungen dieser Bezugsrahmen notwendig, um unsere Suche nach Wissen und unsere Vorstellung von Realität wechselnden Anforderungen anzupassen.

Gerade wenn es darum geht, Analyseergebnisse durch den geplanten Einsatz begrifflicher Hilfsmittel zu optimieren, ist eine solche Bewusstmachung und Diskussion erfahrungsleitender Konzepte und Modelle unvermeidbar.

2. Kybernetik

Es gibt in den Wissenschaften die unterschiedlichsten erfolgreichen Modelle, die Theoretiker und Forscher als »Ideengeneratoren« bei der Erforschung und Erklärung von Sachverhalten einsetzten.

Welches dieser Modelle passt am besten zu unseren PR-Aufgabenstellungen?

Zur Unterstützung der grundlegenden Aufgabe der Öffentlichkeitsarbeit – der Ermittlung und Anwendung relevanten Kommunikations-Wirkungswissens – benötigen wir wie gesehen ein Modell, das vor allem zur *Erfassung interaktiver Prozesse und von Kommunikation* tauglich ist.

Eine ganze Reihe von Modellen und Modellvarianten, die Interaktions- und Kommunikationsprozesse zum Gegenstand haben, stammt aus dem Bereich der Kybernetik. – *Kybernetik* bezeichnet die systematische wissenschaftliche Beschäftigung mit Kommunikations- und Steuerungsvorgängen vor allem in technischen Systemen aber auch Organisationen aller Art.

Die für die Analyse und Konstruktion von technischen Anlagen entworfenen kybernetischen Modelle arbeiten mit dem Konzept des *kybernetischen Systems*. Kybernetischen Systemen wird die Fähigkeit zugeschrieben, sich selbst zu organisieren und sich dadurch an ihre Umgebung anzupassen.

Kybernetische Modelle beflügeln nicht allein das Denken von Technikern in F&E-Abteilungen, sondern treiben im Bereich der Naturwissenschaften die Vorstellungskraft von Forschern an – etwa in der Biophysik, der Biochemie, der Molekularbiologie und der Virenforschung. Kybernetische Konzepte haben auch Eingang in die Sozial- und Wirtschaftswissenschaften gefunden und hier zur Bildung unterschiedlichster theoretischer Ansätze geführt.[2]

Kommunikation als Begriff der Kybernetik

In kybernetischen Modellen erhält der *Begriff der Kommunikation* zentrale Bedeutung. In kybernetischen Gesellschafts- und Wirtschaftstheorien wird Kommunikation als zusammenhaltendes und verknüpfendes Medium verstanden. Im Rahmen gesellschaftlicher Interaktionsvorgänge werden durch Kommunikation aus strukturlosen Ansammlungen von Einzelpersonen soziale Gruppen mit Organisations-Charakter sowie im Wirtschaftsgeschehen Märkte mit scheinbar selbstregulierenden Kräften. Kommunikation hält Organisationen zusammen und befähigt die Mitglieder einer Gruppe, zusammen zu denken, zu sehen und zu handeln.

Kann uns dieses kybernetische Modell als analytisches Schema bei unserer PR-Arbeit als »Theorien- und Hypothesen-Generator« dienen? – Um das *Erklärungspotential* des kybernetischen Modells im Feld der Public Relations zu beleuchten, werden wir im Folgenden die Grundbegriffe und Denkweisen der Kybernetik sowie deren Anwendung auf unsere Kommunikations-Thematik durchspielen.

3. Der Begriffsrahmen kybernetischer Modelle

Ein zentraler Begriff des kybernetischen Modells ist das Konzept der Rückkopplung. Unter *Rückkopplung* verstehen wir eine Vorrichtung oder einen Mechanismus, der einen Teil der Energieausgabe eines Systems zu Steuerungszwecken sich selbst als Eingabe wieder zuführt.

Dahinter steckt ein Vorgang, der uns vom Umgang mit elektronischen Steuerungsgeräten oder von der Betrachtung des menschlichen Nervensystems her vertraut ist. Durch Rückmeldungen über die Ergebnisse der Aktivität eines Systems werden der Energieeinsatz und die nach außen abgegebene Leistung dieses Systems an eine bestimmte Zielfunktion angepasst.

Heizt jemand beispielsweise sein Haus durch eine Zentralheizung mit Thermostat, kann durch das Öffnen eines Fensters die Temperatur in einem Raum sinken. Der Thermostat der Heizung registriert den Wärmeverlust, und das gesamte Heizsystem reagiert mit Leistungserhöhung sowie erhöhter Wärmeabgabe, um das Ziel, das Einhalten einer bestimmten Temperatur zu erreichen. Erfasst das System über den Thermostaten, dass die Zieltemperatur erreicht oder überschritten ist, wird die Leistung gedrosselt.

Das Heizsystem hat sich zur Steuerung seiner Leistung am Thermostaten ständig einen kleinen Teil der ausgegebenen Wärmeenergie zugeführt. Das Resultat der Wärmeabgabe der Heizung im Haus und die Energieumsetzung in Wärme durch den Heizkessel stehen in einer Rückkopplungsbeziehung.

Rückkopplung ermöglicht Selbststeuerung.

Ein weiterer wichtiger Begriff des Rahmens kybernetischer Modellbildung schließt sich hier direkt an: Über dieses Rückkopplungsnetzwerk realisiert ein System die *Selbststeuerung* seiner Aktivitäten.

Rückkopplungsnetzwerke sind so aufgebaut, dass sie auf von außen kommende Ereignisse automatisch in einer bestimmten Weise reagieren, bis eine vorher definierte Sachlage hergestellt ist. Solange die gewünschten Werte dieses Idealzustandes nicht vollständig erreicht sind, wird die Tätigkeit des Netzwerks fortgesetzt. Sind die erreichten Werte zu hoch, wird die Tätigkeit rückläufig fortgesetzt – im Beispiel mit der Heizung wird die Wärmeleistung gedrosselt.

Ein System erreicht über sein *Rückkopplungsnetzwerk* eine selbstgesteuerte Anpassung an die sich verändernden Bedingungen seiner Umwelt.

Jeder *Rückkopplungsmechanismus* ist auf die Erreichung und Erhaltung eines Idealzustands bezogen. Systeme haben damit einen spezifischen »Zweck« oder ein »Ziel«, an das ihre Aktivitäten orientiert zu sein scheinen.

4. Die Verbundenheit der Realität

Auf diese Modellvorstellung von kybernetischen Systemen, die sich mittels eines Rückkopplungsnetzwerkes selber steuern und Zustände gegenüber den Einflüssen der Umgebung erhalten, lässt sich ein Gerüst miteinander verknüpfter analytischer Konzepte aufbauen.[3]

Der Vorzug dieses analytischen Begriffsrahmens zeigt sich an dem Problem der großen *Abstraktheit*, die theoretischen Begriffen an sich anhaftet: Was wir aufgrund unserer Begriffe als »Tatsache« formulieren, ist »unwirklich« gemachte Realität. Wir reißen aus der Realität mittels der Begriffe, mit denen wir unsere Erfahrungen formulieren, Aspekte heraus und laufen Gefahr, die Verknüpftheit der materiellen Dinge mit anderen Aspekten und anderen Tatbeständen aus den Augen zu verlieren.

Eine »Tatsache« ist eine Fiktion, ein Ergebnis der Isolierung von Einzelfakten, ohne die wir Realität nicht erfassen können. In diesem Zusammenhang zeigen die im Rahmen des kybernetischen Modells definierten Begriffe ihre besonderen Vorteile. So ist beispielsweise der *Begriff des kybernetischen Systems* ein Instrument, das dazu verhilft, die negativen Konsequenzen der Isolierung von Einzelfakten einzuschränken:

System-Begriff mildert die Abstraktheit von Theorien.

Der Begriff des kybernetischen Systems mildert die unvermeidbaren Folgen dieser Abstraktion, indem durch seinen Einsatz die *Verbundenheit* von Tatbeständen mit anderen Sachverhalten betont und dadurch die Festschreibung von analytischen Trennungen und Abkapselungen hinausgeschoben, bei Bedarf rückgängig gemacht werden kann.

»System« ist ein vielseitig nutzbarer theoretischer Begriff, der auf jedes Gebilde angewandt werden kann, bei dem eine Menge von Elementen oder von deren Merkmalen durch Beziehungen miteinander verkoppelt sind.

Hierarchische Ordnung der Dinge wird entschlüsselt.

Der kybernetische Systembegriff bietet den Vorteil, beliebige Stufen *der analytischen Fokussierung* zu ermöglichen. Ist der Analytiker beispielsweise an den Austauschprozessen innerhalb eines Systems interessiert, kann er für die Bestandteile des Gesamtsystems den Begriff des *Subsystems* verwenden und in der Folge auch diese Subsysteme analytisch in weitere Subsysteme zergliedern. Auf der anderen Seite kann das Gesamtsystem als Subsystem eines noch umfassenderen anderen Systems betrachtet werden.

Wir werden diese Möglichkeiten im Folgenden an Beispielen unterschiedlichster Kommunikations–Systeme betrachten.

5. Der kybernetische Systembegriff

Der kybernetische Systembegriff impliziert, dass alle Elemente eines Sachverhalts, der als System interpretiert wird, zusammenhängen und interdependent sind. Veränderungen einzelner Systemelemente wirken mittelbar oder unmittelbar auf andere Bestandteile eines Systems und verändern den Zustand des Gesamtsystems.

Darüber hinaus lassen sich *Systemveränderungen* mit Blick auf Vorgänge erklären, die dem Prinzip der Selbsterhaltung oder dem *Prinzip des Systemgleichgewichts* folgen. Damit ist die Tendenz eines kybernetischen Systems angesprochen, bestimmte periphere Variablen gezielt zu manipulieren, um seine zentralen Eigenschaften konstant zu halten.

Kybernetischen Systemen wird die Fähigkeit der *Grenzerhaltung* gegenüber ihren Umwelten zugeschrieben. Ein solches System ist in der Lage, zentrale interne Prozesse oder Systemzustände gegenüber Einflüssen der Außenwelt aufrechtzuerhalten. Die Grenze zwischen System und Umwelt ist in diesem Sinne eine Schleuse, die Vorgänge auf der anderen Seite der Grenze vom System abschirmt und Wirkungen der Umgebung abhält. Die System–externen Vorgänge benötigen Zeit, um eine Dynamik zu entfalten, die diese Schleuse überwindet und Zustandsänderungen innerhalb des Systems hervorruft.

Der kybernetische *Systembegriff* impliziert nicht nur die *Sicherung des Grundzustands von Bestandteilen und Elementen gegenüber der Außenwelt.* Denn in diesem Begriff klingt auch die *Verbundenheit* und *Interaktion* mit der Umwelt an. »Verbunden« ist in diesem Sinne nicht gleichbedeutend mit »verschmolzen«. Systeme stehen zwar stets in mehr oder weniger enger Verbindung mit anderen Systemen und mit der Umwelt im Ganzen, ohne mit dieser einszuwerden.

Systeme erbringen Leistungen.

An diesen Aspekt der externen Verbundenheit von Systemen schließt sich der Begriff der Funktion an. Eine *Funktion* stellt den Beitrag – die Leistung – eines Systems dar, der in andere Systeme in der Umwelt des Ursprungssystems exportiert und dort »konsumiert« wird. Mit diesem Begriff ist die Richtung angesprochen, die ein Systembeitrag nimmt: Funktionen sind der *»Output«* des exportierenden Systems und sie sind der *»Input«* des importierenden, Leistungen–konsumierenden Empfänger–Systems.

Innerhalb kybernetischer Systeme gibt es Sektoren, die für den *Export der systemeigenen Funktionen* zuständig sind und solche, die den *Import von Outputs anderer Systeme* übernehmen.

Das System steuert den *Export seiner Outputs* als Mittel zur Verwirklichung kurz– und langfristiger Ziele. Der Export der systemeigenen Funktion wird über ein so genanntes *zielorientierendes Subsystem* herausgeleitet, welche das Gesamtsystem auf die Erreichung des Systemziels hinleitet.

Die Notwendigkeit, Leistungen anderer Systeme für die Erhaltung des eigenen Gleichgewichts zu *importieren*, folgt gemäß kybernetischem Denken aus dem System–Erfordernis der Anpassung an die Umgebung. In der Struktur dieser Systeme bilden sich dazu *Rezeptoren und Rezeptorsysteme* aus, die beim Import von Funktionen spezielle *adaptive Mechanismen* einsetzen.

Die sich damit konstituierenden Input–Output–Sektoren eines kybernetischen Systems lassen sich daher begrifflich als »Adaption« (Input–Subsystem) und »Zielorientierung« (Output–Subsystem) fassen *(siehe Abb. 8)*.

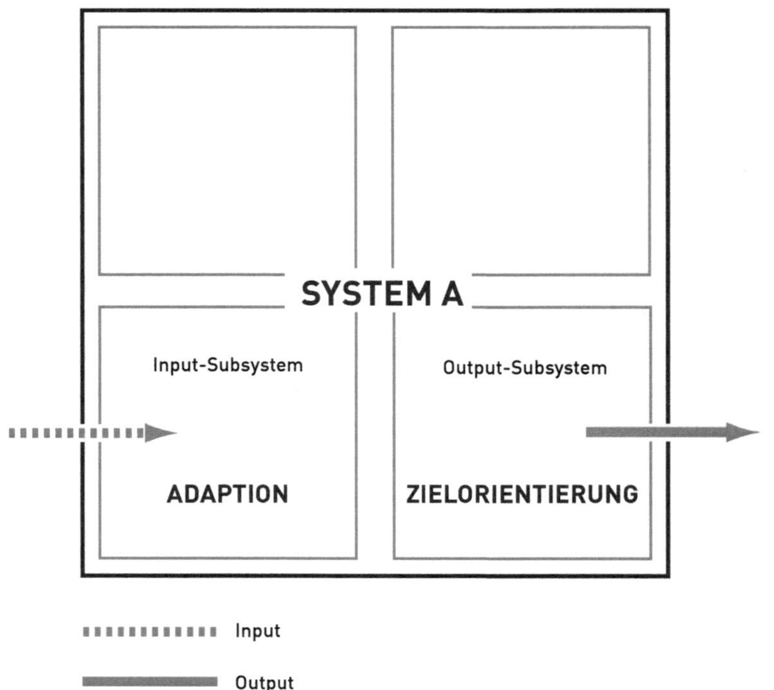

Abb. 8: Import/Export von Systemleistungen

6. Das Wechselspiel von Steuerung und Aktivierung

Das kybernetische Konzept entwirft ein Bild miteinander kommunizierender Systeme, die über Input– und Outputgrenzen miteinander in Verbindung treten und Funktionen austauschen.

Dieses Bild wird abgerundet durch den Begriff der Information.

In der Kybernetik bezeichnet Information das Medium der Steuerung und Regelung von Prozessen innerhalb von Systemen und ihren Subsystemen sowie zwischen Systemen und Abläufen in ihrer Umwelt.

Informationen scheinen Systeme zu steuern.

Während *Funktionen* Systemleistungen mit aktivierender Wirkung sind und im kybernetischen Sinne die *Energieträger* des Systems darstellen, vermitteln Informationen in der Denkweise der Kybernetik die Steuerungsmechanismen, die den Export der Systemleistungen sowie den Import von Leistungen anderer Systeme regeln. Über Informationen wird der Energie–Input und Output gelenkt und adjustiert.

Am Beispiel des Heizungssystems mit Thermostat: Der Heizkessel stellt als eigentlicher Träger der Heizfunktion die Wärmeenergie bereit, die durch das Wasser in den Heizungsrohren an den Bestimmungsort transportiert wird. Es ist der Thermostat, der mit seinen Informationen über die Temperatur in den zu beheizenden Räumen die Größe der Heizkraft steuert. Informationen regeln sowohl die Höhe der Wärmeabgabe – also den System–Output als auch den Heizstoffbedarf – damit den System–Input – des ganzen Systems.

Das heißt in der Sprache der Kybernetik: Die Aspekte eines Systems mit hohem Informationsgrad steuern jene Aspekte, die einen niedrigen Informationsgrad aber ein hohes Maß an Energie aufweisen. Auf der anderen Seite bilden die Aspekte mit hoher Energie aber niedrigem Informationsgrad die energetische Grundlage für das Realisieren der Ziele eines kybernetischen Systems.

7. Systemprobleme

Die mit dem kybernetischen Systembegriff und den anderen zum kybernetischen Modell gehörenden Begriffen arbeitende Analytikerin ist für die Existenz vielfältiger *Systemprobleme* sensibilisiert. Zunächst werden die Probleme deutlich, mit denen ein System konfrontiert ist, um seine Grenzen gegenüber anderen Systemen zu erhalten und gegenüber seiner Umwelt aufrechtzuerhalten.

Problem der Grenz-erhaltung

Die Frage, die sich bei diesem Problem der Grenzerhaltung stellt, heißt:

Wie wird ein bestimmtes Maß an Ordnung »gegen« Umweltfluktuationen aufrechterhalten?

Das System steht notwendigerweise mit seiner Umwelt und mit anderen Systemen in Beziehung. Es muss sich aber gegen extreme Umweltfluktuationen schützen. An den Systemgrenzen, die in gewissem Maß für den Austausch mit der Umwelt durchlässig sind, müssen Filter installiert sein, welche die Impulse aus der Umwelt selektieren.

Problem der Ressourcen-Mobilisierung

Weitere Probleme können für das kybernetische System aus dem Erfordernis erwachsen, sich *Ressourcen zu beschaffen*, die andere Systeme zur Verfügung stellen. Die Frage, die sich bei diesem Problem der Beschaffung von Ressourcen stellt, heißt:

Woher bezieht das System die zur Erhaltung seiner Existenz notwendige Menge an Energie?

Das System muss sich zur Erhaltung seiner Funktionen Outputs anderer Systeme aus seiner Umgebung »einverleiben«. Bleibt diese importierte Energie aus, droht der Verlust der Fähigkeit, die eigenen Systemziele zu erreichen.

Problem der Struktur-erhaltung

Ein weiteres Problemfeld liegt in der inneren Struktur des Systems und der Notwendigkeit, zumindest einen Grundbestand an *Strukturen* zeitlich unbegrenzt zu erhalten. Die Frage, die sich beim *Problem der Strukturerhaltung* stellt lautet:

Wie wird die interne Ordnung der Systemkomponenten und damit die Identität des Gesamtsystems trotz wechselnder Einflüsse aus der Umwelt erhalten?

Die Grundstruktur eines Systems muss stabil sein, soll das Systemziel trotz sich wandelnder Umweltbedingungen erfüllt werden. Die Steuerungsvorgänge innerhalb des Systems müssen an der Erreichung feststehender Werte orientiert bleiben.

8. Das Problem der scheinbaren Teleologie

Das Modell der Kybernetik und die sich daran anschließende Begrifflichkeit ist ein wirkungsvoller *kreativer Wegweiser*, der die Vorstellungskraft der Analytikerin auf relevante Fragen lenkt. Die Anwendung dieses Instrumentariums verhilft zu einer Übersicht über die zu analysierenden Realitätsausschnitte, welche sowohl *Ursachen von Problemen* aufdecken als auch *Lösungsmechanismen* ermitteln hilft. Es bietet sich an, bei der Konzeption des gesuchten Analyse-Schemas für die PR-Situationsanalyse auf die Begrifflichkeiten rund um das kybernetische Modell zurückzugreifen, zusammenhängende Kommunikationsstrukturen als Systeme zu interpretieren und Kommunikationsprozesse aus dem *Wechselspiel von aktivierenden energetischen Faktoren und steuernden Informationen* zu deuten.

Problematik funktionalistischer Erklärungen

Bevor wir dieses Schema im nächsten Schritt in seinen Einzelheiten diskutieren, vergegenwärtigen wir uns, um Fehlinterpretationen vorzubeugen, ein *methodologisches Problem, das solche funktionalistischen Erklärungen* unvermeidbar mit sich bringen.

Im Rahmen dieses Funktionalismus werden Erklärungen mit dem *Hinweis auf Motive* formuliert: Der Temperaturverlauf im Kessel einer Heizung wird erklärt aus dem »Motiv« des Gesamtsystems, eine gewisse Raumtemperatur zu erhalten. Der Kessel heizt, »um« den Temperaturabfall auszugleichen, der durch das Öffnen eines Fensters verursacht wurde. Der Kessel drosselt die Leistung, wenn die Idealtemperatur erreicht oder überschritten wurde.

Echte und scheinbare Teleologie

Solche Erklärungen heißen in der Sprache der Wissenschaftstheorie *»teleologische« Erklärungen*: Tatbestände, Verhaltensprozesse, Kommunikations–Mechanismen usw. werden mit Hinweis auf ein *imaginäres Ziel* (gr.: *telos*)[4] erklärt.

In Fällen, bei denen reales zielintendierendes Verhalten vorliegt, wo tatsächlich eine Person im Handeln bewusst ein Ziel verfolgt, wird von *»echter«*, von *»materialer« Teleologie* gesprochen.

Die Bezeichnung als »echt« und als »material« soll andeuten, dass hier in Abhebung zu *formaler Teleologie*, wirkliche Ziel– und Zwecksetzungen vorliegen. Wir haben es mit Handlungen von Personen zu tun, die mit ihrem Verhalten bewusst die Erreichung eines Ziels anstreben.

Etwas anderes ist es, wenn keine in diesem Sinne echten Zwecke und Ziele vorliegen, sondern Vorgänge lediglich so rekonstruiert werden, »als habe jemand dieses oder jenes zu erreichen geplant«, ohne dass dahinter ein bewusst handelnder Akteur existiert.

Wird ein Vorgang als zwecksetzendes Verhalten rekonstruiert und interpretiert, ohne dass dahinter eine reale Person steckt, die diesen oder jenen Zweck verfolgt, wird von einer *»Als–ob–Betrachtung«, genauer: von »scheinbarer materialer« Teleologie* gesprochen.

Die Begriffe Ziel und Zweck werden im übertragenen Sinne – quasi als »Metapher« – verwendet: Die Heizung, welche ihre Heizleistung automatisch erhöht und senkt, ist kein sich seines Verhaltens bewusster Akteur, der die Erreichung eines bestimmten Ziels zum Orientierungspunkt seines Verhaltens gemacht hat.

Teleologische Interpretationen von Prozessen haben in diesem Zusammenhang die Aufgabe, Anknüpfungspunkte für die *Formulierung eines Forschungsprogramms* zu geben, das schließlich wieder in den Forschungsablauf von Theoriebildung, Ableitung von Hypothesen und deren empirischer Prüfung einmündet.

Nützliche heuristische Werkzeuge

Scheinbare materiale Teleologie ist dann ein akzeptables analytisches Instrument, wenn es bewusst als »*heuristisches Werkzeug*« genutzt wird und konstruierte Systemziele nicht als materielle, real existierende Tatbestände verstanden werden.

Gedankenexperimente sind *heuristisch*, wenn sie zur Entdeckung und Entwicklung neuer Erkenntnisse und Theorien geeignet sind. Sie haben den Vorzug, unsere kreative Imagination bei der Formulierung von Arbeitshypothesen anzuregen. Erst deren strenge Überprüfung und Konfrontation mit der Realität kann belegen, ob sie brauchbar sind.

Der Nutzen des kybernetischen Modells liegt in der Anleitung zur Formulierung von neuen Kommunikations–Theorien und prüfbaren Wirkungs–Hypothesen.

In einer neutralen, von teleologischen und funktionalistischen Begriffen freien Sprechweise, soll am Ende über einen Sachverhalt – etwa über einen Kommunikationsprozess – gesagt werden können, warum dieses oder jenes der Fall ist und welche dahinter wirkenden Mechanismen anzunehmen sind.

Es gilt zum Abschluss der Analyse–Arbeit, die Wirklichkeit so weit zu erklären, dass metaphorische Begrifflichkeiten wie Funktion und Teleologie verzichtbar werden.

Um es gemäß eines Wortes des Sprachphilosophen Ludwig Wittgenstein auszudrücken:

> *Die provisorische Leiter, auf der wir zur Erkenntnis heraufgestiegen sind, kann am Ende weggeworfen werden.*[5]

9. Das kreative Potential des kybernetischen Modells

Wir werden das kybernetische Modell und die skizzierten, daran anknüpfenden Begriffsrahmen von nun an als unser bevorzugtes heuristisches Instrument verwenden. Denn es hat – wie wir gleich sehen werden – große Vorzüge, wenn es darum geht, unsere Kreativität für die Bewältigung von komplexen Kommunikations–Aufgaben zu mobilisieren.

Besonders durch die Begriffe rund um das kybernetische Systemkonzept wird bei Kommunikations–Beraterinnen differenzierte *Problemsensitivität* begünstigt. Die Kommunikations–Realität wird durch Stufen der Fokussierung, durch immer weitere Differenzierung von Subsystemen und von immer umfassenderen Gesamtsystemen in allen relevanten Dimensionen durchleuchtet. Die Kommunikations–Analytikerin erfasst auf diese Weise die Vielschichtigkeit von Interaktions–Prozessen in der Organisation ihres Auftraggebers. Sie bekommt Übersicht, um im Einzelnen zu verfolgen, wie diese Interaktions–Prozesse mit anderen Systemen in der Umgebung verbunden sind und Beziehungs–Netzwerke bilden.

Durch die Interpretation von Kommunikation als Austausch von Energie– und Informationsleistungen gelangt sie zu einer *Neubestimmung und Redefinition der Problemzusammenhänge* der betrachteten Realität. Komplexe Probleme werden durch verschiedene Stufen der Umstrukturierung in fassbare Teilprobleme zerlegt, beispielsweise in Probleme der Grenzerhaltung, der Strukturerhaltung oder in Probleme der Beschaffung von Ressourcen.

Das kybernetische Modell macht die PR–Konzeptionerin flexibel:

Die nuancierte Interaktions–System–Analyse eröffnet mittels eines planbaren Verfahrens innovative Problemlösungsansätze.

Die Einzelheiten betrachten wir in den folgenden Kapiteln.

Quellenhinweise und Anmerkungen

1. Parsons, Talcott; Charles Ackerman; »Der Begriff ‹Sozialsystem› als theoretisches Instrument« (1966); in: Talcott Parsons; *Zur Theorie Sozialer Systeme* (hg. von Stefan Jensen); Opladen 1976; S. 71

2. Zum Beispiel: Deutsch, Karl W.; *Politische Kybernetik. Modelle und Perspektiven*; Freiburg 1973

3. Wir folgen hier unter anderem:

   - Parsons, Talcott; *The Social System*; Glencoe, Illinois 1951

   - Parsons, Talcott; Charles Ackerman; *»Der Begriff ‹Sozialsystem› als theoretisches Instrument«* (1966); in: Talcott Parsons; *Zur Theorie sozialer Systeme* (hg. von Stefan Jensen); Opladen 1976; S. 69 –84

   - Parsons, Talcott; Robert F. Bales; Edward A. Shils; *Working Papers in the Theory of Action*; NewYork 1953

4. Vergleiche: Stegmüller, Wolfgang; *»Einige Beiträge zum Problem der Teleologie und der Analyse von Systemen mit zielgerichteter Organisation«*; in: *Synthese*, 1961: Band 13,1; S. 5–40

5. *»6.54: Meine Sätze erläutern dadurch, daß sie der, welcher mich versteht, als unsinnig erkennt, wenn er durch sie – auf ihnen – über sie hinausgestiegen ist. (Er muß sozusagen die Leiter wegwerfen, nachdem er auf ihr hinaufgestiegen ist.)«* –Wittgenstein, Ludwig; *Tractatus logico–philosophicus –Logisch–philosophische Abhandlung* (1918); Frankfurt am Main 1980; S. 115.

»Kurz, kommunizierende Individuen stehen sowohl in horizontalen als auch in vertikalen Beziehungen zu anderen Personen und Teilsystemen.«
(1)
Paul Watzlawick,
Janet H. Beavin,
Don D. Jackson

Schritt 4:

Kommunikations-Prozesse modellieren

1. Die Analyse von Kommunikation

Im letzten Kapitel haben wir uns anhand von so genannten Funktionsproblemen die Grundannahmen des kybernetischen Modells vergegenwärtigt. Der Nutzen dieses Modells und der darauf aufbauenden Begrifflichkeit liegt in der gezielten Anregung unserer kreativen Vorstellungskraft.

Das Modell »beflügelt« auf der einen Seite die Fantasie der Analytikerin, trägt aber auf der anderen der Hypothesengeleitetheit unseres Erkenntnisprozesses Rechnung. Der intellektuelle Horizont der Analytikerin wird in bisher vernachlässigte Richtungen erweitert, die Vielschichtigkeit des Untersuchungsgegenstands wird sichtbar.

In der vereinfachten Form, in der wir den kybernetische System–Begriff und das dahinter liegende Modell im dritten Schritt reflektiert haben, lässt diese sich unverändert auf naturwissenschaftliche Themen, bei der Betrachtung technischer Zusammenhänge sowie auf menschliche Kommunikation anwenden.

So allgemein aufgefasst, hilft uns das Modell noch nicht entscheidend weiter. Wir werden dieses Kapitel deshalb nutzen, um das kybernetische Instrumentarium auf unser Arbeitsfeld – auf den *Bereich der gesellschaftlichen Kommunikation* und auf die Belange der Öffentlichkeitsarbeit – zu adaptieren:

Unternehmen sind Systeme.

Beispielsweise kann ein Unternehmen ebenso als kommunizierendes kybernetisches System betrachtet werden, wie seine Abteilungen – Verkaufsabteilung, Einkauf, Buchführung usw. – als interagierende Subsysteme interpretierbar sind, die zur Erhaltung des Gesamtsystems notwendige Funktionen erfüllen.

Das Aufrechterhalten der Kommunikation mit seinem engeren und weiteren gesellschaftlichen Umfeld ist eine überlebensnotwendige Leistung eines Unternehmens–Systems. In größeren Organisationen lassen sich ausdifferenzierte Subsysteme identifizieren, welche speziell mit dieser Aufgabe betraut sind und sich bemühen, Kommunikationsmittel gezielt zum Vorteil des Gesamtsystems einzusetzen. Sie treten beispielsweise als Kommunikations–, Marketing–Abteilungen oder Pressestellen auf.

Die Tätigkeit dieser Interaktions–Subsysteme geht weit darüber hinaus, Informationen an externe Interessenten weiterzuleiten. Sie haben unter anderem die Funktion, durch gezielte Kommunikation mit der Öffentlichkeit dasjenige Maß an Zustimmung für die Ziele des Gesamtsystems zu erreichen, das dieses für Verwirklichung ihrer Gesamtziele dringend benötigt.

Beispiel: Presseberichterstattung über ein Unternehmen – etwa über seine attraktiven Freizeitmöglichkeiten für Betriebsangehörige, über sportliche Erfolge seiner Werksmannschaften – erleichtert die Suche nach dringend gesuchten neuen Mitarbeitern. Auf diese Weise ermöglicht Kommunikation dem System, die Leistungen anderer Systeme für die Erhaltung des eigenen Gleichgewichts und der Erreichung der eigenen Ziele zu importieren – Arbeitskräfte vom Arbeitsmarkt in das betreffende Unternehmen zu lenken.

Kommunikations-Probleme = System-Probleme

Kommunikations–Defizite von Organisationen lassen sich mittels des kybernetischen Modells als *Systemprobleme* beschreiben:

Probleme der *Beschaffung von Kommunikations–Ressourcen* hat offenbar ein System, für dessen Ziele zu wenig Akzeptanz in der Öffentlichkeit erarbeitet wurde. Ihm können sich Hindernisse beim Versuch in den Weg stellen, Daten über seine Umwelt zu erlangen, die dieses System – ein Unternehmen oder eine Institution – dringend benötigt. So kann die Weigerung, persönliche Informationen und Haushalts–Daten weiterzugeben, Organisations–Abläufe ernsthaft stören. – Zur Planung der Energieversorgung von morgen brauchen Planer heute Informationen über die gegenwärtige Energienutzung, über Haushaltsgrößen und Bevölkerungsstruktur.

Systeme sind durch Kommunikations–Probleme, durch die Einschränkung ihrer Interaktions–Funktionen – in diesem Beispiel durch die Behinderung ihrer Informationsaufnahme – ernsthaft in ihrer Zielerreichung gestört.

Weiterer Aspekt: Veränderte Kommunikationsprozesse können die Existenz eines Systems unmittelbar gefährden, falls damit verbundenen negativen Begleiterscheinungen nicht rechtzeitig und intensiv entgegengewirkt wird.

Beispiel: Ein Industrieunternehmen wird durch gewandelte Wertvorstellungen und Meinungsströmungen in seiner Umwelt gezwungen, Produktionsprozesse zu verändern und seine Organisationsstruktur entsprechend umzubauen. Durch die gewandelte kommunikative Umfeldbedingung drohen diesem Unternehmens–System kontinuierliche Probleme:

Es hat seine Produktpolitik von nun an laufend mit Vertretern der Öffentlichkeit zu diskutieren. Auf lange Sicht ist die *Stabilität seiner Position* in *Gesellschaft und Wirtschaft* gefährdet, gelingt die Neuausrichtung der Unternehmens– Politik und der Unternehmens–Kommunikation an die öffentlich durchgesetzten Wertvorstellungen nicht überzeugend.

Auf der anderen Seite kann zu hastiges Anpassen an die kommunikativen Umweltbedingungen zu Organisations–internen Konflikten und Widersprüchen führen, welche die *Identität* des Unternehmens–Systems kontinuierlich destabilisieren.

2. Das Vierfunktionenschema

Das Denken in Systemproblemen hilft uns, Kommunikationsprozesse besser *zu verstehen* und *zu benennen*.

Werkzeug zur Problem-Analyse

Wir suchen hier nach wesentlich mehr; wir benötigen ein *differenziertes Arbeitsinstrument* zur systematischen Nutzung der Einsicht in Systemprobleme und der damit zusammenhängenden, »reparaturbedürftigen« Kommunikations–Abläufe.

An diesem Punkt kommt das so genannte *Vierfunktionenschema* ins Spiel, das der Soziologe Talcott Parsons zusammen mit dem Sozialpsychologen *Robert F. Bales* im berühmten »*Department of Social Relations*« *der Harvard University* entwickelte.[2]

Vier Funktionen aus Harvard

Basis dieses analytischen Modells ist zum einen Parsons› kybernetisches Gesellschafts–Modell und zum anderen der Datenbestand, den Bales bei der langjährigen wissenschaftlichen Auswertung von Gruppen–Experimenten im »*Labor für Sozialbeziehungen*« in Harvard gesammelt hatte.

Bales› Analysen des Problemlösungsverhaltens von Gruppen hatte gezeigt, dass sich die Bewältigung von Aufgaben in einem intensiven und häufig turbulenten Kommunikationsprozess vollzieht, den *Talcott Parsons* anhand kybernetischer Begriffe in charakteristische Aspekte zerlegte und systematisierte.

Um dem Ziel, der Lösung eines Problems, näher zu kommen, muss sich die Gruppe demnach vier entscheidenden Erfordernissen stellen:[3]

- *Sie hat sich an die Umweltbedingungen anzupassen und aus ihr Mittel zur Zielerreichung zu entnehmen* ***(Adaption)****.*

- *Sie hat kollektiv verbindliche Entscheidungen etwa über die Richtung der Problemlösung zu fällen, kollektiv verbindliche Ziele zu definieren und zu verwirklichen* ***(Zielerreichung)****.*

- *Sie hat alle System– Elemente zusammenzuknüpfen und in einer Einheit zusammenzuhalten* ***(Integration)*** *und*

- *die wesentlichen Strukturmerkmale des Gruppensystems aufrechtzuerhalten* ***(Strukturerhaltung)****.*

Wir schauen uns nun die wesentlichen Eigenschaften dieses *AGIL–Problem–Entschlüsselungs–Schemas genauer* an:

3. Anpassung
(Adaption)

Anpassung (engl.: adaption) wird im *Parsons/Bales–Analyse–Schema* mit dem Buchstaben »***A***« gekennzeichnet. Die Erfüllung der Anpassungs–Funktion erfordert definitionsgemäß die Bildung der Ressourcen und Mittel, die als Basis der Realisierung der Systemziele benötigt werden: Systeme haben sich an die Umgebungsbedingungen anzupassen und aus ihr Mittel zur Zielerreichung zu entnehmen.

Leistungs-orientierung

Die Erfüllung der dem System damit gestellten Aufgabe erfordert eine *konsequente Leistungsorientierung*. Unabhängig von zugeschriebenen Eigenschaften wie Standes–, Rassen–, Kasten– oder etwa Geschlechtszugehörigkeit, die keine Rückschlüsse auf die Leistungsfähigkeit von Individuen ermöglichen, beurteilt das System die Objekte seines Handelns beispielsweise aufgrund von Kosten–Nutzen–Erwägungen. Das System sucht nach den für seine Zwecke günstigsten und erfolgversprechendsten Mitteln.

Ein Arbeitgeber der in diesem Sinne Fachkompetenz nutzen möchte, die auf dem Arbeitsmarkt angeboten wird, orientiert sich an Bewerber–Merkmalen wie Ausbildung, Arbeitsleistung, Gehaltsniveau usw., weniger an Geschlecht, Aussehen, Kleidungsstil usw.

Auf den Bereich der *Kommunikation einer Organisation* bezogen bedeutet Adaption, dass im Rahmen der Kommunikation vor allem solche Informationen verfolgt werden, die schnell und mit wenig Aufwand bezogen werden können. Komplexe und diskussionsbedürftige Theorien, Gutachten, Prognosen, Ratschläge usw. werden systematisch gemieden.

4. Zielerreichung und Zielselektion
(Goal–Attainment and Goal–Selection)

ZIELERREICHUNG & ZIELSELEKTION

*Zielerreichung und Zielselektion (engl.: goal–attainment and goal–selection) sind im Parsons/Bales–Analyse–Schema als Systemproblem mit dem Buchstaben »**G**« gekennzeichnet.*

Ziel-orientierung

Die Erfüllung der Zielerreichungs–Funktion erfordert die Fähigkeit des Systems, in bestimmten *Entscheidungssituationen eine Hierarchisierung* der Einzelziele vorzunehmen. Die vollständige Erfüllung der damit definierten Aufgabe des Systems erfordert eine *spezifische Zielorientierung.*

Die Zielerreichungs–Funktion hebt sich von den Erfordernissen der Adaptions–Funktion dadurch ab, dass sie die langfristige Planung der Zielverfolgung des Gesamtsystems vorprogrammiert. Für die Erfüllung von Systembedürfnissen werden über einen großen Zeitraum hinweg aktuelle Kurzfrist–Bedürfnisse zurückgedrängt. Das System opfert den Wunsch nach schnellem Konsum – etwa der Leistungen anderer Systeme – den Erfordernissen der langfristigen Erfüllung übergeordneter Systemzwecke.

Im Bereich der Kommunikation einer Organisation wird dies dadurch umgesetzt, dass der Krafteinsatz – zum Beispiel der Einsatz von Kommunikations– Maßnahmen – einer strengen strategischen Planung unterworfen wird. Statt wechselnden Trends und Interessen nachzulaufen, bleibt das langfristig angelegte Kommunikations–Konzept im Fokus.

5. Integration
(Integration)

INTEGRATION

	Erreichung eines Konsens im Diskussions-prozess

Integration (engl.: integration) wird im *Parsons/Bales–Analyse–Schema* mit dem Buchstaben »*I*« gekennzeichnet. Sie erfordert die Bindung der Teile, Elemente, Aspekte und Subsysteme eines Systems. Die volle Erfüllung der damit definierten Aufgabe setzt emotionale »Nähe« der beteiligten Handelnden, eine *affektive Verbundenheit* der Akteure voraus. Die Bedürfnisse der Individuen einer Gruppe sind deshalb miteinander zu harmonisieren und zu einer Einheit zu verknüpfen.

Emotionale Verbundenheit

Affektivität sozialer Orientierung beruht auf den positiven und negativen Gefühlen, die Angehörige einer Gruppe füreinander hegen. Hohe affektive Verbundenheit, d.h. ein hoher Grad an Solidarität ist erforderlich, um eine Gruppe und die darin ablaufenden Interaktionen trotz des Vorhandenseins starker trennender interner Kräfte und trotz sich tief greifend wandelnder Umfeldfaktoren mit spaltenden Wirkungen als integriertes Handlungssystem aufrecht zu erhalten.

Es ist eine harmonische *Kommunikationsgemeinschaft* aufzubauen, um angesichts aufeinander prallender Interessen und Meinungsströmungen langfristig Konsens– und Kompromissfähigkeit in einem Gemeinschaftssystem sicherzustellen.

6. Strukturerhaltung
(Latent Pattern Maintenance)

STRUKTURERHALTUNG

Durchsetzung verbindlicher Kommuni-kations-Regeln	

Strukturerhaltung (engl.: latent pattern maintenance) wird im *Parsons/Bales–Analyse–Schema* mit dem Buchstaben »***L***« gekennzeichnet. Die damit definierte Aufgabe des Systems besteht in der Bewahrung der System–Grundstruktur sowie der Bewahrung der elementaren Standards und Werte eines Systems.

Elementare Standards und Werte

Die bestmögliche Erfüllung dieser Aufgabe stützt sich auf Diskussions–Prozesse, die angesichts wandelnder Situationen und Problemfälle Anwendbarkeit und größtmögliche ordnende Wirkung von Basis–Regeln und verbindlichen Wert–Standards gewährleisten.

Die Entwicklung allgemeiner Gestaltungsrichtlinien für das Erscheinungsbild eines Unternehmens oder eines Zusammenschlusses von Unternehmen kann beispielsweise ein erster Schritt auf dem Weg zu einer *stabilen einheitlichen Unternehmens–Struktur* sein.

Stabile Kommunikations–Beziehungen erfordern die Durchsetzung von allgemeinen Regeln der Kommunikation. Das sind im Einzelnen die verbindlichen Bestimmungen zu den Auskunftspflichten von Organisationen, zu den Informationsrechten und dem Recht der Individuen auf eigenständige Meinungsbildung.

7. Kommunikation mit Hilfe des AGIL–Schemas modellieren

Wir machen uns zügig mit der Operationsweise unseres neuen AGIL–Entschlüsselungs–Schemas vertraut. – Dazu stellen wir uns beispielhaft eine größere organisatorische Einheit – eine Kommune, eine Wirtschaftsregion oder eine Gesellschaft vor:

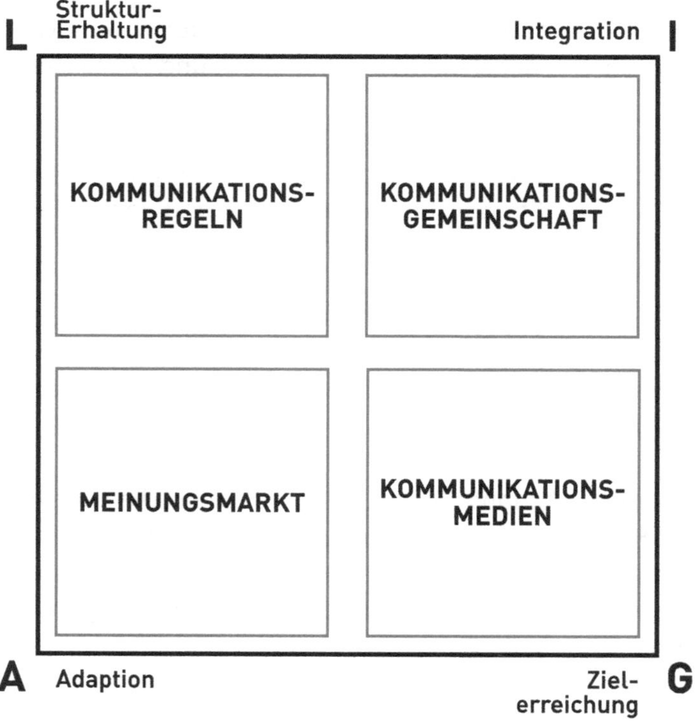

Abb. 9: Das Basis–Kommunikations–Modell

Damit sich hier ein stabiles Kommunikationssystem ausprägen kann, sind gemäß des gerade kennen gelernten Funktionsrasters vier ausschlaggebende Felder abzudecken *(siehe Abb. 9)* – benötigt wird:(4)

- *ein für die Tendenzen und Strömungen der umgebenden Systeme* ***offener Meinungsmarkt (A)****, der dem Informations- und Informierungsbedürfnis der Interaktionspartner zur Verfügung steht,*

- *die Fähigkeit, einen* ***langfristigen und strategischen Einsatz (G) von Kommunikations-Medien*** *zur Erreichung eines möglichst klar umrissenen Kommunikationsziels zu organisieren,*

- *die Bildung einer* ***stabilen Solidargemeinschaft (I) von Interaktionspartnern****, die den Gedankenaustausch miteinander aufrechterhalten wollen, unabhängig davon, welche kontroversen Meinungen einzelne Beteiligte vertreten mögen,*

- *die Durchsetzung eines* ***allgemein akzeptierten Bestands von Regeln der Kommunikation (L)****, welche die Interaktionsprozesse in den verschiedensten Situationen steuern und ordnen können.*

Kognitive Landkarte

Diese »kognitiven Landkarte« nutzen PR-Beraterinnen, um bei Übernahme neuer PR-Aufgaben die Organisation ihres Auftraggebers und die hier ablaufenden Kommunikationsprozesse genau unter die Lupe zu nehmen:

- ***L – Kommunikations-Regeln*** *– Sie schauen sich an, inwieweit Kommunikations-Regeln vorliegen, die den Beteiligten bewusst sind und von diesen befolgt werden. Sie beurteilen, ob die Kommunikation aufgrund dieser Regeln tatsächlich durchgängig geordnet ist und zu welchen Ergebnissen das führt.*

- ***I – Kommunikations-Gemeinschaft*** *– Sie schauen sich an, inwieweit die an Diskussionsprozessen beteiligten Mitarbeiter ein integriertes, harmonisches Ganzes bilden. Sie klären, ob es einen durchgängigen Konsens gibt, der auch im Fall gegenläufiger Interessen und kontinuierlicher Interaktionsprozesse wirkungsvoll ist.*

- ***G – Kommunikations–Medien** – Sie schauen sich an, ob sich in ausreichender Weise Kommunikations–Kanäle und –Plattformen entwickelt haben, auf denen sich die Mehrheit der Organisations–Mitglieder austauschen kann. Sie beurteilen, ob die hier bewirkte Meinungsbildung im Sinne der Erreichung der Ziele der Organisation verläuft.*

- ***A– Meinungsmarkt** – Sie beurteilen, ob die Informations– und Informierungsbedürfnisse der Organisationsmitglieder ausreichend befriedigt werden, ob ein funktionierender Anschluss an relevante Meinungsmärkte existiert. Sie schauen sich im Einzelnen an, ob die verbreiteten Informationen überwiegend für die Erreichung der Ziele der Organisation relevant sind und ob die hierzu wesentlichen Informationen in ausreichender Menge von der Außenwelt in das System–Innere und hier an die richtigen Personen gelenkt werden.*

Orientierungs-Instrument und Ideengenerator

Indem PR–Beraterinnen diese Analysen ausführen und sich intensiv mit den wesentlichen Details der konkreten Kommunikations–Vorgänge beschäftigen, wirkt das AGIL–Schema als pragmatisches Orientierungsinstrument und Ideengenerator. Es bringt Beraterinnen Lösungen für folgende Herausforderungen:

1. *Kommunikations–Probleme zu definieren*

2. *Meinungs–Trends zu antizipieren*

3. *Kommunikations–Mechanismen und daran anknüpfend einsetzbare Kommunikations–Maßnahmen zu identifizieren*

4. *die adäquate Umsetzung der ermittelten Maßnahmen zu planen*

Denn es unterstützt PR–Beraterinnen im Einzelnen durch

- *die detaillierte und vieldimensionale Analyse von Kommunikationsbeziehungen und Netzwerken*

- *die Analyse und Darstellung komplexer Kommunikationsprozesse*

- *die Mobilisierung von Fachwissen und Untersuchungsergebnissen aus den Bereichen Soziologie, Sozialpsychologie, Kommunikationswissenschaft, Psychologie und Ökonomie*

- *die Herausarbeitung von Spannungen und Änderungstendenzen in der internen Kommunikation*
- *die Antizipation der Wirkungen von Kommunikations–Maßnahmen*
- *den Entwurf vieldimensionaler Lösungsansätze*
- *die Integration komplexer Kommunikations–Instrumente zu einer geschlossenen Lösung*
- *die kontinuierliche Prüfung der Maßnahmen–Erfolge durch ein Monitoring des betreffenden Kommunikations–Systems*

8. Das Modell der Unternehmens–Kommunikation

Gehen wir noch einen Schritt weiter bei der Nutzung des AGIL–Schemas – modellieren wir weitere Kommunikations–Abläufe:

Wir haben uns mithilfe des Basismodells angesehen, wie die Kommunikation innerhalb einer Organisation grundlegend abläuft.

Wir schauen uns dabei die Aufgabenfelder an, die eine Organisation abzudecken hat, wenn es darum geht, erfolgreich spezifische Kommunikations–Leistungen zu erbringen.

Die für die Steuerung von Kommunikationsprozessen und die Durchführung von Kommunikations–Maßnahmen verantwortlichen Abteilungen und Teilsysteme haben ein *Grundpaket an Funktionen* abzudecken, um operationsfähig zu werden, welches wir wiederum auf der Basis des AGIL–Schemas modellieren:

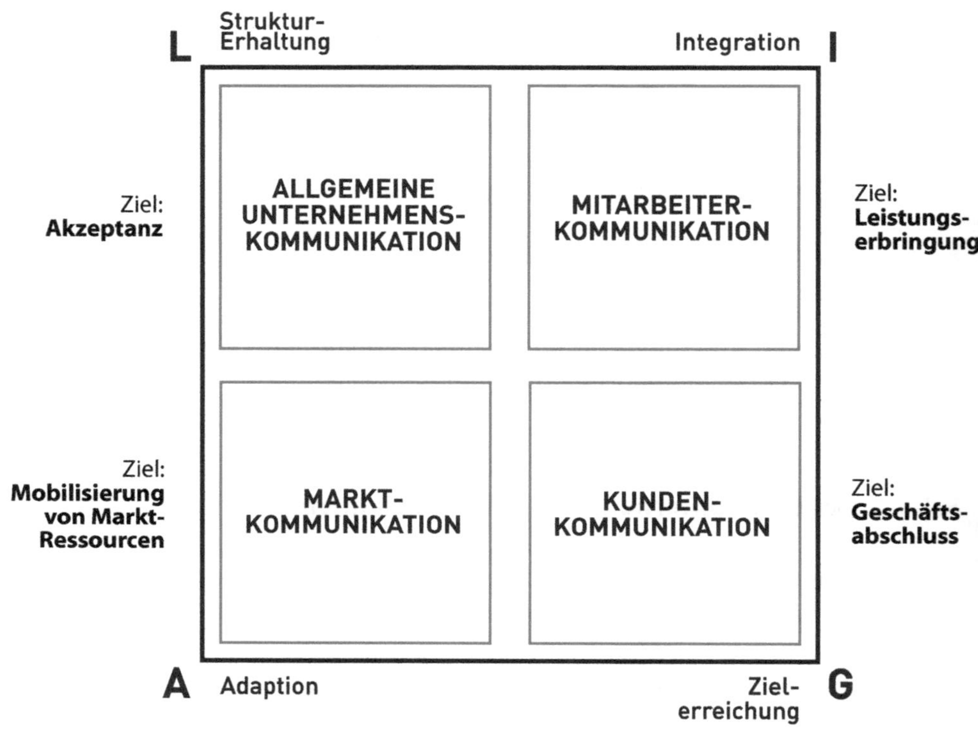

Abb. 10: Modell der Unternehmens–Kommunikation

A– Markt–Kommunikation

- *die Kommunikation des Unternehmens mit dem Markt*
- *Ziel: Mobilisierung von Marktressourcen*

G – Kunden–Kommunikation

- *kontinuierliche Kommunikation zwischen Unternehmen und Kunden*
- *Ziel: Geschäftsabschluss*

I – Mitarbeiter–Kommunikation

- *Kommunikation zwischen Management und Mitarbeitern*
- *Ziel: Leistungserbringung*

L – Allgemeine Unternehmens–Kommunikation

- *Kommunikation zwischen Unternehmen und der Öffentlichkeit und ihren Vertretern*
- *Ziel: Akzeptanz*

In jedem individuellen Anwendungs–Fall dieses Kommunikations–Modells zeigen sich konkrete Herausforderungen bei der Erfüllung der damit verbundenen Funktionen:

- ***Markt–Kommunikation:***
  In einem Branchen–Umfeld, in dem Arbeitskräfte rar sind, sind die Gestalter der Markt–Kommunikation vor allem auf den Informationsaustausch rund um den Arbeitsmarkt konzentriert. In einer Dienstleistungsbranche, in der ständig technische Neuerungen umzusetzen sind, ist die Markt–Kommunikation stark auf Berichterstattung zu technologischen Entwicklungen und auf Wissenschaftsmeldungen konzentriert.

- ***Kunden–Kommunikation:***
  In einer Dienstleistungsbranche übernimmt beinahe jeder Mitarbeiter eines Unternehmens Kontakt zu Kunden und ist deshalb in Kunden–Kommunikations–Routinen eingebunden. In Industrie–Unternehmen, die Investitionsgüter herstellen, sind Außenkontakte im Großen und Ganzen Personen vorbehalten, die hochspezialisierte Ausbildungen absolviert haben, um sich mit Kunden–Ansprechpartnern auf hohem fachlichen Niveau austauschen zu können.

- ***Mitarbeiter–Kommunikation:***
  In kleinen Unternehmen der gewerblichen Wirtschaft spricht tendenziell jeder mit jedem – Mitarbeiter mit Kollegen, den Auszubildenden und mit dem Firmeninhaber. In Großunternehmen gibt es gewählte Mitarbeiter–Vertreter, die speziell weitergebildet werden, um quer über vielschichtige Hierarchien hinweg zu kommunizieren.

- ***Allgemeine Unternehmens–Kommunikation:***
  Unternehmen mit einem niedrigen Risikopotential ihrer Produktion, wie etwa ein Modeunternehmen, haben im Rahmen ihrer allgemeinen Unternehmens–Kommunikation wesentlich andere Akzeptanzfragen zu klären, als ein Industrieunternehmen, das mit großen Umweltrisiken »hantiert«. Beim ersten Unternehmen, geht es beispielsweise um die Akzeptanz von Vertriebsformen im Einzelhandel oder neue Modetrends. Beim Zweiten kann es darum gehen, Anwohner über die Gefahren eines neuen Produktionsbetriebes auf dem Werksgelände zu informieren, der mit gesundheitsgefährdenden Stoffen arbeitet.

Mit der Herausarbeitung dieser vier Aspekte der Kommunikation ist die Kommunikations–Analyse eines individuellen Unternehmens längst nicht abgeschlossen.

Koordination der Gesamt-Kommunikation

Denn die PR–Beraterin benötigt tiefgehende Informationen zur Arbeit der Kommunikations–Verantwortlichen und deren Abteilungen. Sie schaut sich deshalb an, ob die verschiedenen heterogenen Kommunikations–Anforderungen konfliktfrei erfüllt werden, ob es möglicherweise Reibungen und Spannungen zwischen den Kommunikationsfeldern gibt.

Sie untersucht im Detail, ob sich die Verantwortlichen bei der Durchführung von Kommunikations–Maßnahmen ausreichend austauschen, gegenseitigen Austausch pflegen oder stattdessen isoliert voneinander vorgehen, schlechtestenfalls gegeneinander arbeiten.

Ihr Analyse–Ergebnis hält die PR–Beraterin in einem Modell fest, das die typischen parallelen Kommunikations–Felder darstellt *(siehe Abb. 11)*:

- *Markt–Kommunikation – Werbung*
- *Kunden–Kommunikation – Verkaufsförderung*
- *Mitarbeiter–Kommunikation – Internal Relations*
- *Allgemeine Unternehmens–Kommunikation – Public Relations*

Sie untersucht, ob es Leistungs–Schwerpunkte der Kommunikation gibt – also Aufgaben oder Bereiche, die vor allen anderen berücksichtigt werden. Sie überprüft, ob es Kommunikations–Aufgaben gibt, die lediglich teilweise oder sogar gänzlich unerfüllt bleiben.

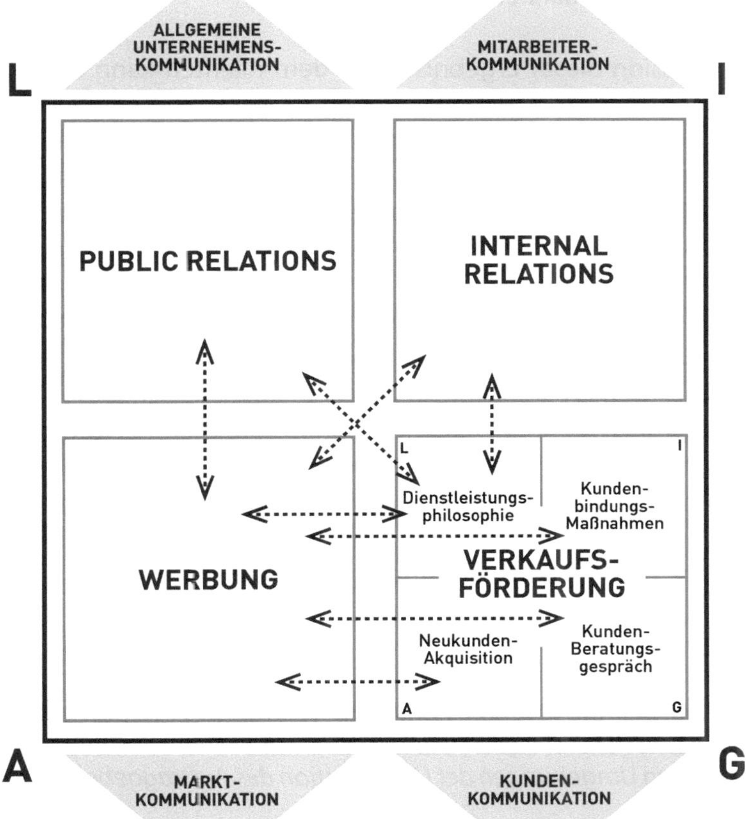

Abb. 11: Vernetzte Maßnahmen im Rahmen der Unternehmens–Kommunikation

9. PR–Fitness–Test

Mithilfe dieser ersten beiden kleinen AGIL–Anwendungen und den daran anknüpfenden Kommunikations–Modellen erstellt die PR–Beraterin bereits eine umfangreiche Dokumentation des Status quo. Sie hat einen Einstieg in die Problematik ihres PR–Auftrags bekommen, kann erste Kommunikations–Entwicklungs–Empfehlungen vorlegen und ihre Ergebnisse mittels der AGIL–Modellierung grafisch darstellen.

Nach Diskussion dieser Ergebnisse mit dem Klienten kann die Beraterin daran gehen, eine vollständige Kommunikations–Strategie zu entwickeln. Doch zuvor gibt es eine Zwischenaufgabe, für deren Erledigung sie zunächst noch tiefer in die Kommunikations–Abläufe der Unternehmens–Organisation blickt, um Reibungsverluste bei der späteren Maßnahmenumsetzung zu verhindern.

PR-Fitness überprüfen

Bevor sie aufgrund ihrer Kommunikations–Strategie Interaktionen und Dialoge mit externen Zielgruppen plant und realisiert, erarbeitet die PR–Beraterin ein realistisches Bild davon, in welchem Zustand sich die »PR–Fitness« ihres Auftraggebers befindet. – Organisationen können in der Vergangenheit unterschiedlichste PR–Kompetenzen entwickelt haben, an die eine PR–Beraterin anknüpfen kann. – Eine solche realistische Vorab–Einschätzung ist wichtig, denn sollte sie die Kommunikations–Fähigkeit ihres Klienten überschätzen, läuft sie Gefahr, bei Maßnahmen–Umsetzung zu scheitern *(siehe Abb. 12)*:

- *Zur Erfüllung der **Anpassungs–Funktion – A Adaption** – ist durch differenzierte Routinen sicherzustellen, dass ein kontinuierlicher Informationsaustausch mit den Umgebungen der Organisation des Auftraggebers erreicht wird.*

- *Zur Erfüllung der **Zielerreichnungs–Funktion – G Goal–Attainment** – ist sicherzustellen, dass ein erfolgreiches Kommunikations–Managment mit ausreichendem Etat, routiniertem internem Projektmanagement, professioneller Organisation des Umsetzungsteams und laufendem Kommunikations–Strategie–Controlling eingerichtet ist.*

- *Zur Erfüllung der **Integrations–Funktion – I Integration** – ist ein stabiles Dialog–System aufzubauen, das sowohl interne Netzwerke zur Unterstützung der Kommunikation umfasst, als auch über Schnittstellen zu wichtigen externen Gruppen verfügt.*

- *Zur **Erfüllung der Strukturerhaltungs–Funktion – L Latent Pattern Maintenance** – sind kontinuierlich interne Diskurse über die Grundsätze und Standards der Unternehmens–Kommunikation zu führen – zu Themen wie »laufende Steigerung der kommunikativen Kompetenz der Mitarbeiter«, «Optimierung der Grundsätze der Kommunikations–Strategie«, »Implementierung der Kommunikations–Standards in allen Abteilungen« und »Fortentwicklung und Anpassung der Corporate Identity des Unternehmens«.*

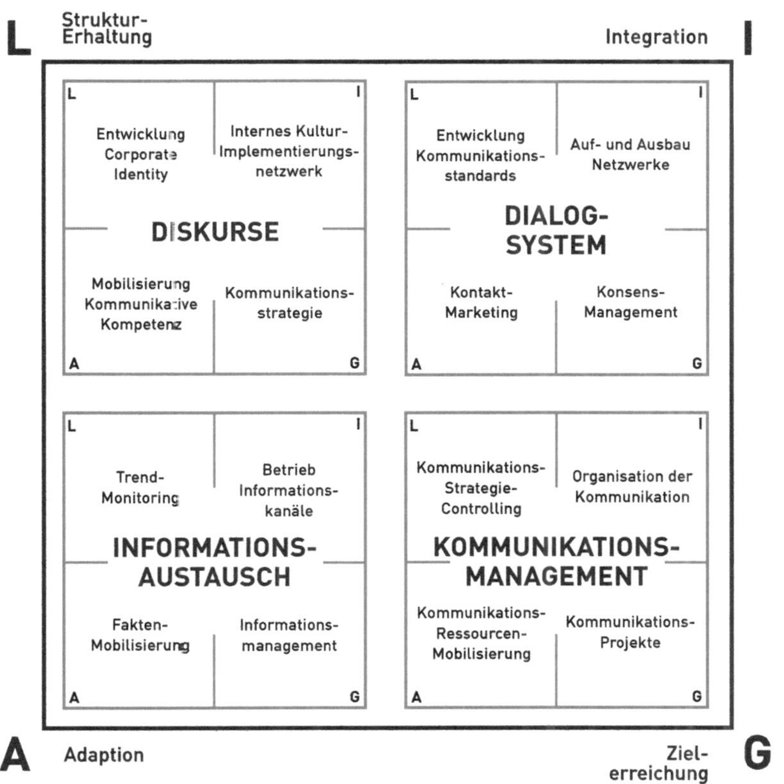

Abb. 12: Übersicht – Notwendige Kommunikations–Kompetenzen

10. Ausblick: Analyse von Kommunikation auf allen Ebenen

Der erste Einstieg in die Verwendung des AGIL–Schemas hat gezeigt, dass wir mit Hilfe der damit entwickelten Modelle Kommunikations–Situationen detailreich analysieren können.

Das Schema leitet die PR–Beraterin an, Kommunikationsprozesse und Beziehungs–Netzwerke so lange in weitere Aspekte zu zergliedern sowie diese Betrachtung so lange zu verfeinern, bis sie beispielsweise auf problemverursachende Mechanismen gestoßen ist.

Das Gesamtbild zeichnen

Die Benutzung dieses Schemas führt in der konsequenten Anwendung automatisch dazu, Informationen umfassend und systematisch zu beschaffen. Dabei kommen Details, aber auch die »großen Zusammenhänge« zu ihrem Recht.

So werden die Verknüpfungen der Kommunikation eines Unternehmens mit einzelnen Zielgruppen auf der einen Seite genauso darstellbar wie die Abhängigkeit des Unternehmens von seinen Interaktionen mit gesellschaftlichen Teilsystemen wie Wirtschaft, Politik, breite Öffentlichkeit und dem Kultursystem.

Wie wir zu diesem »großen, gesamtgesellschaftlichen Bild« kommen, das ein wesentlicher Baustein erfolgreicher Kommunikations–Konzeptionen ist, schauen wir uns im folgenden Kapitel an.

Quellenhinweise und Anmerkungen

1. Watzlawick, Paul; Janet H. Beavin; Don D. Jackson; *Menschliche Kommunikation – Formen, Störungen, Paradoxien (1969)*; Bern/Göttingen/Toronto/Seattle 2000 (1969); S. 118

2. Parsons, Talcott; Robert F. Bales; Edward A. Shils; *Working Papers in the Theory of Action*; New York 1953; S. 163–269

3. Ein ausführlicher Überblick über die Entwicklung des AGIL–Schemas findet sich in:

   - Münch, Richard; *Theorie des Handelns*; Frankfurt 1982; S. 59 –233

4. Eine grundlegende Einführung in die Nutzung des AGIL–Schemas als Kommunikations–Modellierungs–Instrument ist:

   - Droste, Heinz W. , *Praktikerhandbuch Investor Relations; Stuttgart 2001*

»Wenn Bürgerinnen und Bürger den Eindruck haben, dass sie bei den grundsätzlichen Entscheidungen über ihre gemeinsamen Angelegenheiten nicht mehr mitreden können (...), werden demokratische Institutionen ihrer Substanz entblößt und ihrer Legitimität beraubt.«
(1)
Chantal Mouffe

Schritt 5:

Beziehungen zur Öffentlichkeit systematisch ausloten

1. Das Tätigkeitsfeld der PR: die Gesellschaft und ihre Teilsysteme

Im vorhergehenden Kapitel haben wir zunächst die wesentlichen Features des AGIL–Kommunikations–Entschlüsselungs–Schemas untersucht. Die Anwendung des Schemas konnten wir bereits bei der Modellierung von Kommunikationsprozessen und –Kompetenzen trainieren. Dabei bearbeiteten wir das Aktionsfeld »Public Relations« in zwei ersten, abgestuften Analyseschritten am Beispiel der Praxis von Wirtschaftsunternehmen.

Grundsätzlich lassen sich die vorgestellten Kommunikations–Modelle – nach wenigen begrifflichen Modifikationen – auch auf andere Organisationen etwa Institutionen, Behörden, Verbände usw. anwenden.

Im nächsten Schritt der Einführung in die Nutzung unseres neuen Analyse–Schemas weiten wir die Betrachtungs–Perspektive wesentlich aus und begeben uns in das Feld dynamischer öffentlicher Meinungsbildungsprozesse, dem wichtigsten Arbeitsfeld von PR–Beraterinnen:

Nach der Innensicht Blick nach außen

Bisher haben wir lediglich eine Innensicht genutzt. Wir haben untersucht, wie sich eine Organisation intern darauf einrichtet, mit der Außenwelt zu kommunizieren, um möglichst erfolgreich und dauerhaft Interaktions–Netzwerke zu externen Zielgruppen aufzubauen. Wir haben sozusagen betrachtet, inwieweit die bisher aufgebaute »PR–Maschinerie« ihren Dienst erfüllt und erfolgreich in die Organisations–Struktur integriert ist, um im Kontakt mit der Außenwelt zielführend zu arbeiten.

Für die folgenden Überlegungen ist wesentlich, sich noch einmal darüber bewusst zu werden, dass Kommunikation mit der Außenwelt kein Selbstzweck ist. – Ziel von PR–Maßnahmen ist, der auftraggebenden Organisation durch geplante Kommunikationsprozesse unterschiedlichste Ressourcen zu sichern.

In diesem Zusammenhang wird das klassische PR–Axiom ins Feld geführt:

Das klassische PR-Axiom

»Unternehmen und Organisationen sind in unserer modernen Industrie– und Mediengesellschaft zunehmend auf öffentlichen Konsens angewiesen, und PR haben die Aufgabe, diese notwendige öffentliche Zustimmung verfügbar zu machen.«

Diese axiomatische Definition der Aufgabe von Public Relations und von Unternehmens–Kommunikation ist äußerst allgemein und skizzenhaft gehalten. Es lässt sich so formuliert nicht einmal ahnen, welche komplexen gesellschaftlichen Zusammenhänge hinter der Abhängigkeit heutiger Unternehmen, Institutionen, Behörden, Einzelpersonen usw. von Interaktionen mit der Öffentlichkeit stecken.

Ein tiefergehendes Verständnis dafür, welche Aufgaben PR in unserer Gesellschaft haben, erhalten wir schnell und anschaulich, analysieren wir auch diese Zusammenhänge mit Hilfe des AGIL–Schemas.

Dazu schauen wir uns auf den folgenden Seiten einige beispielhafte AGIL–Anwendungen und *Kommunikations–Modelle* an:

- *Das allgemeine Modell der Unternehmens–Kommunikation im Umfeld der gesellschaftlichen Teilsysteme*
- *Das Modell einer Bank und ihrer Kommunikations–Aufgaben*
- *Das Kommunikationsmodell eines Krankenhaus–Betriebs im gesellschaftlichen Umfeld*
- *Das Kommunikations–Feld eines Mode–Unternehmens*

Damit die Leser umfassend von diesen analytischen Modellen profitieren können, nehmen wir an dieser Stelle eine vereinfachte sozialwissenschaftliche Perspektive ein und blicken mit dadurch geschärftem Blick auf den Gesamtzusammenhang »Gesellschaft und Meinungsbildung«.

Die »Wissens–Schnittmenge« der wichtigsten Sozialwissenschaften – Wirtschafts–Soziologie, der empirischen Wirtschaftswissenschaft, der Politologie und Kommunikationswissenschaft – in Bezug auf gesellschaftliche Zusammenhänge und der Bedeutung von Kommunikation stellt sich folgendermaßen dar *(siehe Abb. 13)*:

Integrations-Funktion

Wenn davon gesprochen wird, dass Organisationen in einer demokratischen Gesellschaft auf Konsens angewiesen sind, beziehen wir uns auf Kommunikationsvorgänge und Bedingungen von Kommunikation, die auf der Ebene der gesellschaftlichen Gemeinschaft *(I: Integrations–Funktion)* angesiedelt sind.

Diese gesellschaftliche Gemeinschaft ist kein von den übrigen Aspekten der Gesellschaft isolierter Interaktionskreis.

Um ihre spezifischen Funktionen erfüllen zu können, sind die übrigen gesellschaftlichen Handlungsbereiche auf die Anerkennung durch die Solidargemeinschaft der Angehörigen der Gesellschaft angewiesen, die in unterschiedlichsten sozialen Beziehungen und Netzwerken leben.

Ganz entsprechend ist die gesellschaftliche Gemeinschaft zur Erfüllung der Integrations–Funktion ihrerseits auf die Beiträge des Kultursystems und des Wirtschaftssystems sowie des politischen Systems angewiesen.

Adaptions-Funktion

Ein geregelter Tauschverkehr im Bereich der Wirtschaft *(A: Adaptions–Funktion)* wird durch die ökonomische Marktgemeinschaft von Produzenten, Anbietern von Dienstleistungen und den Konsumenten auf der anderen Seite ermöglicht.

Aufgrund einer stabilen und vertrauensvollen Beziehung von Anbietern und Nachfragern ist in einer modernen Massengesellschaft westlicher Prägung eine reibungslose Versorgung der Bürger mit Gütern und Dienstleistungen möglich. Ohne die Berechenbarkeit der Bedürfnisse und Wünsche der Verbraucher und ohne das gegenseitige Vertrauen in die Verlässlichkeit der Tauschpartner gäbe es kein geordnetes und damit auch kein profitables Wirtschaftsleben. Märkte bestehen aus möglichst reibungslos funktionierenden, stabilen Beziehungsnetzen.

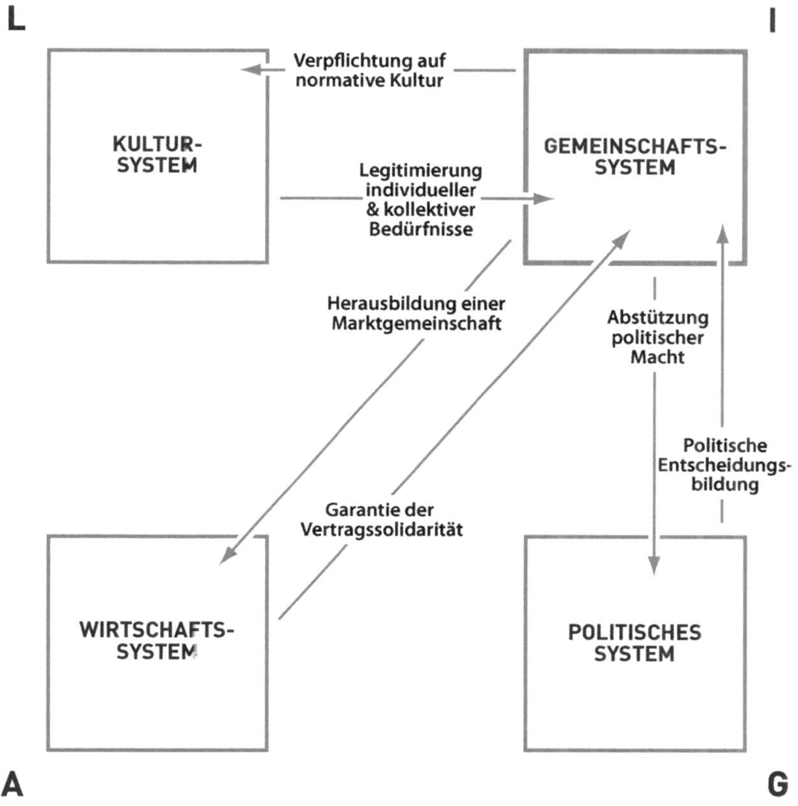

Abb. 13: Verpflechtung der gesellschaftlichen Kommunikation

Darüber hinaus ist für ein störungsfrei ablaufendes ökonomisches Handeln die Verankerung der Vertragssolidarität wesentlich. Die Einlösung von Verträgen ist nicht durch gerichtliche Klagen allein zu gewährleisten: Aufgrund einer umfassenden Vergemeinschaftung muss die Bindung an Vertragsnormen so weit verankert sein, dass sich die Vertragspartner freiwillig, ohne Androhung von Gewalt zur Vertragserfüllung verpflichtet fühlen. Gerichtsverhandlungen sollten der Klärung von Unstimmigkeiten in möglichst selten auftretenden Einzelfällen vorbehalten sein.

Ziel-erreichungs-Funktion

Im Bereich der Politik *(G: Zielerreichungs–Funktion)* geht es um die Bildung von Entscheidungen und die Vertretung der politischen Interessen von gesellschaftlichen Gruppen und von deren Angehörigen.

Welches Einzelinteresse legitim ist und zur Grundlage politischer Entscheidungen gemacht werden kann, entscheidet sich in modernen Demokratien aufgrund der in der politischen Diskussion geltend gemachten Bedürfnisse der umfassenden gesellschaftlichen Gemeinschaft. Nur solche Interessen können in einem demokratischen Staat politisch relevant werden, die durch die gesellschaftliche Solidargemeinschaft der Bürger als berechtigt anerkannt sind. Im Gegenzug bedarf die Ausübung politischer Macht der gemeinschaftlichen Unterstützung der Bürger, deren Interessen die Politik vertritt. Politische Amtsträger sind zur Durchsetzung von Entscheidungen und zur Sicherung ihrer demokratisch regulierten Machtposition auf die politische Unterstützung der Mehrheit der Bürger angewiesen. Diese Unterstützung wird ihnen wiederum nur dann gewährt, wenn sie ihre Verpflichtung auf die Werte und Normen der gesellschaftlichen Gemeinschaft und ihre Orientiertheit am Allgemeinwohl nachweisen können.

Struktur-erhaltungs-Funktion

Im Bereich der Kultur *(L: Stukturerhaltungs–Funktion)* geht es um die Etablierung eines gemeinsamen Symbol– und Wertesystems. Die umfassende Geltung normativer Kultur stützt sich auf die Verankerung von Werten, Normen und Symbolen in der gesellschaftlichen Gemeinschaft.

Aus dem Bestand möglicher Wertinterpretationen und deren Konkretisierung in Normen muss eine für alle Gesellschafts–Mitglieder verbindliche Auswahl getroffen sein, die gemeinschaftlich sanktioniert wird. Im Gegenzug legitimiert das Kultursystem individuelle und kollektive Bedürfnisse, indem es deren Befriedigung durch konsensfähige Gemeinschaftsnormen unterstützt.

2. Konsens: Ergebnis von Kommunikation

Nach diesem kleinen Überblick sind wir in der Lage, den zunächst recht unpräzisen Konsens–Begriff genauer zu fassen: *Unter »Konsens« wird das wechselseitige Verständnis von Mitgliedern einer Gruppe, einer Gemeinschaft oder einer Gesellschaft in Bezug auf Ziele, Interessen, Bedürfnisse, Werte und Normen verstanden.*

Konsens ist Ergebnis der Kommunikation der Mitglieder eines sozialen Kreises – zwischen Gruppen– und Gemeinschaftsmitgliedern und letztlich allen Angehörigen einer Gesellschaft.

Permanenter sozialer Diskurs

In der gesellschaftlichen Gemeinschaft findet ein permanenter Prozess des Austauschens von Argumenten und Meinungen, ein permanenter *sozialer Diskurs* statt. Damit als Ergebnis dieses Diskurses zu irgendeinem Zeitpunkt ein Abgleich der Standpunkte und die gegenseitige Anerkennung der Diskurspartner eintreten kann, also Konsens erzielt wird, sind Voraussetzungen zu erfüllen, die zunächst einmal nichts mit der Überzeugungskraft und logischen Stringenz der ins Feld geführten Argumente zu tun haben.

Vorausgesetzt wird eine gewisse *Gleichheit* sowie die *gegenseitige Bedürfnis–Anerkennung* der Diskutierenden. Es ist eine gemeinsame Sprache erforderlich, allgemein verbindliche Regeln des Diskutierens und des Kommunizierens sowie grundlegend: ein gemeinsames Interesse an der fairen Einigung über den Gegenstand des Diskurses.

Dieses übergeordnete demokratische Interesse ist wichtig, da wir es bei der Diskussion von Meinungen, Normen oder Zielsetzungen mit individuellen und sozialen Bedürfnissen von Personen zu tun haben, die jeweils in unterschiedlichstem Maß mit politischer und ökonomischer Macht ausgestattet sind.

Grundlage von Konsens ist offenbar das Verwirklichtsein einer Kommunikations–Gemeinschaft auf der Basis verbindlicher Regeln der Kommunikation und gemeinsamer Wertmaßstäbe.

Das allgemeine Modell der Unternehmens–Kommunikation im Umfeld der gesellschaftlichen Teilsysteme

Die **nebenstehende grafische Übersicht** dient dazu, in einem ersten Überblick über die grundsätzliche Kommunikationssituation zu diskutieren, in der sich Unternehmen befinden.

Zwar ist es üblich, dass PR–Beraterinnen bei der Betreuung ihrer Klienten recht schnell ein bereits bei anderen Beratungs–Projekten erfolgreich eingesetztes Maßnahmenpaket präsentieren. Ein kritikwürdiges Vorgehen, da die Kommunikations–Situationen von Unternehmen jeweils grundverschieden sind:

- *Jedes Unternehmen muss mit Blick auf seine individuellen Zielgruppen* ***Beachtung erreichen****. Doch wie es diesen* ***Kampf um Aufmerksamkeit*** *in seiner speziellen Branche und mit seiner individuellen Organisation auszufechten hat, ist jeweils grundverschieden. Entsprechend unterschiedlich sind die PR–Maßnahmen, die Unternehmen helfen, die notwendige Beachtung zu erreichen. Beispielsweise spielt die Präsentation der unternehmenseigenen Dienstleistungen und Produkte eine wichtige Rolle, um die Nachfrage von Kunden und von Kunden–Unternehmen zu erreichen.*

- *Weiterhin hat jedes Unternehmen Positionen und Interessen, die etwa im Bereich politischer Entscheidungen umgesetzt werden müssen. Unternehmen brauchen für ihre Arbeit Rechtssicherheit, unterstützende Infrastruktur und bei der Einführung neuer Technologien Subventionen. Die Aufgabe der Unternehmens–Kommunikation ist es in diesem Feld, für die legitimen Interessen des Unternehmens das* ***notwendige Engagement der politischen Entscheider*** *zu mobilisieren. Da den Interessen von Unternehmen in der Regel konkurrierende Interessen und Gegenpositionen von Konkurrenten gegenüberstehen, ist es das Ziel von PR, das Unternehmen bei diesem sich dadurch ergebenden* ***Kampf um Positionen*** *zu unterstützen. Wie diese »Kampf–Unterstützung« im Detail aussieht, ist wiederum in jedem Beratungs–Fall individuell zu bestimmen.*

- *Jedes Unternehmen benötigt zur Unterstützung seiner Geschäftstätigkeit die Zustimmung und Kooperation von gesellschaftlichen Gruppen. Ein Industrieunternehmen braucht an seinem Standort eine Bevölkerung in der Nachbarschaft, die Geräusch– und Abluft–Emissionen ihrer Produktion toleriert. Ein Anbieter von Markenartikeln braucht einen Kreis möglichst überzeugter »Marken–Fans«, die ihre Marken–Begeisterung in der Öffentlichkeit zu zeigen geneigt sind. Bei welcher sozialen Gruppe Unternehmen auf diese oder auf andere Weise* ***um Commitment*** *zu* ***kämpfen*** *haben, ist so unterschiedlich wie die PR–Maßnahmen, die jeweils helfen können, das notwendige* ***emotionale Engagement*** *in der Öffentlichkeit zu erreichen.*

- *Jedes Unternehmen benötigt als Grundlage seiner Arbeit Leistungen aus dem Kultursystem einer Gesellschaft. Sei es, dass ein Unternehmen die Ergebnisse von Grundlagenforschung nutzt oder Absolventen wissenschaftlicher Hochschulen zur Entwicklung von neuen Technologien beschäftigt. Oder dass es auf die gutachterliche* ***Begründung*** *der besonderen Qualität und Zuverlässigkeit ihrer Dienstleistungen und Produkte angewiesen ist. Wie der dazu notwendige* ***Kampf um Lösungen*** *jeweils im Detail aussieht und gegen welche Konkurrenz sich ein Unternehmen jeweils durchsetzen muss, um an die gewünschte „Leistung" des Kultursystems zu kommen, ist wiederum ebenso individuell zu ermitteln, wie die PR–Maßnahmen, die unterstützend wirken können.*

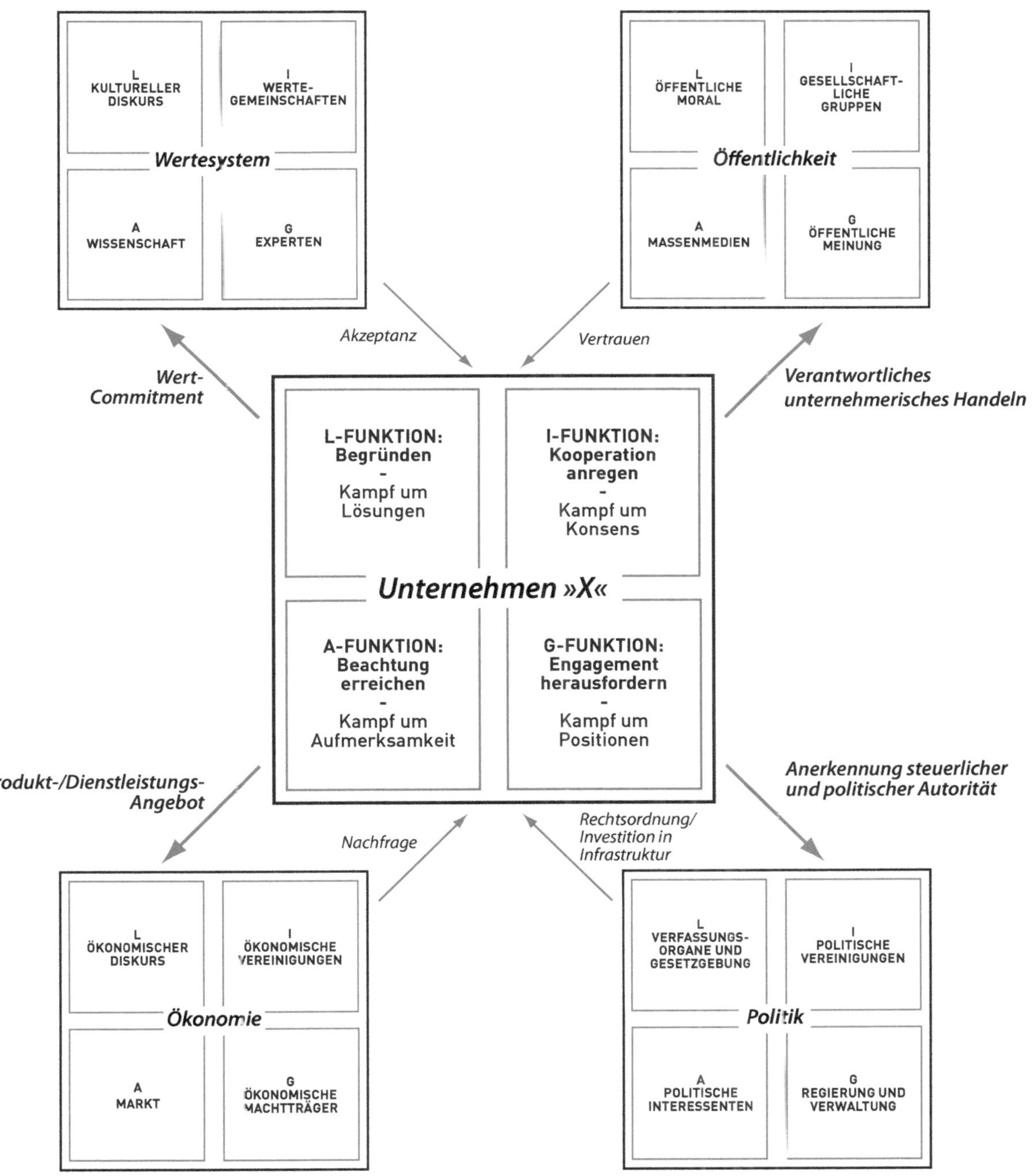
L
KULTURELLER DISKURS
I
WERTE-GEMEINSCHAFTEN
Wertesystem
A
WISSENSCHAFT
G
EXPERTEN
L
ÖFFENTLICHE MORAL
I
GESELLSCHAFT-LICHE GRUPPEN
Öffentlichkeit
A
MASSENMEDIEN
G
ÖFFENTLICHE MEINUNG
Akzeptanz
Vertrauen
Wert-Commitment
Verantwortliches unternehmerisches Handeln
L-FUNKTION: Begründen - Kampf um Lösungen
I-FUNKTION: Kooperation anregen - Kampf um Konsens
Unternehmen »X«
A-FUNKTION: Beachtung erreichen - Kampf um Aufmerksamkeit
G-FUNKTION: Engagement herausfordern - Kampf um Positionen
Produkt-/Dienstleistungs-Angebot
Anerkennung steuerlicher und politischer Autorität
Nachfrage
Rechtsordnung/ Investition in Infrastruktur
L
ÖKONOMISCHER DISKURS
I
ÖKONOMISCHE VEREINIGUNGEN
Ökonomie
A
MARKT
G
ÖKONOMISCHE MACHTTRÄGER
L
VERFASSUNGS-ORGANE UND GESETZGEBUNG
I
POLITISCHE VEREINIGUNGEN
Politik
A
POLITISCHE INTERESSENTEN
G
REGIERUNG UND VERWALTUNG

Das Kommunikations-Modell eines Krankenhaus-Betriebs im gesellschaftlichen Umfeld

In der nebenstehenden Grafik schauen wir uns die grundlegende Kommunikationssituationen **eines Krankenhauses** im 21. Jahrhundert an und kommentieren in Stichpunkten die Besonderheiten:

Herausforderung: Einführung eines Business-Modells – Kommerzialisierung einer Wohlfahrts-Institution

- ***bisheriger Status:*** *Institution in öffentlicher, meist staatlicher Trägerschaft; Behandlungs-Kunden mussten nicht akquiriert werden, wurden ohne eigene Initiative zugeteilt; Profitabilität war im Wesentlichen unabhängig von Behandlungsqualität sichergestellt.*
- ***Kommunikations-Aufgabe:*** *Neuerfindung der Krankenanstalt als Organisation, die sich als wettbewerbsstarkes Unternehmen auf einem umkämpften Gesundheitsmarkt mit starker Konkurrenz um Behandlungsfälle erfolgreich selbständig bemüht.*
- ***Kommunikations-Herausforderung- Säulenstruktur***
  Die Krankenhaus-Organisation hat bisher kaum Erfahrung damit, sich als Dienstleister gegenüber der Außenwelt zu positionieren; die konservative Krankenhaus-Mitarbeiterstruktur ist geprägt durch eine Konstellation nebeneinander aufgebauter Säulen, zwischen denen kaum offene Kommunikation über Probleme stattfindet; zwischen den Säulen laufen schwerpunktmäßig streng hierarchische Interaktionen ab, die durch die »klassische« Mediziner-Arbeitsteilung geprägt ist, die einheitliche, gleichberechtigte Kommunikation über Säulen-Grenzen hinweg nicht begünstigt: ärztliches Personal hier, Pflege-Personal dort und meist außen vor: das Verwaltungspersonal.
- ***Kommunikations-Herausforderung- divergierende Leitungsansprüche***
  Ab jetzt sind medizinische Leitung, Verwaltungs- und Pflege-Leitung zum gemeinschaftlichen zielführenden Vorgehen gegenüber der Öffentlichkeit und potenziellen Nachfragern von Behandlungsleistungen aufgefordert;
  diese Leitungen und die dahinter stehenden Gruppen haben sehr unterschiedliche Qualifikationen, sprechen unterschiedliche »Fachsprachen«, haben unterschiedliche Vorstellungen von Professionalität, zeigen unterschiedliche Bereitschaft, mit den Vertretern der übrigen Säulen kollegial umzugehen, gleichberechtigt zu diskutieren und sich einem gemeinsamen Ziel – etwa Profitabilität zu erreichen – zu unterwerfen;
  die Beteiligten hadern mit der Belastung durch fachfremde neue Aufgabenstellungen, mit denen sie sich aufgrund ihrer bisherigen Berufserfahrung und Ursprungs-Qualifikation nicht identifizieren mögen – unterschwellig oder sogar offen wird die geforderte Kommerzialisierung des Krankenkaus-Betriebs abgelehnt.
- ***Kommunikationsziele kommerziell erfolgreicher Krankenhäuser:***
  *(A) – angesichts eines hart umkämpften **Patienten-Marktes** Interesse am eigenen Behandlungsprodukt wecken*
  *(G) – **gesundheitspolitische Institutionen** überzeugen – Krankenkassen gegenüber die Kostengerechtigkeit und die Qualität der Behandlungsergebnisse zu belegen, denn nur »überzeugte« Kassen leiten ihre Versicherten in das Krankenhaus und bestimmen so über Auslastung und durch Kostenübernahme-Politik über das Geschäftsergebnis des Hauses;*
  *(I) das Krankenhaus steht **ständig in der Diskussion** etwa der lokalen Medien – hier ist in der häufig kritischen Diskussion laufend der gute Ruf des Hauses erfolgreich zu verteidigen*
  *(L) im **fachlichen Diskurs** haben insbesondere die ärztlichen Autoritäten für die fachliche Anerkennung der Kompetenz des Hauses zu arbeiten und nicht allein für ihre eigene persönliche Karriere initiativ zu werden. Sie haben langfristig dafür zu sorgen, dass medizinischer Nachwuchs das Haus als attraktiven Arbeitsplatz und als attraktive Wirkungsstätte wahrnimmt*

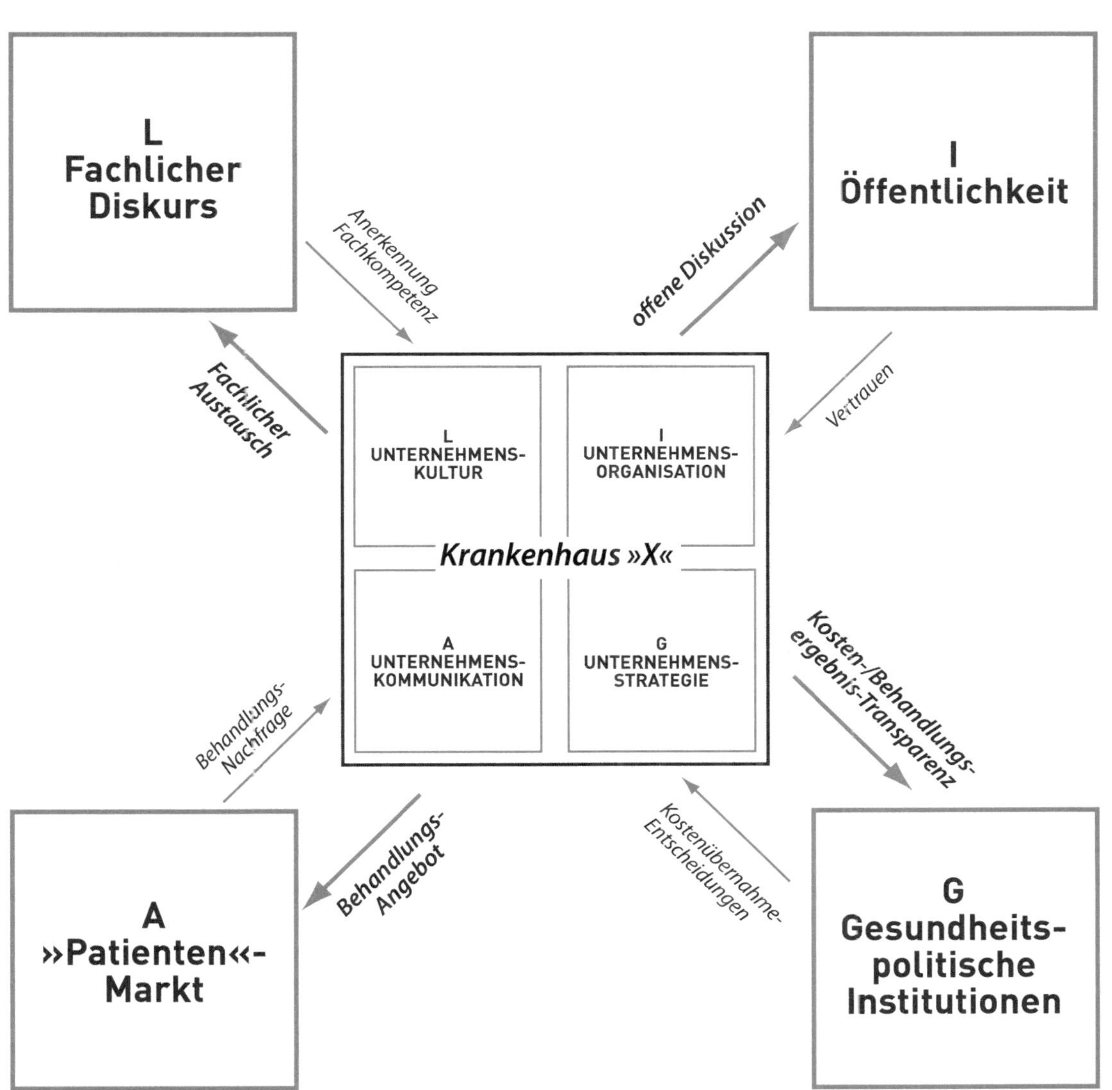
L
Fachlicher
Diskurs
I
Öffentlichkeit
Anerkennung
Fachkompetenz
offene Diskussion
Fachlicher
Austausch
Vertrauen
L
UNTERNEHMENS-
KULTUR
I
UNTERNEHMENS-
ORGANISATION
Krankenhaus »X«
A
UNTERNEHMENS-
KOMMUNIKATION
G
UNTERNEHMENS-
STRATEGIE
Kosten-/Behandlungs-
ergebnis-Transparenz
Behandlungs-
Nachfrage
Behandlungs-
Angebot
Kostenübernahme-
Entscheidungen
A
»Patienten«-
Markt
G
Gesundheits-
politische
Institutionen

Das Modell einer Bank und ihrer Kommunikations–Aufgaben

Das Business–Modell einer modernen Großbank befindet sich in einem ständigen Wandel. Die Kommunikation einer Allfinanz–Bank ist vor diesem Hintergrund durch ein laufendes »Neuerfinden«, dem ständigen Neuaufbau der Organisation der Bank, der ständigen Neupositionierung der Bank im Rahmen der Kommunikation gefordert. Schauen wir uns die grundlegenden kommunikativen Herausforderungen mit Blick auf die nebenstehende Grafik an:

- ***Die Entwicklung*** *verläuft vom*
  klassischen Bankgeschäft mit »gehobenem Publikum«, deren Sparkonten, Geldanlagen, Finanzierung von gewerblichen Investitionen usw. –
  zum Geschäft mit dem »Massenpublikum«, mit dessen Girokonten, Verbraucherkrediten, Hausfinanzierungen –
  über den »Privatkunden–Fokus« und der Positionierung im Feld der Vermögensverwaltung –
  weiter zum »Investmentbanking« und zur Emissions–Tätigkeit etwa im Bereich neuer Technologien inklusive der Verbreitung von »Aktienkultur« bei Mitarbeitern und bei Wertpapier–unerfahrenen Kunden –
  von zur da zur Verlagerung ins »internationale Investment–Geschäft« inklusive des Aufbaus eines Netzwerks mit Tochtergesellschaften in internationalen Finanzmetropolen usw.

Vielfältige und ständig ***wechselnde Tätigkeitsschwerpunkte in der Bank–Kommunikation*** begleiten diese Entwicklungsschritte:

- ***intern L:*** *Koordination der internen Kommunikation und der parallelen Umgestaltung des* ***Wertsystems der Bank***
- ***intern I:*** *Implementierung der neuen geschäftlichen Identität in der Organisation der Bank angesichts laufend veränderter Strukturen durch personelle Veränderungen in der Zentrale, durch Managementwechsel, Änderungen des Filialaufbaus, Veränderung der Beteiligung an anderen Bankgesellschaften, Übernahme von anderen Banken und deren Integration als Tochtergesellschaften (****Organisations–Struktur****)*
- ***intern G:*** *Koordination der Strategie–Diskussion zur Durchsetzung ständig wechselnder geschäftlicher Schwerpunkte, wechselnder Bank–Produkte, Wechsel des Klientels; Durchsetzung des sich wandelnden Fokus und Charakters des zu forcierenden Geschäftsabschlusses – geändertes Investment in Kundenbeziehungen (****Geschäftspolitik****)*
- ***intern A:*** *Ständig wechselnder Bedarf an gegenseitiger Information innerhalb des Bankensystems – Umbau von Informations–Kanälen zum Austausch von Geschäftsdetails und tagesaktuellen Neuigkeiten (****Performanz****)*
- ***extern A:*** *Parallel ist ein sich ständig wandelnder Auftritt gegenüber externen Zielgruppen zu realisieren*
- ***extern G:*** *die Kommunikation mit politischen Entscheidungsträgern ändert sich mit dem Wechsel des Business–Modells – neue Positionierungen haben neuen Unterstützungsbedarf*
- ***extern I:*** *in der Medienöffentlichkeit wechselt das Image – die Außendarstellung muss entsprechend umgebaut werden, um das bisherige Image so weit fortzuentwickeln, dass es mit dem Business–Modell kompatibel bleibt*
- ***extern L:*** *auch die Wert–Diskussion ist grundlegenden Wandlungen ausgesetzt: In einer Phase, in der es in Diskussionen darum geht, ob Schülern Girokonten mit Dispokredit eingeräumt werden darf, sind andere Argumente und Werte zu bemühen, als in einer Phase, in der es um das Engagement bei »Not leidenden« Hausfinanzierungen in US–amerikanischen Hypothekengeschäften geht*

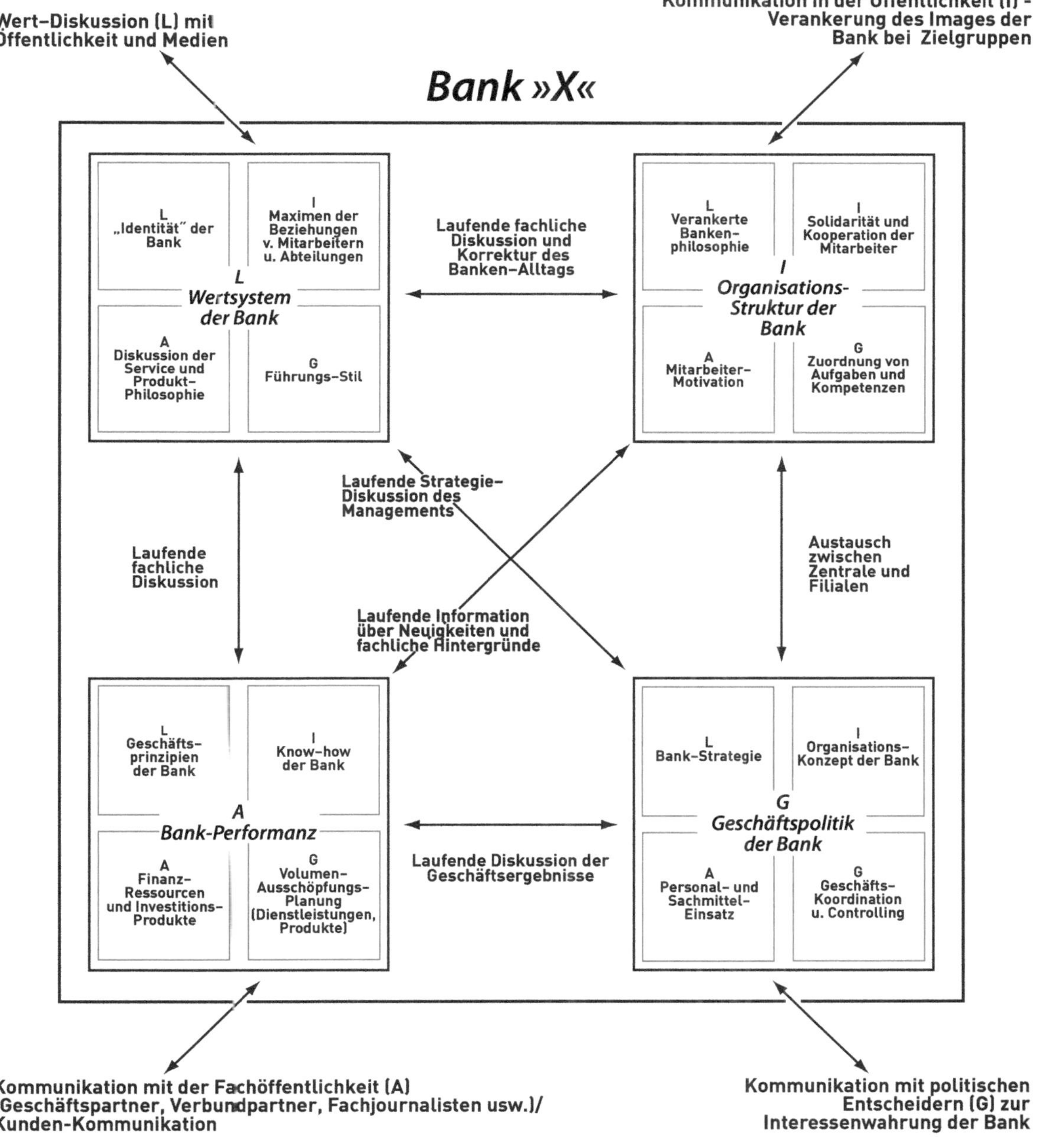
Wert-Diskussion (L) mit
Öffentlichkeit und Medien
Kommunikation in der Öffentlichkeit (I) -
Verankerung des Images der
Bank bei Zielgruppen
Bank »X«
L
„Identität" der
Bank
I
Maximen der
Beziehungen
v. Mitarbeitern
u. Abteilungen
L
Wertsystem
der Bank
A
Diskussion der
Service und
Produkt-
Philosophie
G
Führungs-Stil
Laufende fachliche
Diskussion und
Korrektur des
Banken-Alltags
L
Verankerte
Banken-
philosophie
I
Solidarität und
Kooperation der
Mitarbeiter
I
Organisations-
Struktur der
Bank
A
Mitarbeiter-
Motivation
G
Zuordnung von
Aufgaben und
Kompetenzen
Laufende Strategie-
Diskussion des
Managements
Laufende
fachliche
Diskussion
Austausch
zwischen
Zentrale und
Filialen
Laufende Information
über Neuigkeiten und
fachliche Hintergründe
L
Geschäfts-
prinzipien
der Bank
I
Know-how
der Bank
A
Bank-Performanz
A
Finanz-
Ressourcen
und Investitions-
Produkte
G
Volumen-
Ausschöpfungs-
Planung
(Dienstleistungen,
Produkte)
Laufende Diskussion der
Geschäftsergebnisse
L
Bank-Strategie
I
Organisations-
Konzept der Bank
G
Geschäftspolitik
der Bank
A
Personal- und
Sachmittel-
Einsatz
G
Geschäfts-
Koordination
u. Controlling
Kommunikation mit der Fachöffentlichkeit (A)
(Geschäftspartner, Verbundpartner, Fachjournalisten usw.)/
Kunden-Kommunikation
Kommunikation mit politischen
Entscheidern (G) zur
Interessenwahrung der Bank

Das Kommunikations–Feld eines Mode–Unternehmens

Auf den vorherigen Seiten haben wir unterschiedlichste Kommunikations–Modelle betrachtet. Jeder Markt, jede Branche, jedes Beziehungssystem hat es mit individuellen kommunikativen Herausforderungen zu tun, die wir anhand dieser Modelle im Rahmen von Maßnahmen–Entwicklungen untersuchen können.

Wir haben zunächst zur Einleitung die ***allgemeine Kommunikation–Konstellation*** von Unternehmen im gesellschaftlichen Umfeld betrachtet.

Im Anschluss haben wir uns angesehen, wie ***Krankenhäuser***, die ursprünglich ausgesprochene »Wohlfahrts–Institutionen« waren, in ihrer Kommunikation die häufig als schmerzhaft empfundene Einführung eines kommerziellen Business–Modells vollziehen müssen.

Am Beispiel einer ***Großbank*** haben wir gesehen, welche kommunikativen Anstrengungen mit den typischen Veränderungen verbunden sind, die auf viele international operierende Unternehmen in den letzten Jahrzehnten zugekommen sind.

Interessant ist nun zum Abschluss dieser kleinen »Modell–Reihe« Unternehmen zu betrachten, die nicht nur über größere Zeiträume Wandlungen kommunikativ zu verarbeiten haben, sondern deren Geschäft sozusagen der ständige Wechsel und das systematische Verarbeiten von Trends ist: Wir betrachten das Kommunikations–Modell von ***Mode–Unternehmen.***

- ***Mode–Unternehmen*** *befinden sich in einer Art »****Dauer–Hysterie****«.*
  Stichworte sind :
  ständiger Kollektions– und Zwischenkollektionswechsel; laufende Neuerfindung der Bekleidungs–Produkte mit Blick auf aktuelle Trends; ständige Integration von neuen Accessoire–Trends in die aktuelle Modelinien; ständig notwendiger Blick auf die Entwicklungen in der internationalen populären Kultur usw.

- *Die Herausforderung im Produkt–Marketing des Bekleidungs–Herstellers besteht darin, diese Trends mittels unterschiedlicher Marken für unterschiedliche Zielgruppen–Segmente stimmig nachzuvollziehen. Zielgruppen unterscheiden sich recht deutlich darin, welche Erwartungen sie bei der Umsetzung von Modetrends haben in Bezug auf*
  – die Exklusivität von Bekleidung
  – dessen Bequemlichkeit und »Tragbarkeit«
  – dessen Material–Qualität
  – dessen stilistische Extravaganz usw.

- *Die Ergebnisse des ständigen Kollektions–Wechsels sind laufend gegenüber den Vertriebspartnern, dem Fachpublikum und der an Mode interessierten Öffentlichkeit zu präsentieren. Ohne die Schaffung von terminlich fixierten Kommunikations–Ritualen wäre der laufende Fluss von Neuheiten nicht an die vielen unterschiedlichen Mode–Zielgruppen zu verteilen und mit diesen zu diskutieren:*

  – Mode–Unternehmen unterhalten langjährig stabile, persönliche Beziehungen zu Moderedaktionen und den hier arbeitenden Redakteurinnen;

  – sie verfolgen einen festen, jährlich fortgeschriebenen Terminplan zur Belieferung dieser Redaktionen mit Informationen und Beispiel–Kollektions–Teilen rechtzeitig zu den jeweiligen Mode–Saison–Terminen;

  – Messe– und Präsentationstermine dienen neben der Vorstellung der neuen Kollektionen dem direkten Kontakt und dem Gedankenaustausch mit dem Groß– und Einzelhandel usw.

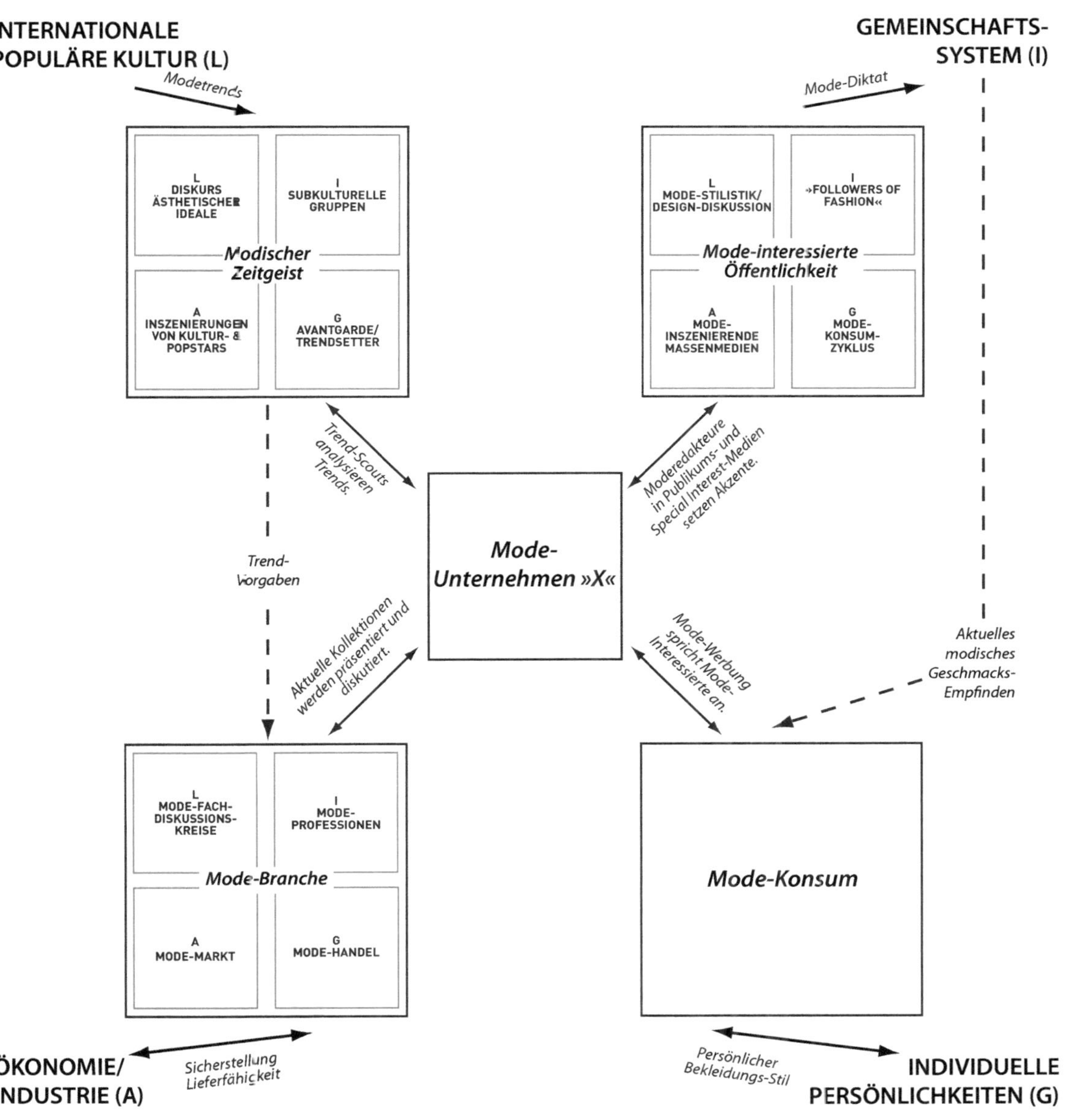
INTERNATIONALE POPULÄRE KULTUR (L)
Modetrends
GEMEINSCHAFTS-SYSTEM (I)
Mode-Diktat
L DISKURS ÄSTHETISCHER IDEALE
I SUBKULTURELLE GRUPPEN
Modischer Zeitgeist
A INSZENIERUNGEN VON KULTUR- & POPSTARS
G AVANTGARDE/ TRENDSETTER
L MODE-STILISTIK/ DESIGN-DISKUSSION
I »FOLLOWERS OF FASHION«
Mode-interessierte Öffentlichkeit
A MODE-INSZENIERENDE MASSENMEDIEN
G MODE-KONSUM-ZYKLUS
Trend-Scouts analysieren Trends.
Moderedakteure in Publikums- und Special Interest-Medien setzen Akzente.
Trend-Vorgaben
Mode-Unternehmen »X«
Aktuelle Kollektionen werden präsentiert und diskutiert.
Mode-Werbung spricht Mode-Interessierte an.
Aktuelles modisches Geschmacks-Empfinden
L MODE-FACH-DISKUSSIONS-KREISE
I MODE-PROFESSIONEN
Mode-Branche
A MODE-MARKT
G MODE-HANDEL
Mode-Konsum
ÖKONOMIE/ INDUSTRIE (A)
Sicherstellung Lieferfähigkeit
Persönlicher Bekleidungs-Stil
INDIVIDUELLE PERSÖNLICHKEITEN (G)

3. Konfliktpotentiale der postdemokratischen Gesellschaft

Werfen wir nun einen kritischen Blick auf die aktuelle Arbeitssituation von PR-Beraterinnen. Fragen wir uns, ob die beschriebene »Konsens-Ressource« für die Arbeit von PR-Beraterinnen heute tatsächlich ausreichend vorhanden ist:

Steht in unserer Gesellschaft eine umfassende Kommunikations-Gemeinschaft mit verbindlichen Regeln der Kommunikation und gemeinsamen Wertmaßstäben für die sichere Durchführung von erfolgreichen PR-Maßnahmen zur Verfügung?

Konsens ist ein knappes »Gut«.

Kurze Antwort: Wir können diese Frage heute nur deutlich eingeschränkt mit einem »Ja« beantworten – für viele Themen fehlt dieser Konsens sogar komplett. – *Ausführliche Antwort:*

So ausgeglichen die Beziehungen der gesellschaftlichen Gemeinschaft zu den übrigen Bereichen der demokratischen Gesellschaft in der schematischen Übersicht der *Abbildung 13* aussehen, so wenig konsistent sind die Entwicklungen, an die Öffentlichkeitsarbeit in der heutigen gesellschaftlichen Realität anzuknüpfen hat.

In der »Blüte« der modernen Industriegesellschaft, in den 50er Jahren bis Anfang der 60er, definierte sich der einzelne Bürger ganz wesentlich durch die Rolle, die er im Wirtschafts- und Arbeitsleben spielte.

Es hatte sich eine »Arbeitsgesellschaft« ausgebildet, soziale Institutionen bauten sich vorgängig um den materiellen Erwerb herum auf. Der *kulturelle Diskurs (L)* war an Werten wie *»Allgemeiner Wohlstand«* und *»Technischer Fortschritt«* orientiert.

Die Vergabe von sozialer Schätzung an Gemeinschaftsmitglieder durch die *gesellschaftliche Gemeinschaft (I)* wurde bestimmt durch deren Position, ihren Erfolg und ihr Durchsetzungsvermögen im Wirtschaftsleben. Auch im Privatleben wurden Gemeinschaftsmitglieder aufgrund von Arbeitsfleiß und ihrer Leistungsfähigkeit im Berufsleben beurteilt.

Grundmaxime *politischen Handelns (G)* war die Garantie sozialer Sicherheit und der Erreichung eines allgemeinen Wohlstands.

Die »Grundfester« dieser vom Ideal der »sozialen Markt–Wirtschaft« geprägten *»deutschen Arbeitsgesellschaft«* sind heute krisenhaft erschüttert. Ein Szenario mit ernsten Kommunikations–Problemen ist an ihre Stelle getreten *(siehe Abb. 14)*. Unsere Gesellschaft ist längst kein *»Wirtschaftswunderland«* mehr. Stattdessen lassen sich unsere Verhältnisse treffend mithilfe des Typus der *»postdemokratischen Gesellschaft«* beschreiben, den der britische Politologe Colin Crouch vor einigen Jahren skizzenhaft charakterisiert hat.[2]

Ernüchterung im Wirtschafts-wunderland

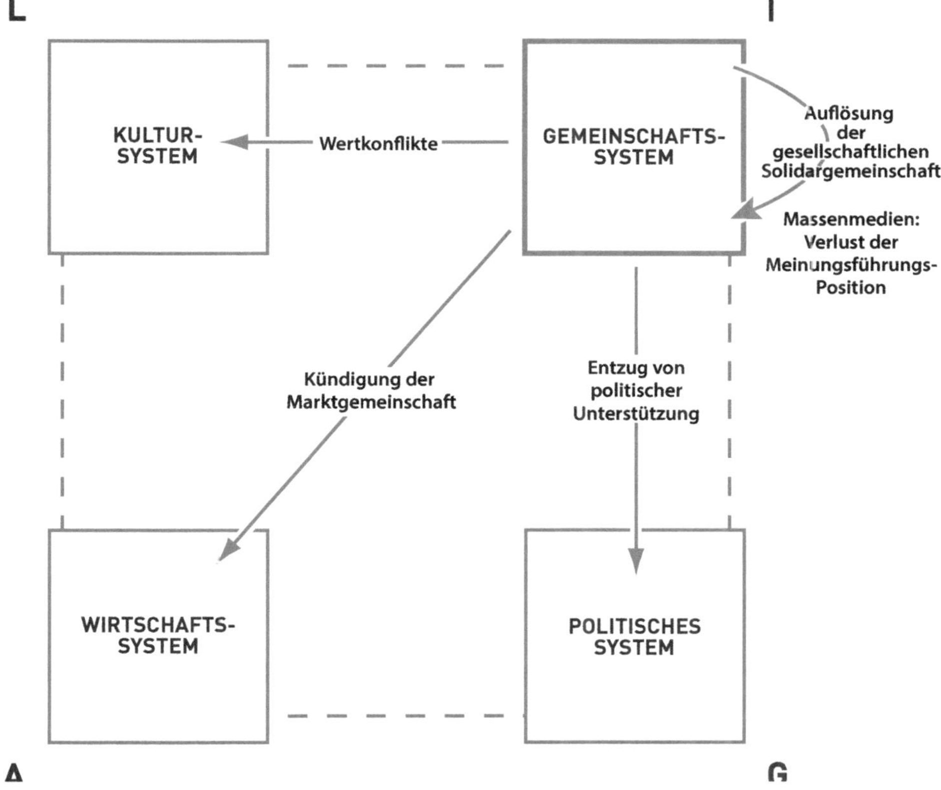

Abb. 14: Kommunikationsprobleme der postdemokratischen Gesellschaft

Vergegenwärtigen wir uns diese Konstellation Schritt für Schritt, indem wir unser AGIL–Kommunikations–Schema zur Hilfe nehmen. Schauen wir zunächst in das Feld der *politischen Kommunikation (G)*:

Ein *tiefgreifender Vertrauensverlust* lässt sich hier beobachten. Bürgerinnen und Bürger sind ständig weniger bereit, politische Institutionen und ihre Repräsentanten zu unterstützen. Das Interesse daran, in Parteien mitzuarbeiten, geht genauso zurück wie die Wahlbeteiligung.

Der Legitimitätsverlust politischer Akteure und Institutionen resultiert gemäß politologischer Analysen aus dem häufig begründbaren Verdacht der Bevölkerung, dass die Politik zunehmend unter dem Einfluss privater und wirtschaftlicher Interessengruppen steht. Durch die Fassade formal demokratischer Abläufe getarnt macht sich mehr und mehr der Einfluss privilegierter Eliten breit. Das lässt Mitbürger vermuten, dass demokratisch gewählte politische Repräsentanten ihre Entscheidungen immer weniger im Sinne des Gemeinwohls treffen.

Im Zuge dieser Entwicklung verlieren insbesondere die einst Stabilität garantierenden großen Volksparteien ihre Glaubwürdigkeit und ihren Einfluss auf die Bevölkerung.

Vertrauensverlust der politischen Kommunikation

Fazit: *Die politische Kommunikation ist durch einen zunehmenden, tiefgreifenden Vertrauensverlust behindert.*

Als nächstes betrachten wir die wirtschaftliche *Kommunikation (A)*:

Auch Wirtschafts–Organisationen haben systematisch an Glaubwürdigkeit eingebüßt.

Ein gewisses Missbehagen gegenüber dem Profit–Interesse insbesondere deutscher Großunternehmen macht sich bereits seit Jahrzehnten in unserer Gesellschaft bemerkbar – wie etwa die lautstarke Kritik an Gesundheitsrisiken industrieller Produktion und das Bürger–Engagement für Umweltschutz–Themen zeigten.

Die Vertrauenskrise, die sich in den letzten Jahren ausbreitet, hat eine neue Qualität. Diese hängt unmittelbar mit der oben beschriebenen Krise der politischen Kommunikation zusammen. Im Empfinden der Bürgerinnen und Bürger haben die Interessen von großen Unternehmen und Wirtschaftsverbänden zu einer »Kolonialisierung« der Politik und letztlich des Staates geführt. Die wichtigen politischen Entscheidungen scheinen außerhalb der demokratischen Kanäle von profitorientierten Wirtschaftsgremien getroffen zu werden.

Das dadurch möglich gewordene »freie«, staatlich kaum noch reglementierte aggressive Marktverhalten hat transformierende Folgen für die Entwicklung unserer Volkswirtschaft. Kritische Betrachterinnen und Betrachter halten die im letzten Jahrzehnt in schneller Folge auftretenden Konjunktureinbrüche für Folgen von Privatisierungen und Deregulierungen, die durch eine Politik möglich wurden, die sich einseitigen Wirtschaftsinteressen unterwarf.

Das »enthemmte« Wirtschaftssystem scheint aus der Sicht der Bevölkerung vor allem Ungleichheit zu »produzieren«. Zentrale Institutionen der sozialen Absicherung der Arbeitnehmer wurden tiefgreifend zurückgebaut, um die Lohnkosten zu senken und damit die Konkurrenzfähigkeit deutscher Unternehmen auf den internationalen Märkten zu stärken. Als Ergebnis dieses wirtschaftschaftspolitisch verordneten Verzichts der Arbeitnehmer stagnieren kleine und mittlere Einkommen. Sie schrumpfen kontinuierlich, während die Gewinne international operierender Unternehmen parallel deutlich wachsen.

Vertrauensverlust der Wirtschafts-Kommunikation

Fazit: *Die Wirtschafts–Kommunikation ist gezeichnet durch ein grundlegendes Misstrauen an den Wirtschafts–Akteuren sowie ihrer Kompetenz, Wohlstand zum Nutzen der Gesamtgesellschaft zu schaffen.*

Nun schauen wir uns die *kulturelle Kommunikation (L)* an: Wie sieht es mit der Glaubwürdigkeit von Experten–Argumenten aus? Wie glaubwürdig sind weltanschaulich – etwa religiös – gefärbte Wert–Diskussionen? Welche Akzeptanz haben kulturelle Institutionen wie Schulen und Hochschulen?

Auch dieses Kommunikationsfeld ist durch eine Glaubwürdigkeits–Krise geprägt. Bürgerinnen und Bürger fühlen sich entmündigt, wenn bei grundsätzlichen politischen Fragen immer häufiger Experten aufgeboten werden, die „alternativlose" Antworten aus technisch–professioneller Perspektive geben *(»Tina«: There is no alternative!)* und Politikern zuspielen.

Wertdiskussionen über moralische Grundsatzfragen des gemeinsamen Zusammenlebens – etwa von Migranten und »eingeborenen« Deutschen – werden von Gremien bearbeitet, die von Politikern geleitet werden und mit Vertretern politischer Institutionen sowie Kirchenvertretern zahlreich besetzt sind. Wie gesehen haben politische Kräfte grundlegend an Akzeptanz verloren; Kirchenvertretern fehlt – nicht zuletzt aufgrund von zahlreichen, Glauben–erschütternden Missbrauchs–Skandalen – in vielen Bevölkerungsgruppen der notwendige Rückhalt. Die Kommunikations–Arbeit solcher Gremien hat keine Aussicht darauf, der Bevölkerung Orientierung zu geben.

Was die Bildungsinstitutionen angeht, nimmt die Bevölkerung deutlich ungleich verteilte Chancen wahr. Die Qualität der Schulausbildung von Kindern und Jugendlichen korrespondiert mit dem in der Gesellschaft zunehmend ungleich verteilten Gehaltsniveau der Eltern. Viele junge Menschen »am unteren Ende« der Gesellschaft können sich aufgrund fehlender Bildungs–Investitionen des Staates nicht befriedigend qualifizieren und so ihr persönliches und berufliches Potenzial kaum ausschöpfen. Und in der Öffentlichkeit viel diskutiert: Insgesamt schneidet die Bildungs–Qualität des deutschen Schulsystems im internationalen Vergleich mittelmäßig bis schlecht ab.

Auch die deutsche Hochschulbildung, die einst Vorbild für den Universitäts–Aufbau anderer Länder war, steht in der öffentlichen Kritik. Im Rahmen der so genannten »Bologna–Reform« sollten die Studienabschlüsse deutscher Hochschulen an internationale Standards angepasst werden. Die Betroffenen – sowohl die Studierenden als auch das Management vieler Hochschulen – kritisieren die starren Strukturvorgaben der Studienreform und sind mit dem Bildungsergebnis unzufrieden.

Das Bildungssystem kann auf diese Weise dem gesellschaftlichen Diskurs keine solide, universelle, Gruppen–übergreifende Grundlage geben, sondern bietet stattdessen vielfältige Anlässe für Polarisierungen.

Fazit: *Auch die kulturelle Kommunikation ist durch Krisen–Symptome geprägt und bietet keine solide Grundlage für Meinungsbildungsprozesse.*

Vertrauensverlust der kulturellen Kommunikation

Schauen wir im nächsten Schritt auf die *gesellschaftliche Gemeinschaft (I)*. Gibt es eine übergreifende Konsens–Gemeinschaft, die als Basis für vertrauensvolle Dialoge wichtiger Themen dienen könnte?

Aller mediengesteuerter Kampagnen *(»Du bist Deutschland!«, »Wir sind Papst!« usw.)* zum Trotz scheint die einstige Solidargemeinschaft verschwunden zu sein, der verklärend der Erfolg des kollektiven deutschen Wirtschaftswunders zugeschrieben wurde. Die Gesellschaft ist vielfältig fragmentiert: in West– und Ost–Bevölkerung, in Junge und Alte, in Festangestellte und Prekärbeschäftigte, in Migranten und Nicht–Migranten, in Gutausgebildete und sozial Benachteiligte, in »Leistungsträger« und Arbeitslose usw.

Eine in der Bevölkerung annähernd gleich verteilte Beteiligung an öffentlichen Diskussionen oder an politischer Kommunikation gibt es angesichts dieser Abgrenzungen zwischen Individuen und gesellschaftlichen Gruppen nicht.

Ein ständig wachsender Bevölkerungsanteil von benachteiligten Menschen, die beispielsweise dauerarbeitslos sind, unterhalb der Armutsgrenze leben, sind wenig an Kommunikationsprozessen beteiligt und haben geringe Chancen, ihre Interessen gegenüber der Öffentlichkeit zu artikulieren. Beobachter registrieren in dieser Bevölkerungsgruppe vor allem »Resignation und Apathie«.

»Protest und Engagement« lässt sich demgegenüber bei Angehörigen der gut ausgebildeten Mittelschichten beobachten. Damit offenbart sich eine weitere Fragmentierung der gesellschaftlichen Gemeinschaft: die Trennung zwischen den Gebildeten, die sich mittels neuer informationstechnologischer

Möglichkeiten aktiv an Meinungsbildungs–Prozessen etwa im Internet beteiligen und sich zu Aktionsgruppen vernetzen, gegenüber denjenigen, die weniger gebildet und materiell zu schlecht ausgestattet sind, um diese neuen Kommunikations–Möglichkeiten umfassend zu nutzen.

Fragmentierung der Konsens-Gemeinschaft

***Fazit:** Eine einheitliche gesellschaftliche Konsens–Gemeinschaft existiert nicht. Ein ständig wachsender, sozial ausgegrenzter Anteil der Bevölkerung ist durch öffentliche Dialoge nicht mehr zu erreichen. Ein gut ausgebildeter, meinungsaktiver Anteil der Bevölkerung emanzipiert sich und hat eine Protesthaltung eingenommen. Diese Bevölkerungsgruppe beginnt, eigene Kommunikations–Kanäle aufzubauen.*

4. Die Kommunikations–Krise ist eine Krise der Public Relations

Bringen wir unsere Überlegungen auf den Punkt: *Wie wirkt sich die beschriebene Kommunikations–Krise auf die Arbeitssituation von PR–Beraterinnen aus?*

Wir beantworten diese Frage Schritt für Schritt:

Die Basis für *politische Kommunikation (G)* ist heute unsicher. Wer PR–Maßnahmen im Auftrag von politischen Institutionen übernimmt, begibt sich auf unsicheren Boden. Politische Akteure genießen keinerlei Vertrauensvorschub für ihre Botschaften. Skandale rund um Berufspolitiker in höchsten Staatsämtern nähren ein wachsendes Misstrauen »denen da oben« gegenüber. Öffentliches Eintreten von PR–Verantwortlichen für politische Interessen wird vor diesem Hintergrund argwöhnisch betrachtet.

Viele Wirtschaftsthemen (A) sind öffentlich genauso schwer zu vertreten. Auch hier herrscht ein tiefsitzendes Misstrauen – Managern wird nicht nur *a priori* einseitiges Interesse, sondern beispielsweise die Neigung unterstellt, die Risiken für Konsumenten, Dienstleistungsnutzer, Mitarbeiter usw. zu verschleiern, die von ihren Unternehmen ausgehen. Markenartiklern wird häufig unterstellt, systematisch und gewohnheitsmäßig in Bezug auf Produkt– und

Dienstleistungs–Qualitäten zumindest deutlich zu übertreiben, wenn nicht gar Unwahrheiten zu verbreiten. PR–Aktivitäten für wirtschaftliche Interessen stoßen vor diesem Hintergrund in der Öffentlichkeit nur in Ausnahmefällen auf »Gegenliebe«.

Im Feld der *kulturellen Kommunikation (L)* geht es PR–Beraterinnen nicht besser. Konnte einst im Rahmen der Diskussion von PR–Botschaften effektvoll auf Experten–Meinungen oder Fach–Gutachten zurückgegriffen werden, schwindet heute die Überzeugungskraft akademischer »Kulturträger« bedenklich. In den letzten Jahrzehnten haben gewisse Experten Akzeptanz dadurch verspielt, dass sie beispielsweise zunächst »alternativlos« für die Kernenergie votierten, um dann zu einem späteren Zeitpunkt wiederum den Atomausstieg als unumstößliche akademisch–rationale Forderung vorzustellen. Ergebnis ist, dass die Überzeugungskraft kultureller Institutionen so stark schrumpft, dass das Eintreten von Autoritäten aus Wissenschaft und Forschung für PR–Botschaften stark zurückgehende Wirkung hat oder gar kontraproduktiv wirkt.

Weiteres Problem ist, dass es aktuell keine *übergreifenden gesellschaftlichen Gruppen (I)* gibt, die sich problemlos als Meinungsbildungs–Plattformen in PR–Konzepte einbinden lassen. Die Gesellschaft ist in zahlreiche fragmentierte Gruppierungen zersetzt, die zunehmend schlechter von Massenmedien und deren Informationsangeboten erreichbar sind.

Ein Großteil der Bevölkerung ist über einen engen persönlichen Horizont hinaus nicht für politische, wirtschaftliche oder kulturelle Themen zu interessieren. Dazu kommt, dass die meinungsaktiven Bürgerinnen und Bürger, gegenüber *inszenierter Kommunikation* grundlegend kritisch eingestellt sind und PR–Initiativen häufig von vornherein als »Manipulationskampagnen« betrachten.

PR-Initiativen stoßen auf Skepsis.

Wir haben es mit einer *massiven Krise gesellschaftlicher Kommunikation* zu tun. Doch die Probleme gehen für PR–Beraterinnen wesentlich weiter. Denn auch die Public Relations selber befinden sich als Profession in einer »ausgewachsenen« Krise:

Das Grundparadigma der bisherigen PR ist unwirksam geworden.

Was damit gemeint ist, sehen wir uns genau an.

Die durchschnittliche PR–Beraterin greift auf ein *einfaches Paradigma* und damit zusammenhängend auf ein *simples Meinungsbildungs–Modell* zurück.

PR-Paradigma ist unwirksam.

Hinter dem üblichen PR–Paradigma steckt die physikalisch–mechanistische Vorstellung einer *PR–Carambolage* – eine PR–Botschaft wird wie eine Kugel auf einem Billardtisch in Gruppen von »Bällen« geschossen, die sich daraufhin in eine von der PR–Beraterin vorgesehenen Richtung bewegen sollen.

Gemäß diesem Konzept werden in der PR–Tagesarbeit PR–Botschaften mittels PR–Instrumenten auf Individuen und Gruppen gelenkt, um Meinungen und Standpunkte dadurch so weit zu bewegen, dass sich deren Gedankengänge und Haltungen in gewünschter Richtung wandeln. Kerngedanke hinter diesem PR–Paradigma ist die Idee der Wirkung eines »Meinungs–Anstosses«, den gezielt abzugeben, die Domäne von PR–Beraterinnen sein soll.

Worum handelt es sich bei diesen PR–Instrumenten, denen solche Meinungs–umwälzende Wirkungen zugesprochen werden? PR–Beraterinnen beschreiben diese Instrumente in der Regel als *»Kanäle«, die wirkungsvolle PR–Texte zielsicher transportieren.*

Laut klassischem PR–Paradigma sind folgende »PR–Kanäle« besonders Erfolg versprechend und werden deshalb häufig genutzt:

- *Pressemitteilungen, die an Redaktionen verschickt werden*
- *PR–Anzeigen, die in Printmedien geschaltet werden*
- *PR–Artikel, die in Printmedien veröffentlicht werden*
- *periodische Printmedien: Kundenzeitschriften, Mitarbeitermagazine usw.*
- *Hörfunk und TV–Beiträge, die vorproduziert werden und an Sender zur Verwendung in deren Beiträge vorgesehen sind*

In neuerer Zeit, nachdem PR-Beraterinnen das Internet für sich als Kommunikations-Plattform erschlossen haben, kommen zahlreiche weitere Kanäle hinzu, die zusätzlich mit PR-Texten »beschickt« werden:

- *Internet-Seiten, auf denen Firmenprofile und Hintergrundinformationen dargestellt werden*
- *mittels Content Managment Systemen (CMS) realisierte »dynamische« Internet-Sites und Plattformen, auf denen laufend aktuelle Presseinformationen und weiteres Textmaterial in großer Menge dargeboten werden*
- *E-Mail-Aussendungen von Pressemitteilungen an Redaktionen und Pressetext-Portale, für die große Medienunternehmen und Presseagenturen automatisierte Verteildienste zur Verfügung stellen*
- *Social Media-Accounts (beispielsweise bei Facebook, Twitter, LinkedIn, tumblr. usw.), die dazu genutzt werden, PR-Botschaften zu präsentieren und weiterzuverteilen*

PR-Beraterinnen sind realistisch genug einzusehen, dass diese Kanäle und die hier eingespeisten Texte nicht von allein wirken. Der über diese Kanäle sowie auf diesen Plattformen und Portalen gegebene »Anstoß« kann Meinungen von Lesern nicht selbsttätig im Sinne der PR-Auftraggeber gestalten. Deshalb wird dieses PR-Carambolagen-Konzept um einen *Meinungsmultiplikations-Ansatz* erweitert: Damit die Texte-Verteil-Maschinerie wunschgemäß funktioniert, meinen sich PR-Beraterinnen so genannter *Meinungsführer* bedienen zu können.[3]

Meinungsführer sollen es richten.

Im Detail wird folgendermaßen argumentiert: Da PR-Leute die von ihnen verbreiteten Inhalte der anvisierten Zielgruppe nicht persönlich vortragen oder diese individuell überzeugen können, werden Meinungsführer um Hilfe gebeten. Diese Multiplikatoren sollen sich der PR-Botschaften annehmen und über die ihnen zu Gebote stehenden direkten Drähte zur Bevölkerung weiterleiten. Beispielsweise Journalisten oder in der Öffentlichkeit auftretende, beliebte Prominente arbeiten gemäß dieses Wirkungs-Konzeptes als »PR-Kraftverstärker« und »Relaisstationen der Meinungsbildung« und übernehmen damit die ausschlaggebende PR-Überzeugungs-Funktion.

Dieses idealisierte, kombinierte Carambolagen/Multiplikatoren-Konzept ist in der PR-Branche allgemein anerkannt, krankt allerdings daran, dass es kaum etwas mit der Kommunikations-Wirkungs-Realität zu tun hat und deshalb nicht zu den erhofften Ergebnissen führen kann.

5. Public Relations: schwindendes Renommee und versandende Kanäle

Schauen wir uns an, warum das so ist:

Zum einen haben PR-Botschaften aus sich heraus keine Überzeugungskraft, sondern rufen stattdessen, sobald sie als PR-Erzeugnisse erkannt werden, bei vielen Medienkonsumenten den Verdacht hervor, dass sie auf einseitige Manipulation abzielen.

PR = Lizenz zum Lügen?

Diesen Verdacht bestätigen ausgerechnet vielzitierte Kommunikations-Wissenschaftler, PR-Experten und PR-Lehrbuch-Autoren öffentlich, indem sie PR-Beraterinnen unter anderem unterstellen, sie arbeiteten vorsätzlich als *professionelle Verbreiterinnen von Unwahrheiten.*[4] Die »Rechtschaffenheit« gängiger PR-Praxis wird dadurch grundsätzlich in Frage gestellt.

Angesichts dieser populären PR-Aversion scheinen PR-Beraterinnen auf einflussreiche Partner angewiesen zu sein, die für sie vermittelnd PR-Botschaften an den Mann und an die Frau zu bringen. In diesem Zusammenhang werden vor allem Journalisten ins Spiel gebracht. Doch können PR-Beraterinnen tatsächlich auf »Meinungsmultiplikatoren« in Zeitungs-Redaktionen und Sende-Studios zurückgreifen?

An diesem Punkt können PR-Leute in der Praxis wenig Hoffnung haben: Der Journalismus bietet PR-Beraterinnen keine solide Meinungsmultiplikations-Wirkung.

Das hat damit zu tun, dass der Journalismus selber in einer großen Krise steckt und seine eigenen Zielgruppen dadurch kaum mehr erreicht. Dazu kommt, dass Journalisten die eigene Krise und die Verschlechterung ihrer Arbeitsverhältnisse zu einem großen Teil auf die Einflüsse von PR–Abteilungen und PR–Agenturen zurückführen. Sie nutzen deshalb immer wieder öffentlichkeitsträchtige Gelegenheiten, sich von den PR–Angeboten aus PR–Abteilungen und PR–Agenturen schroff zu distanzieren.[5]

PR–Beraterinnen suchen in dieser Situation der fehlenden Zugriffsmöglichkeiten auf Presse und Massenmedien nach Alternativen. In der letzten Zeit weichen sie von den klassischen Medienkanälen auf Internet–gestützte Netzwerke aus und versuchen, Social Media–Netzwerke als alternative Multiplikations–Instrumente einzusetzen. Doch die Versuche, ihren PR–Texten durch Social Media alternativ zum Durchbruch zu verhelfen, schlagen regelmäßig fehl. Denn insbesondere die meinungsaktiven Nutzer von »Twitter/Facebook und Co« erwarten, dass auf diesen Meinungsplattformen »echte Kommunikation« und authentische Meinungsäußerung stattfindet. Wer hier Accounts als getarnte PR–Informations–Verteil–Vehikel einsetzt, wird auf Kosten seiner Auftraggeber eine Menge Zeit und Ressourcen wirkungslos vergeuden. Auftraggeber werden darüber hinaus dem Risiko eines gesteigerten Vertrauensverlustes ausgesetzt.

Social Media-Nutzer erwarten »echte« Dialoge.

Wie dieser Vertrauensverlust zustande kommt?

Schauen wir uns die letzten Punkte genauer an, um die Zusammenhänge möglichst genau zu verstehen: Wir beginnen mit der Medien–Krise und betrachten im Anschluss die meinungsaktiven Bürgerinnen und Bürger, die das Internet für ihre Meinungsbildung nutzen.

Massenmedien stehen heute im Verdacht, vor allem den Interessen ökonomisch und politisch privilegierter Eliten zu dienen.

Medienbeobachter kritisieren, finanzstarke Interessenverbände mit einseitigen wirtschaftlichen Interessen hätten vermittelt über große Medienkonzerne Einfluss auf die Berichterstattung und Meinungs–Präsentation einflussreicher Printmedien und elektronischer Medien bekommen. In diesem Zusammenhang verweisen diese Beobachter darauf, dass große wirtschaftspolitische Deregulierungs–Projekte der Vergangenheit wohlwollend von der großen Mehrzahl der Medien begleitet und unterstützend diskutiert wurden. Und als es darum ging, die aus der Deregulierung der Finanzwirtschaft folgende, sich ab dem Jahr 2007 abzeichnende Finanzkrise zu kommentieren, offenbarte der tagesaktuelle Wirtschaftsjournalismus aus Kritikersicht fehlendes Problembewusstsein. Ihm wird heute dürftige Informiertheit und irreführende Orientierung vorgeworfen – Wirtschaftsjournalisten offenbarten große Defizite als Beobachter, Berichterstatter und Kommentatoren der Entwicklung des Finanzmarktes, der Finanzmarktpolitik und schließlich des Ausbruchs der globalen Finanzmarktkrise. Die weltweite Krise des Finanzmarktes und die globale Krise der großen Finanz–Spekulation wurden auf diese Weise zur *Krise des Wirtschaftsjournalismus*.[6]

Finanzkrise verunsichert Wirtschafts-Redaktionen.

Politologen stellen diese Kompetenz–Defizite in den Zusammenhang mit der zunehmend internationalen Geschäftspolitik der Medienkonzerne, die dazu geführt hat, dass deren Interessen immer stärker mit den Interessen großer internationaler Unternehmen und der politischen Akteure und deren Organisationen verflochten wurden:[7]

Handfeste ökonomische und politische Interessen einflussreicher Herausgeber haben eine fortschreitende Medienkonzentration bewirkt. Ergebnis dieser Konzentrations–Dynamik ist unter anderem die konsequente Kommerzialisierung und Ökonomisierung der Massenmedien. Der Fokus ihrer Berichterstattung liegt vor allem auf Negativ–Meldungen, etwa auf dem publikumsträchtigen Ausbreiten privater Skandale prominenter Akteure. Medienkritiker beklagen Effekthascherei und vermissen umfassende, sachliche und kompetente politische Meinungsbildung. Im Durchschnitt haben sich durch fortschreitende Pressekonzentration und Medien–Monopolbildung die Arbeitsverhältnisse in den Redaktionen deutlich verschlechtert und einen oberflächlichen Berichtsstil begünstigt.

Den meinungsaktiven, engagiert kritischen, gebildeten Bürgerinnen und Bürgern ist diese Tendenz der Qualitäts–Verschlechterung nicht verborgen geblieben. Mit der wachsenden Popultarität Internet-gestützter, selbstgeteuerter sozialer Netze schwindet die einstige Meinungsführerschaft so genannter »Qualitätsmedien« zusehends. In diesen Netzen artikulieren sich die gebildeten Mitglieder der Mittelschichten und demonstrieren strategisches Denken, Sprachgewandtheit und zivilgesellschaftliches Selbstvertrauen.[8]

Die einstmals meinungsbildenden Medien haben in diesen Interaktions-Systemen zunehmend weniger Einfluss und sehen ihre Berichterstattung auf dieser Plattform einer unangenehm kritischen Beobachtung ausgesetzt. Als Gegenreaktion betrachten Journalisten in den Redaktionen die in sozialen Netzwerken demonstrierte kommunikative Emanzipation und Selbständigkeit ihrer bisherigen »Kunden« und Leser mit großem Argwohn und bedenken sie mit kritischen Kommentaren.

Ergebnis ist: Den Massenmedien gehen zunehmend Reichweiten und Glaubwürdigkeit verloren, wodurch PR-Beraterinnen als Konsequenz die Multiplikations-Plattform einbüßen, auf der sie in der Vergangenheit ihre Botschaften zu platzieren suchten:

- *Zum einen ist der Einfluss der Medien auf die Zielgruppen von Printmedien und elektronischen Medien geringer – insbesondere im Fall kontrovers diskutierter Themen haben die Medien immer weniger Einfluss auf die Streitparteien.*

- *Zum anderen sind die Ansprechpartner in den Medien für PR-Beraterinnen immer schwieriger zu erreichen. Das hängt damit zusammen, dass zentralisierte Redaktionen heute zunehmend parallel mehrere Titel »versorgen«. Außerdem wird ein großes Arbeitspensum von den Redaktionen auf freie Mitarbeiter verlagert. Auf diese Weise ist es für PR-Beraterinnen schwierig geworden, die Ansprechpartner für ihre Themen zu ermitteln, noch schwieriger mit diesen in Kontakt zu treten oder gar auf ihre Berichte Einfluss zu nehmen.*

Redakteure immer schwerer ansprechbar

Dazu kommt – wie schon kurz erwähnt –, dass Journalisten zunehmend die PR-Branche als Verursacher ihrer häufig unbefriedigenden Arbeitssituation sehen. Statt vor allem das Business-Modell ihres Verlages und das ökonomische Konzept hinter ihrem Medium für die Kommerzialisierung ihres Arbeitsplatzes verantwortlich zu machen, deuten sie häufig darauf, dass in den

PR-Abteilungen großer Unternehmen zahlenmäßig überlegene PR-Redakteure säßen, die bestrebt seien, ihre Arbeit zu beeinflussen, indem sie ihnen beispielsweise massiv „Reklame-lastige" Texte aufdrängten.[9]

Wenn PR-Beraterinnen in dieser Situation gezwungen sind, als ungeliebte und verschmähte »Schwestern« der Redakteurinnen in Printmedien und elektronischen Medien meinungsaktive Zielgruppen auf alternativen Wegen anzusprechen, zeigt sich, wie umfassend die Krise der aktuellen Carambolagen-PR tatsächlich ist:

Der Begriff der Public Relations hat bei den gebildeten Bürgerinnen und Bürgern längst seine Unschuld verloren. Werden Inhalte auf Online-Plattformen und auf Portalen, in Social Media-Netzwerken als PR-Produkte erkannt, werden diese als Reaktion systematisch ignoriert.

Pseudo-Identitäten provozieren Unmut.

Die geübten Internet-Nutzer haben in den letzten Jahren so viel Medienkompetenz entwickelt, dass sie recht schnell durchschauen, ob beispielsweise ein Facebook-Account die authentische Kommunikation eines wirklichen Menschen wiedergibt oder ob hier eine PR-Agentur mit ihren Redakteurinnen tätig ist. Selbst wenn es im Einzelfall PR-Beraterinnen gelingen sollte, die »inszenierte« Urheberschaft von Beiträgen zu verschleiern, droht dem Auftraggeber im Fall des Aufdeckens in den sozialen Netzen ein Manipulations-Skandal mit großer Publizität und ein ebenso großer Glaubwürdigkeitsverlust. Experimente mit »Fake-Identitäten« und »Pseudo-Kommunikation« in sozialen Netzwerken sind deshalb mit großen Risiken verbunden.

Abschluss des Kapitels

Diese schwerwiegende PR- und Kommunikations-Krise verdiente es, in weiteren, gewiss hochinteressanten Problem-Details diskutiert zu werden. Doch unser Thema ist kreative PR und die Vorstellung eines innovativen Konzeptionsverfahrens, das wir für die Entwicklung von wirkungsvollen Kommunikations-Lösungen einsetzen können.

In diesem Kapitel haben wir unsere neuen analytischen Möglichkeiten für eine knappe Untersuchung genutzt: Wir haben die gesellschaftliche Grundkonstellation und das Hauptarbeitsfeld von PR-Beraterinnen sondiert und dabei bisher übliche Vorgehensweisen kritisch beleuchtet.

Wir haben am Beispiel des PR-Carambolagen-Paradigmas gesehen, wie schwierig bis aussichtslos es ist, wirkungsvoll Maßnahmen zur öffentlichen Meinungsgestaltung zu entwickeln und einzusetzen, ohne über einen empirisch-wissenschaftlich begründeten Ansatz zu verfügen. Auch das Meinungsmultiplikatoren-Konzept verhilft in der Praxis zu keinen planbaren und tragfähigen Kommunikations-Lösungen.

Dennoch sind erfolgreiche Public Relations möglich. Dass sie notwendig sind, hat die Darstellung der aktuellen Situation gesellschaftlicher Kommunikation in vielen Details gezeigt.

Quellenhinweise und Anmerkungen

1. Mouffe, Chantal; *»›Postdemokratie› und die zunehmende Entpolitisierung«*; in: Aus Politik und Zeitgeschehen (APuZ); 1–2/2011; Bonn 03.01.2011; S. 4

2. Crouch, Colin; *Postdemokratie*; Frankfurt 2008

3. Vergleiche:

   - Droste, Heinz W. ; *Kommunikation – Planung und Gestaltung öffentlicher Meinung. Band 2: Mechanismen;* Neuss 2011; S. 489–510

4. So schreibt Publizistikprofessor Michael Kunczik aus Mainz in seinem PR-Lehrbuch ‹*Public Relations. Konzepte und Theorien*›; Stuttgart 2010 auf Seite 39:
   »Die Versuche, PR und Propaganda zu unterscheiden, sind allerdings lediglich semantische Spielereien (...) «
   und weiter auf Seite 42:
   »Der PR-Praktiker Klaus Kocks hat es in einem Interview im prmagazin (...) auf den Punkt gebracht: »Natürlich darf ein PRManager lügen.« Soviel zur Ethik der PR (...).«
   Kommunikationsprofessor Klaus Merten aus Münster kann in einem im Internet verbreiteten Manuskript zum Thema ‹Der gesellschaftliche Bedarf für Täuschung› diese Meinungen vollauf bestätigen:
   »Fragt man einen PR-Schaffenden (PR-Berater, PR-Manager, Kommunikations-Manager etc.) was sein Beruf ist, so erhält man in aller Regel weder eine schnelle noch eine klare und erst recht keine erschöpfende Antwort. Der Grund dafür ist durchaus bekannt, wird aber ungern thematisiert und schon gar nicht gern zugegeben: PR schließt letztlich eine Strategie wirksamer Täuschung resp. robuste Techniken erfolgreicher Manipulation von Wahrnehmung ein.«

5. *Vergleiche:*

   - Schiffer, Sabine ; *»Informationsmedien in der Postdemokratie. Zur Bedeutung von Medienkompetenz für eine lebendige Demokratie«*; in: in: Aus Politik und Zeitgeschehen (APuZ); 1–2/2011; Bonn 03.01.2011; S. 27–32.

6: *Vergleiche:*

- Arlt, Hans–Jürgen; Wolfgang Storz; *Wirtschaftsjournalismus in der Krise. Zum massenmedialen Umgang mit Finanzmarktpolitik*; Eine Studie der Otto Brenner Stiftung, Frankfurt/Main 2010.

7: *Vergleiche:*

- Crouch, Colin; *Postdemokratie*; Frankfurt 2008, S. 63–9

- Droste, Heinz W. ; *Kommunikation – Planung und Gestaltung öffentlicher Meinung. Band 2: Mechanismen;* Neuss 2011; S. 587–604

8: *Vergleiche:*

- Jörke, Dirk; »*Bürgerbeteiligung in der Postdemokratie*«; in: Aus Politik und Zeitgeschehen (APuZ); 1–2/2011; Bonn 03.01.2011; S. 13–18

- Böhnke, Petra; »*Ungleiche Verteilung politischer und zivilgesellschaftlicher Partizipation*«; in: Aus Politik und Zeitgeschehen (APuZ); 1–2/2011; Bonn 03.01.2011; S. 18–25

9: »*Ich hasse es zu sagen, aber für die vielen Journalisten, mit denen ich mich unterhalte ist der Ausdruck **PR–Profi** zu einem Synonym für **Spammer** geworden.*« schreibt der Amerikaner und Online–Experte David Meerman Scott in seinem Bestseller »*Die neuen Marketing– und PR–Regeln im Web*« (Seite 375; Heidelberg/München/Landsberg/Frechen/Hamburg 2010).

»Es ist schwieriger,
eine vorgefasste Meinung
zu ändern,
als Atome zu spalten.«

Albert Einstein

Schritt 6:

Mechanismen in Stellung bringen

1. Sind PR-Beraterinnen professionelle Lügnerinnen?

Wir haben im vorherigen Kapitel die aktuelle Krise der gesellschaftlichen Kommunikation betrachtet. Wie gesehen bewegen sich PR-Verantwortliche und PR-Beraterinnen in diesem in Bewegung geratenen Feld nicht nur auf unsicherem Boden. Ihre Arbeit und Vorgehensweisen haben durch die Erschütterungen bisher üblicher Kommunikations-Routinen schwerwiegend an Ansehen verloren.

Im Zuge der skizzierten Kommunikations-Krise prangern Kritiker Public Relations mit abfälligen Begriffen wie »Manipulation« und »professionelles Verbreiten von Lügen« an. Dieses angeschlagene Image verbinden Beobachter mit dem Verdacht, dass der PR-Berufsstand Auftraggebern kaum wirkungsvolle Dienstleistungs-Angebote machen kann: Was können all diese von PR-Leuten verbreiteten Pressetexte und Pressemitteilungen sowie mit PR-Botschaften vollgestopfte Social Media-Accounts bewirken, wenn Journalisten und meinungsaktive Mitbürger PR-Aktivitäten grundsätzlich mit größtem Misstrauen begegnen?

Wir werden uns in diesem Kapitel im ersten Schritt mit dem angeschlagenen Ruf der Public Relations beschäftigen und diesen weitgehend wieder herstellen. Solche Störungen haben bekanntlich Vorrang.[1] Mit dem Verdacht der Wirkungslosigkeit von PR beschäftigen wir uns bei unserer »Verteidigungsaktion« in der zweiten Hälfte dieses Kapitels im Detail.

Nehmen wir uns also des Vorwurfs an, PR-Leute lügen oder täten sich durch die gesteigerte Neigung zu manipulieren hervor. Hier gibt es ein paar Missverständnisse, die leicht auszuräumen sind.

Manipulations-Vorwurf ist unberechtigt.

Der Vorwurf ist ungerechtfertigt. PR-Beraterinnen lügen nicht häufiger als die Vertreter anderer Professionen. Sie greifen eher weniger häufig zu Unwahrheiten als andere Berufsvertreter, die dabei sogar wesentlich stärker als die PR im Blick der Öffentlichkeit stehen.

Beschäftigen wir uns zunächst mit dem Feld »professioneller Verbreitung von Unwahrheiten«:

Psychologischen Untersuchungen zufolge ist der Mensch als sozialer Akteur geradezu ein Wahrheits–meidendes Wesen. Forschungen deuten an, dass erwachsene Personen mehrmals täglich Gesprächspartnern gegenüber unangenehmen Wahrheiten ausweichen – zum einen aus Höflichkeit, um diese Mitmenschen vor »schmerzhaften« Erkenntnissen zu schützen, und zum anderen um einer unangenehmen Diskussion vorzubeugen (*»Leider bin ich heute Abend schon verabredet – vielleicht ein anderes Mal!«* dient dazu, fehlendes Interesse an einem Mitmenschen zu kaschieren). Und Hand aufs Herz: Im Alltag ist wahrscheinlich kaum ein *»Guten Tag«* vollkommen ehrlich gemeint, oder?

Insoweit haben wir alle mit täglich neuen Unwahrheiten zu tun. Doch wie sieht es mit berufsmäßigen Lügnern aus? Gibt es die?

Ja – die gibt es! In vielen Professionen ist Unehrlichkeit ein systematisch eingesetztes strategisches »Werkzeug«:

Beispiele professioneller Lügner

- *Mediziner retten oder verlängern ein ums andere Mal traumatisierten Patienten das Leben, indem sie ihnen Illusionen über ihren »wahren« Gesundheitszustand machen.*
- *Juristen empfehlen ihren Mandanten und deren Angehörigen, Wahrheiten zu verschweigen, um sich nicht selbst in einem Gerichtsprozess zu belasten.*
- *Mitarbeiter in Personalabteilungen nutzen bei der Abfassung von Arbeitszeugnissen virtuos sprachliche Täuschungsmethoden und Verschlüsselungstechniken (Beispiel für eine Formulierung mit Täuschungsabsicht: »Aufgrund seiner anpassungsfähigen und freundlichen Art war er im Betrieb sehr beliebt.« – dekodierte Botschaft: »Er hatte während der Arbeitszeit ein Alkoholproblem.«).*
- *Politiker halten staatswichtige Wahrheiten systematisch zurück und drohen denen, die diese Wahrheiten verbreiten mit hohen Gefängnisstrafen und sogar mit der Todesstrafe – das galt nicht nur im Mittelalter, wie die Aktivisten der »Wahrheits–Plattform« WikiLeaks erfahren mussten.*
- *Kulturschaffende – etwa Schriftsteller – leben davon, dass sie Lebensgeschichten verfälschen, Handlungsabläufe »herbeilügen« und grundsätzlich »kreativen Umgang« mit Wahrheiten pflegen.*

Den Leserinnen und Lesern fallen wahrscheinlich weitere Berufsgruppen ein, die auf die eine oder andere Art vom Verbreiten von Unwahrheiten bzw. vom Zurückhalten von Wahrheiten profitieren. Alle diese Professionen zeichnen sich dadurch aus, dass sie zum einen dringend der Lüge bzw. der Verschleierung der Wahrheit bedürfen, um ihrer Arbeit nachgehen zu können, und zum anderen, dass professionelles Lügen bei ihnen toleriert, wenn nicht gar von ihnen erwartet wird.

PR-Lügen haben toxische Wirkung.

Angesichts dieser Beispiele wird deutlich, dass gerade PR–Beraterinnen es diesen Berufsgruppen nicht gleichtun und nicht auf diese Weise Unwahrheiten als »Arbeitsinstrument« einsetzen können. Denn bei der Nutzung von Unwahrheiten ertappte PR–Verantwortliche riskieren als Konsequenz unmittelbar ihre Arbeitsfähigkeit zu verlieren, zum Beispiel für lange Zeit Publikum und Kooperationspartner für ihre Aktivitäten zu verlieren.

Beispiel: Wer einmal eine Redaktion bewusst angelogen hat, wird Jahre brauchen, um wieder für seine Presseinformationen bei den betreffenden Journalistinnen und Journalisten Gehör zu finden. Besonders unangenehm ist, dass die angelogene Redaktion die zu Tage getretene Unehrlichkeit in der Regel öffentlich macht und im Kollegenkreis bekannt macht.

So gesehen geht die Behauptung, PR–Beraterinnen wären »professionelle Lügnerinnen« an den Tatsachen und der PR–Berufs–Realität vorbei. Eher sind »Vertrauen« und »Vertraulichkeit« ihre typischen PR–Arbeitsinstrumente – Werkzeuge, deren Eigenart es ist, durch Lügen und Unwahrheiten unmittelbar unbrauchbar zu werden.

Wie kommt es zustande, dass die »Lügen–Annahme« immer wieder mit dem Brustton der Überzeugung selbst von »Kommunikations–Experten« formuliert wird?

Wahrscheinlich hat dies damit zu tun, dass viele dieser »PR–Gegner« nicht wissen, wie der Arbeitsalltag von PR–Beraterinnen in der Realität aussieht und wie diese im Detail bei ihrer Projektarbeit vorgehen. Ihre vernichtende Beurteilung und Behauptung fehlender Glaubwürdigkeit speist sich durch von Kritikern jenseits der Realität ersonnenen Fantasien und Verschwörungs–Visionen.

2. Woher kommt die hartnäckige PR–Aversion unter »Kommunikations–Experten«?

Wer beim Auftreten einer typischen PR–Aversion nachfragt, wird feststellen, dass PR–Kritiker Begriffe wie »Public Relations«, »Werbung«, »Reklame« usw. häufig synonym einsetzen und hier einen undifferenzierten Beeinflussungs–Komplex voraussetzen wollen. Daran zeigt sich, dass sich hinter der Manipulationsbehauptung faustdicke Vorurteile eingenistet haben – Vorurteile, denen PR–Beraterinnen bedauerlicherweise schwer beikommen können. Denn wer einmal als Lügnerin dasteht, dem ist und bleibt das Feld der Wahrheiten verschlossen, wie das berühmte Paradoxon des Epimenides, dem Kreter, zeigt, der auf Kreta sprach: »Alle Kreter sind Lügner.« – einem Lügner wird paradoxerweise selbst dann nicht geglaubt, wenn er sich zu seiner Lügen–Passion bekennt. Offenbar ist jede Wahrheits–Beteuerung vom Standpunkt der PR aus von vornherein mit dem Fluch einer »sich selbst zerstörenden Ehrlichkeits–Behauptung« gezeichnet.

»Alle Kreter lügen!«

Dennoch sind die Versuche, die Anstößigkeit von PR zu belegen, grundlegend realitätsfremd. PR–Maßnahmen haben stattdessen das Potenzial, legitime Interessen und Bedürfnisse auf legitime Weise zu vertreten und gegenüber widerstreitenden Interessen durchzusetzen. Public Relations spielen deshalb in einer Demokratie eine wichtige Rolle, etwa beim Geltendmachen von Bedürfnissen sozialer Gruppen, deren Interessen von großen politischen Parteien und anderen politischen Organisationen noch nicht ausreichend vertreten werden – etwa der Interessenvertretung von Menschen mit sozialen Handicaps oder körperlichen Behinderungen.

Manches Mal kommt bei betroffenen PR–Leuten deshalb der Verdacht auf, das »PR–Lügen–Axiom« würde bewusst und geschickt ins Werk gesetzt von Autoren, die es besser wissen und Public Relations gezielt als Kommunikations-Instrument anrüchig machen, um dadurch ihre eigenen politischen Interessen ungestört verfolgen zu können.

Nun – um keine Missverständnisse aufkommen zu lassen: Hier soll nicht gesagt werden, »PR-Beraterinnen lügen nie«. Es mag Fälle von leichtsinnigen PR-Leuten geben, die sich tatsächlich zum Weitergeben von Unwahrheiten hergeben und dabei große Risiken eingehen. Es sollte allerdings nach den bisherigen Überlegungen deutlich sein, dass das Lügen kein Spezifikum des PR-Berufs ist. Lügen pflegen für diese Profession äußerst kontraproduktive Konsequenzen zu haben und müssen von PR-Beraterinnen mit großer Sorgfalt gemieden werden.

Bleiben wir aber noch ein paar Gedankengänge lang beim PR-Täuschungsvorwurf: Woher kommt diese ständig wiederholte Behauptung der Nähe der PR zu Manipulation und Verbreitung von Unwahrheiten gerade von akademischer Seite? Wenn wir uns die Kommunikations-Theorien dieser Kritiker vergegenwärtigen, können wir diese Frage schlüssig beantworten.

Die »geistige Heimat« der PR-Kritik

Die Vorstellung von der zentralen »Lügen-Kompetenz« der Public Relations hat wie gesehen zum einen mit einer beschränkten und laienhaften Sicht auf das PR-Arbeitsfeld zu tun. Diese beschränkte Sicht ist aufgrund der berufsbedingten Realitäts-Ferne unter Universitätsprofessoren verbreitet.[2] Dazu tritt ein wissenschaftsphilosophisches Vorurteil, das insbesondere Geisteswissenschaften nahe stehenden Autoren und Dozenten Probleme macht. Viele dieser akademischen Beobachter gesellschaftlicher Interaktionsprozesse vertreten ein »literarisches« Konzept gesellschaftlicher Kommunikation. Dieses in den 60er- und 70er-Jahren des letzten Jahrhunderts vorherrschende Konzept sozialwissenschaftlich diskutierender Intellektueller ist die »geistige Heimat« vieler heutiger PR-Kritiker. Diese begreifen Kommunikation vor allem als Austausch von Inhalten und von Texten – so wie es ihnen in philosophischen Debatten rund um das Jahr 1968 immer wieder vorformuliert worden ist. Interaktionsabläufe empirisch-wissenschaftlich als reale soziale Prozesse zu analysieren und die gestaltenden Meinungsbildungs-Mechanismen dahinter zu erklären, haben sie weder gelernt noch jemals praktiziert.

Sie verfolgen – wie es Wissenschaftstheoretiker ausdrücken – eine »textualistische« bzw. »hermeneutische« Weltsicht. Sie unterstellen naiv, dass es bei gesellschaftlichen Kommunikationsprozessen vor allem um die Verbreitung von Verstandes-Argumenten und den Widerstand gegen diese Vernunfts-Äußerungen geht (»Dialektik« der gesellschaftlichen Kommunikation). Im Anschluss an philosophische Autoren der deutschen idealistischen Tradition setzen sie dabei voraus, dass Ideen, Wahrheiten und rationale Begründungen im rationalen Diskurs eine sich selbst verwirklichende Wirkung haben.

Eine kleine axiomatische PR-Theorie

Mit dieser »idealistischen« Brille vor den Augen strickt sich der akademische PR-Kritiker dann Schritt für Schritt seine kleine *axiomatische PR-Theorie* – »axiomatisch«, weil er seine Hypothesen aufstellt, ohne empirische Belege für deren Übereinstimmung mit der Realität zu liefern:[3]

- *Es ist das Wesen der Kommunikation, dass Diskussionen rhetorisch entschieden werden – der eine Redner kann gut und wirkungsvoll formulieren, der andere nicht. Der eine obsiegt, der andere hat das Nachsehen.*

- *Die Kraft der Rhetorik liegt in der Macht der Argumente: Der eine Redner hat die besseren Argumente, der andere die schlechteren. Die besseren und vernünftigeren Argumente setzen sich automatisch durch, so lange keine Manipulationen dies gewaltsam verhindern.*

(Nun kommen die Public Relations ins Spiel:)

- *Wer die besseren Argumente und die Wahrheit auf seiner Seite hat, braucht keine PR, denn Wahrheit und die richtigen Argumente überzeugen von allein.*

- *Wer aber Unrecht hat und nicht die richtigen Argumente auf seiner Seite hat, bedarf der PR – d.h., er braucht Werkzeuge, mit deren Hilfe er gegen die Wahrheit und gegen die richtigen Argumente angehen kann. Da er die Wahrheit nicht auf seiner Seite hat, muss er »neue Wahrheiten« erfinden, indem er zu Lüge und Manipulation greift.*

- ***Fazit:** Wer PR betreibt oder in seinem Namen betreiben lässt, ist ein Lügner und Manipulator. Wer die Wahrheit auf seiner Seite hat, bedarf nicht der Public Relations. –* ***q.e.d.***

Da sich diese »dialektische« und »post-idealistische« Betrachtung gesellschaftlicher Kommunikation aus empirisch-wissenschaftlicher Perspektive wie gesehen recht einfach als realitätsferne Lehnstuhl-Philosophie des vergangenen Jahrhunderts enttarnen lässt, können wir die PR-Kritik, die aus dieser Richtung kommt, guten Gewissens vernachlässigen.

3. Sind Public Relations unwirksam?

Das heißt nun nicht, dass wir uns versöhnen müssen mit dem Zustand der gegenwärtigen Public Relations. Ganz und gar nicht. Hier gibt es vieles, was zu kritisieren ist. Und damit kommen wir, wie zu Beginn dieses Kapitels angekündigt, zu dem Vorwurf der mangelhaften Effektivität von PR-Maßnahmen.

Uns geht es in der Folge darum zu zeigen, wie PR und insbesondere die PR-Konzeption als wirkungsvolle Soziotechnologie zur Gestaltung von öffentlicher Meinung zu praktizieren sind.

Wirksamkeit laufend kritisch beobachten

Um diese Wirksamkeit zu erreichen, haben PR-Beraterinnen ihre Vorgehensweisen von einer empirisch-wissenschaftlichen Perspektive aus kritisch zu betrachten und ständig zu optimieren.

In der heutigen PR-Praxis lässt sich ein entsprechendes Ausrichten von Maßnahmen an Wirksamkeits-Kriterien noch wenig beobachten. Infolgedessen haben PR-Beraterinnen mit massiven Problemen zu tun, Wirksamkeit tatsächlich zu erreichen.

Manche PR-Routinen haben offenbar sogar die Funktion, Wirkungslosigkeit von Maßnahmen regelrecht zu kaschieren. Bevor diese Einsicht wieder als »Futter« der pauschalen PR-Kritik zweckentfremdet wird, betrachten wir folgenden Hinweis: Diese Verschleierungs-Strategien sind kein Spezifikum des PR-Metiers – diese Strategien sind in vielen Bereichen von Wirtschaft und Politik verbreitet und führen hier nicht nur zum Qualitätsverlust von Dienstleistungen, sondern auch zu ernsten gesellschaftlichen Problemen und Krisen.

Colin Crouch hat diesen typischen Qualitätsverlust anschaulich in seinem bereits im vorhergehenden Kapitel erwähnten, vielbeachteten Werk »Postdemokratie« beschrieben: Dienstleister und andere Unternehmer, die ihren Zielgruppen höchste Effektivität in Aussicht stellen, haben das Problem, dass tatsächliche Wirksamkeit große *Kompetenz* und großen *Arbeitsaufwand* voraussetzt.[4] Unter betriebswirtschaftlichem Druck sind diese beiden »Güter« derart knapp, dass sich die betreffenden Leistungserbringer darauf verlegen, Kunden statt Wirksamkeitsbelege »Ergebnis–Surrogate« zu präsentieren. Diese Leistungs–Substitute bringen nach Crouchs Meinung fatale »Verzerrungen« mit sich.

Im Feld der Public Relations äußern sich solche typischen Verzerrungen darin, dass PR–Beraterinnen – statt verabredungsgemäß Wirksamkeit in Bezug auf spezifische Kunden–Ziele zu erreichen – Resultate vorlegen, die sie durch die Arbeit an alternativen, leichter zu verwirklichenden Kommunikations–Zielen erreichen. Fällt einem aufmerksamen PR–Klienten dieses »Ausweichmanöver« auf, verwandelt sich die PR–Beraterin in eine »Krisenmanagerin in eigener Sache«. Sie hat auf der einen Seite das Ausbleiben der erwarteten Leistungen zu rechtfertigen und auf der anderen Seite die Substitut–Resultate schmackhaft zu machen – wie erfahrene PR–Praktikerinnen bestätigen werden: eine höchst unangenehme Aufgaben–Mischung.

Wir werden umgehend anhand konkreter Beispiele verfolgen, wie solche Verzerrungen im PR–Alltag zu Stande kommen. Um die dabei relevanten Mechanismen besser zu verstehen, greifen wir vorher nochmals auf Colin Crouchs Überlegungen zurück:

Verzerrungen durch falsche Indikatoren

Crouch zeigt, dass es im Wirtschaftsleben häufig Zweifel an den hier verwendeten *Leistungs–Indikatoren* gibt. Als Beispiel verweist er auf den Börsenwert von Aktien, der häufig eine verzerrte, fehlleitende Einschätzung des längerfristigen Wertes des betreffenden börsennotierten Unternehmens bewirkt. Der US–amerikanische Ökonom und Nobelpreisträger Joseph E. Stiglitz macht deutlich, welche verheerenden Wirkungen dieser Verzerrungs–Effekt des Indikators »Börsenwert« in einer Nationalökonomie haben kann. Denn an diesen Indikator sind unter anderem die Gehälter von Führungskräften geknüpft[5]:

> *»Da die Vergütung der Vorstände nicht an die langfristige Ertragsentwicklung, sondern an den Kurs der Aktie gekoppelt ist, tun die Vorstände verständlicherweise alles in ihrer Macht stehende, um den Aktienkurs nach oben zu treiben – auch wenn es dazu kreativer Buchführung oder gar Bilanzbetrug bedarf.«*

Die Fokussierung auf den Indikator Börsenwert bringt offenbar statt Klarheit eine »Verzerrung« mit sich, die schwerwiegendes Fehlverhalten provozieren kann.

Warum werden überhaupt solche Indikatoren gewählt? Der Wert eines Wirkungs-Indikators sollte darin liegen, verlässlich und exakt die Qualität zu messen, auf die es dem Betrachter ankommt. Crouch beschreibt, dass sich betroffene Personen besser fühlen, wenn sie annehmen können, dass es Kriterien – Indikatoren – gibt, die zeigen können, wie Dinge wirken und inwieweit verantwortliche Personen Fortschritte bei ihrer Leistungserbringung machen. Lenkt dieser Indikator den Blick allerdings auf einen nicht relevanten Aspekt, können Leistungen und ihre Auswirkungen komplett aus dem Blick geraten. Es bedarf dann eines »renitenten« Kritikers, der den vorgeschobenen Indikator zur Seite stößt und stattdessen die Aufmerksamkeit wieder auf die erwartete Qualität von Leistungen lenkt.

4. Was verzerrt die Wirkungen von Werbung und PR?

Typische Verzerrungs-Effekte der Kommunikations-Branche

Werden wir »renitent« und schauen uns den typischen Verzerrungseffekt im Feld der Kommunikationsprofessionen an:

In diesem Feld ist es selbstverständlich nicht der Indikator »Börsenwert«, sondern ein entsprechendes Kriterium, das dem Börsenwert allerdings ähnelt: die »Bekanntheit«. Statt mühsam Ursache-Wirkungsketten nachzugehen, dreht sich bei der Beurteilung von Kommunikations-Maßnahmen alles um die sich aus ihnen ergebende Bekanntheit von Dienstleistungen und Produkten.[6]

Diese Fokussierung auf den »Bekanntheits-Wert« bei der Diskussion von Kommunikations-Resultaten ist keine Erfindung von PR-Beraterinnen. Die Konzentration auf Bekanntheit und damit zusammenhängend auf den »Erinnerungs-Wert«, auf den »Recall«-Wert einer Anzeige oder eines TV-Spots ist die »Errungenschaft« der Werbung und der für sie arbeitenden Media-Strategie-Berater. Die Qualität einer Werbestrategie entspricht vermeintlich der Qualität, der durch sie bewirkten Recalls

Bekanntheit ist deshalb ein erfolgreicher Werbewirkungs-Indikator, weil er recht einfach eingesetzt werden kann. Mittels eines kleinen Fragebogens kann von wenig geschulten Interviewern in der Einkaufszone einer Stadt spontan erhoben werden, ob sich die Passantinnen und Passanten an die Werbung für Produkt »X« erinnern und sich vergegenwärtigen können, den betroffenen Produktnamen schon einmal gehört zu haben.

Recall-Fixierung der Werbung

Im Berufsalltag von Werbeagenturen führt die Fixierung auf den Bekanntheitswert dazu, dass Kommunikations-Maßnahmen systematisch darauf zugeschnitten werden, möglichst effektiv hohe Recall-Werte zu provozieren. Aber genauso wie im Fall des oben betrachteten Börsenwertes führt diese Recall-Fixierung dabei oft zu Verzerrungen statt zu erhöhter Wirksamkeit.

Warum?

Der einfachste Weg, im Gedächtnis der Betrachter haften zu bleiben, ist die Nutzung spektakulärer Irritationen der Wahrnehmungs-Gewohnkeiten und des durchschnittlichen ästhetischen Empfindens von Medienkonsumenten. Vor diesem Hintergrund greifen ambitionierte Werber zur Provokation. Es lassen sich durch provokante Anzeigenmotive und TV-Spots hohe Recall-Werte sicher erreichen. Ob dabei spezifische Kommunikations-Ziele erreicht werden

- *wie Einstellungs-Veränderung in Bezug auf ein Produkt oder eine Marke,*
- *Erhöhung von Commitment oder Sympathiewerten,*
- *Überzeugung von der Stichhaltigkeit der Qualitäts-Argumentation hinter einem Markenkonzept*

bleibt außerhalb des Werbungs-Bewertungs-Horizonts.

So können Produkt-Werbekampagnen insoweit äußerst »erfolgreich« sein, als sie zwar hohe Recall-Werte bei den Zielgruppen erreichen, während Absatzzahlen nach Kampagnen-Durchführung dennoch nicht ansteigen oder sogar stagnieren. Weder Leserzahlen in Printmedien, Einschaltquoten im Fernsehen noch Klick-Zahlen im Internet allein machen aus einer *wahrgenommenen Kampagne* bereits eine *wirkungsvolle Kampagne*.

In den Public Relations wird entsprechend versucht, mittels Bekanntheits-Indikatoren Wirksamkeitsbeweise zu »simulieren«. Vertreter von PR-Agenturen beispielsweise argumentieren häufig, sie könnten für die Botschaften ihrer Klienten hohe Akzeptanz erreichen, indem sie vor allem für die Bekanntheit des Klienten und dessen Organisation sorgen. Den »Erfolg« der Agentur-Arbeit belegen sie deshalb vor allen Dingen anhand des Nachweises von gestiegener Bekanntheit – etwa durch die Vorlage von Beispielen der Erwähnung des Klienten in den Medien.

Bekanntheit ist nicht gleich Akzeptanz.

Inwieweit die Botschaften des Klienten tatsächlich aufgrund der durchgeführten PR-Maßnahmen höhere Akzeptanz bei der Zielgruppe finden, bleibt ungeklärt. Infolgedessen gibt es regelmäßig Beispiele von PR-Kampagnen, die zu einer hohen Bekanntheit von Personen, Unternehmen oder Institutionen führen, aber letztlich keine Akzeptanz für Botschaften bei Zielgruppen erreichen.

Die Verzerrungs-Wirkung durch die Nutzung des Bekanntheits-Indikators lässt sich an mannigfaltigen Methoden betrachten, von PR-Kunden erwartete Kommunikations-Wirkungen zu substituieren.

Beispiel: In der Vergangenheit weit verbreitet war der Ansatz, die von PR-Beraterinnen gewünschte Bekanntheit anhand von Erwähnungen in der Presse per Abdruck-Beleg – »Clipping« – eines PR-Artikels zu belegen. Das führte dazu, dass von Brancheninsidern Methoden entwickelt wurden, um kostengünstig zu »künstlich« hohen Abdruckquoten zu kommen. PR-Beraterinnen bedienten sich dazu so genannter »Materndienste«, die vorgefertigte kleine PR-Artikel für wenig Geld an ausgewählte Tageszeitungen und schwerpunktmäßig an Anzeigenblätter verteilten, die diese als »Gratis-Raumfüller« auf unattraktiven Kleinanzeigenseiten weit ab vom redaktionellen Teil nutzten. Der Abdruck der betreffenden kleinen PR–Artikel ist für Meinungsbildungsprozesse mehr oder weniger wirkungslos, wenngleich die Präsentation entsprechender Abdrucke bei unerfahrenen PR–Klienten durchaus Medienecho zu suggerieren vermag.

Im Internet–Zeitalter gibt es Möglichkeiten, auf entsprechende Weise Aufmerksamkeit des Publikums digital vorzutäuschen.

Wirkungs-Verzerrungen digitaler PR

Beispiele: Es bieten sich heute zahlreiche »Artikel–Verteildienste« dazu an, PR–Texte für wenig Geld automatisch auf Hunderten von Internet–News–Portalen einzustellen. Als Belege für den »Publikations–Erfolg« erhalten die PR–Beraterinnen als Dienst–Nutzer seitenlange Listen mit Links auf die betreffenden PR– und News–Portale. Diese Internetseiten sind realistisch betrachtet nichts anderes als »digitale Text–Friedhöfe«, auf denen PR–Botschaften für einige Zeit verwahrt, aber kaum einmal den Weg ins Bewusstsein irgendwelcher Leser finden werden.

Auch im Bereich der Social Media – etwa für Facebook und Twitter – haben findige IT–Spezialisten Wege gefunden, Bekanntheits– und Kommunikations–Wirkungen zu simulieren. Hier knüpfen Programme automatisch künstliche Verbindungen zwischen PR–Seiten und zahlreichen, vermeintlichen »Facebook–Freunden« oder sie bewirken, dass Twitter–Accounts automatisch Tausende von »gekauften« Verfolgern vorweisen können. Dass hierdurch reale Meinungsbildungsprozesse angeregt werden, ist unwahrscheinlich. Eher wahrscheinlich ist, dass PR–Botschaften durch diese Kunstgriffe Risiken der Manipulation von außen ausgesetzt werden. Große Facebook–Freundeskreise und verzweigte Twitter–Verfolgergruppen bieten für »Anschläge« von Außen eine große Angriffsfläche. Hier können Einzelpersonen mit relativ wenig Aufwand lawinenartige Kampagnen gegen den guten Ruf von Accountbetreibern und gegen deren PR–Botschaften initiieren.

Nachdem die PR–erfahrenen Leserinnen und Leser diese Beispiele gelesen haben, fallen ihnen gewiss viele weitere Wirkungs–verzerrende PR–Vorgehensweisen ein – eine gute Gelegenheit, darüber nachzudenken, die eine oder andere aus ihrem PR–Portfolio zu verbannen.

Wir schließen mit diesen Praxis-Beispielen unsere »renitente« Betrachtung der Public Relations und der darin auftretenden Verzerrungseffekte ab. Wir halten uns nicht weiter mit der Kritik auf, sondern fragen stattdessen nach Alternativen:

Können PR-Maßnahmen kreativ gestaltet und mit Blick auf Wirksamkeit optimiert werden?

Die Antwort ist:

Das geht – ansonsten müssten wir PR-Beraterinnen empfehlen, umgehend nach einem anderen Beruf Ausschau zu halten.

Wir benötigen dazu allerdings eine solide Arbeitsbasis. Unter anderem ist zunächst einmal herauszuarbeiten, wie gesellschaftliche Kommunikationsprozesse funktionieren und wie darin ablaufende Meinungsbildungsprozesse wirken.

Sobald wir den »Schlüssel« zu diesen Wirkungsweisen haben, können wir Maßnahmen entwickeln, die systematisch Meinungsbildungs-Mechanismen nutzen.

Start in den zweiten Teil des Kapitels

Wir werden als nächstes die Operationsweise dieser Mechanismen anhand einer Fallgeschichte kennen lernen. Dabei wird unser neues Analyse-Instrumentarium wesentliche Aufgaben zu erfüllen haben. Aufgrund des Einblicks, den wir dadurch gewinnen, verfügen wir im Anschluss über die konzeptionellen Voraussetzungen nachweisbar wirkungsvoller Maßnahmen.

Die folgende Fallgeschichte versetzt uns zurück in den »arabischen Frühling« des Jahres 2011 ...

5. Fallstudie: Erfolgsformel für Social Media-Strategien entdeckt?

Social Media sind in aller Munde. Die einen sind begeistert von den neuen Kommunikations-Kanälen, andere fürchten um die Kommunikations-Kultur und um den Bestand unseres gewohnten Medienangebots.

Lösen wir uns von vorschnellen Werturteilen und beschäftigen wir uns mit folgender Fragestellung:

Welchen Einfluss haben Social Media tatsächlich auf Meinungsbildungsprozesse? Welche Risiken und welche Chancen bieten sie uns in Zukunft?

Zu diesen Fragen gab es bisher keine schlüssigen Antworten.

Studie der University of Washington

Einen guten Eindruck davon, wie Social Media wirken, welche Faktoren sie voraussetzen und welche Auswirkungen sie auf Massenkommunikation haben, zeigt eine Studie, die ein Team von Kommunikationswissenschaftlern an der University of Washington vorgelegt hat. Im Rahmen des PITTPI (»Project on Information Technology and Political Islam«) haben sie detailreich die Rolle der Social Media während des arabischen Frühlings untersucht.[7]

6. Social Media-Strategien: Was lernen wir aus dem arabischen Frühling?

Bisher war das, was über die Rolle der Social Media im arabischen Frühling diskutiert wurde, verkürzt und spekulativ.

Die Wissenschaftler und Autoren der Washingtoner Studie waren bestrebt, hier Abhilfe zu schaffen. Dabei konzentrierten sie sich auf die Vorgänge in Tunesien und Ägypten. Für diese beiden Länder standen ihnen die umfassenden Daten und Fakten zur Verfügung, die notwendig sind, um grundlegend Licht auf die Wirkweisen der Social Media im arabischen Frühling zu werfen.

Mapping der aktiven Websites im arabischen Frühling

Den Forschern gelang eine »Kartierung« – ein Mapping – mit Blick auf die wichtigsten politisch aktiven Websites in Tunesien und Ägypten. Sie konnten für die Zeit vor den Umwälzungen, während der Revolution und die Monate danach die Diskussionen in den betreffenden Blogosphären nachzeichnen. Sie analysierten Millionen von Tweets mit Blick auf verwendete Schlüsselbegriffe. Parallel konnten sie nachvollziehen, wie Tausende von Internetnutzer außerhalb von Tunesien und Ägypten – in der arabischen Nachbar-Welt, aber auch weit darüber hinaus – die Vorgänge in beiden Ländern mit Hilfe von Social Media verfolgten und kommentierten.

Wir werden uns hier die Ergebnisse der Studie ansehen, um folgende Fragen zu beantworten:

- *Welche Wirkungen hatten Social Media im Frühjahr 2011 auf Meinungsbildungsprozesse?*
- *Wie ist die Wirkung dieser Medien im Einzelnen einzuschätzen – welche Meinungsbildungsfunktionen haben jeweils Videoportale wie Youtube, Mikroblogs wie Twitter, Online–Communities wie Facebook und Weblogs?*
- *Wie ergänzen sich die Wirkungen dieser Social Media zu einem Gesamtresultat?*
- *Was können Gestalter von Kommunikations–Maßnahmen und Kommunikations–Berater aus den Antworten auf diese Fragen lernen?*

Wir starten unmittelbar damit, diese Fragen zu beantworten, indem wir die Resultate der Studie »*Opening Closed Regimes*« (»Öffnung geschlossener Regime«) skizzieren.

Wirkungsmodell der Social Media

Nach der Zusammenfassung der Ergebnisse verfügen wir über ein Wirkungsmodell der Social Media, das als praktisches Instrument der Entwicklung wirkungsvoller Kommunikations–Maßnahmen dient.

7. Ohne Social Media-Nutzung kein arabischer Frühling: Zusammenfassung der Studienergebnisse

Auf den Punkt gebracht, kann die vorliegende Studie mittels fundierter Nachweise zeigen, dass *die sozialen Medien eine entscheidende Rolle im arabischen Frühling spielten.*

Differenziert betrachtet gibt es drei Hauptergebnisse:

Drei Hauptergebnisse auf einen Blick

1. *Social Media spielten eine zentrale Rolle bei der Gestaltung politischer Debatten und deren Dynamik im arabischen Frühling.*

2. *Gesteigerten politischen Aktivitäten in der Öffentlichkeit und Auseinandersetzungen in den Straßen ging nachweislich gesteigerte Intensität der Online-Diskussionen voraus.*

3. *Soziale Medien halfen, demokratische Ideen über internationale Grenzen hinweg zu verbreiten.*

Wir schauen uns diese Ergebnisse genauer an und starten damit, uns die Ausgangssituation des arabischen Frühlings zu vergegenwärtigen.

8. Ausgangs-Szenario: Demokratie-Bewegungen in Nordafrika und im Mittleren Osten

Demokratie-Bewegungen existierten in Nordafrika und im Mittleren Osten lange bevor Technologien wie das Mobiltelefon, das Internet oder Social Media in diese Region kamen.

In den letzten Jahren, als sich diese Technologien Zug um Zug ausbreiteten, etablierten sich auch online oppositionelle Gruppen, die regelmäßigen virtuellen Gedankenaustausch aufrechterhalten.

Zum Zeitpunkt des arabischen Frühlings waren *Mobiltelefone* sowohl in Tunesien als auch in Ägypten weit verbreitet – umgerechnet 93 Mobiltelefon-Verträge für 100 Personen in Tunesien, in Ägypten lassen sich 67 Mobiltelefone für jeweils 100 Personen errechnen.

Auch das Internet hatte Anfang 2011 konzentriert in den großen Städten eine bedeutende Reichweite. Schauen wir auf die Zahlen der jeweiligen Gesamtbevölkerung:

Ungefähr 25 Prozent der Bevölkerung in Tunesien und 10 Prozent der Bevölkerung in Ägypten hatten das Internet zu diesem Zeitpunkt wenigstens ein einziges Mal in ihrem Leben benutzt.

Die herausragende Bedeutung der neuen Technologie für die politische Information der Bevölkerung hatten die diktatorischen Regierungen unabsichtlich selber forciert:

Die Regierungen in beiden Ländern übten eine rigide Medienzensur aus. Individuen wichen deshalb auf Online-Kanäle aus, die infolgedessen den Status besonders vertrauenswürdiger Quellen für politische und gesellschaftliche Information bekamen.

Dadurch allein wurde die erstarrte politische Situation der nordafrikanischen Länder allerdings nicht verändert. Die Studie »*Opening Closed Regimes*« zieht mit Blick auf das Ausgangs-Szenario in den diktatorisch regierten arabischen Ländern folgendes Fazit:

Fragmentierte nordafrikanische Gesellschaften

Die Regierungen Tunesiens und Ägyptens hatten langjährig demokratisch orientierte politische Gegner. Es gab allerdings keine geeinte Opposition – politische Kräfte waren aufgrund staatlichen Drucks in voneinander getrennte oppositionelle Gruppen fragmentiert.

9. Aktivisten des arabischen Frühlings: Junge, technikaffine Menschen – Frauen und Männer gemeinsam

Die vorliegende Studie vollzieht im Einzelnen nach, wie bürgerliche Kräfte im Frühjahr 2011 Social Media nutzten, um die beschriebenen fragmentierten Beziehungen der vielfältigen Systemgegner-Gruppen zu überbrücken.

Demografische Schlüsselgruppen dieses Prozesses waren junge, gut ausgebildete, zu einem großen Anteil weibliche Stadtmenschen.

Sowohl vor, als auch während der Revolution nutzten diese Menschen Facebook, Twitter, und YouTube, um gemeinsame Ziele zu identifizieren, um sich zu solidarisieren und um gemeinsame Aktionen von großer Geschwindigkeit, Stärke und Durchsetzungskraft zu organisieren.

Junge, technisch versierte Leute als »Aktivposten«

Ein Grund dafür, warum Technologie für die Befürworter der Demokratie sowohl in Ägypten als auch in Tunesien ein effektives Werkzeug werden konnte, ist die Tatsache, dass beide Länder über eine junge und technisch versierte Bevölkerung verfügen:

- *In Tunesien liegt das Durchschnittsalter bei 30 Jahren – annähernd 23 Prozent der 10 Millionen-köpfigen Gesamtbevölkerung ist jünger als 14 Jahre.*

- *In Ägypten liegt das Durchschnittsalter bei 24 Jahren, 33 Prozent der 83 Millionen Ägypter ist unter 14 Jahre alt.*

Unter den regelmäßigen Nutzern des Internets bilden in beiden Ländern junge Leute die Mehrheit: 66 Prozent der Internet-erfahrenen Bevölkerung in Tunesien und 70 Prozent in Ägypten sind jeweils jünger als 34 Jahre.

Technik-Verständnis und Bereitschaft zur Nutzung von Social Media begünstigte nicht allein die Teilnahme junger Menschen an den aktuellen politischen Vorgängen. Sie förderte ebenfalls die Beteiligung von Frauen an politischen Diskussionen. 41 Prozent der tunesischen Facebook-Nutzer sind weiblichen Geschlechts – im Fall Ägyptens sind es 36 Prozent. Auch über Twitter beteiligten sich Frauen aktiv an den politischen Diskussionen und waren zahlreich bei den politischen Aktionen auf den Straßen präsent.

»Klassische« Meinungsführer hielten sich im Hintergrund.

Doch wie verhielten sich die traditionell meinungsgestaltenden Personen und Institutionen während des arabischen Frühlings? Welche Rolle spielten also die Medienvertreter und die politischen Parteien?

Die kritischste Berichterstattung etwa zu Übergriffen der jeweiligen Regierung kam nicht von Journalisten aus Redaktionen – es waren stattdessen durchschnittliche Bürger, die ihren Zugang zum Internet mutig und kreativ bloggend nutzten.

Die Studie belegt nicht nur, dass Journalisten wenig daran beteiligt waren, durch kritische Berichterstattung die Umwälzungen im Frühjahr voranzutreiben. Auch die oppositionellen politischen Kräfte, politische Parteien usw. spielten keine größere Rolle dabei, die Prozesse an vorderster Front zu beschleunigen.

Die großen Oppositionsparteien und deren politische Führer kamen in der Berichterstattung über die Umwälzungen wesentlich weniger zu Wort, als Internetaktivisten, die Freiheitsthemen und die Aussichten der Revolution offensiv öffentlich diskutierten.

Statt der von politischen Experten erwarteten oppositionellen, religiösen und politischen Führer war es ein Netzwerk freiheitlich gesonnener, friedvoller Bürger aus der Mittelschicht, die sich beherzt und wirkungsvoll gegen die Tyrannen Ben Ali und Mubarak stellten und auf den Straßen präsent waren.

10. Wie groß war der Anteil der Technologie?

Soziale Bewegungen sind traditionell definiert als Initiativen von Gruppen, die sich auf geteilte Zielvorstellungen und Interessen berufen und sich auf die Solidarität größerer Bevölkerungskreise sowie auf stabile Interaktionen und Beziehungen zwischen Eliten, Systemgegnern, Mitläufern usw. stützen können.

Dieses Prinzip wurde durch Social Media und Netzwerk–Technologien während des arabischen Frühlings nicht verändert. Soziale Bewegungen basieren auf den Emanzipations–Wünschen der Bevölkerung – es geht unter anderem um bürgerliche Freiheiten, um ökonomische Chancen und um die Möglichkeit, an politischen Entscheidungen maßgeblich teilzuhaben.

Technologie ist keine »Allmacht«.

Technologien allein verursachten nicht das politische Aufbegehren in Nordafrika. – Allerdings hatten Informations–Technologien – Handys und das Internet – die Wirkung, die Bürger zu unterstützen, Freiheits–Aktivisten zu werden und gegen tyrannische Regime vorzugehen.

Ob jeweils Online–Diskussionen die Proteste auf der Straße bewirkten oder umgekehrt die Anwesenheit von Menschenmassen in den Straßen gesteigerte Online–Tätigkeiten auslöste, ist schwierig zu beurteilen. Grundsätzlich deuten die in der Studie vorgelegten Ergebnisse darauf hin, dass die online geführten Diskurse wesentlicher Baustein der Revolutionen waren, die am Ende zum Ablösen der Regierungen in Tunesien und Ägypten führten. Denn nachweislich waren den Massenprotesten auf den Straßen online geführte, gesteigerte Diskussionen über Themen wie »Freiheit«, »Demokratie« und »Revolution« auf Blogs und Mikroblogs zeitlich unmittelbar vorausgegangen.

Die Autoren der Studie deuten die Rolle der Informationstechnik folgendermaßen:

Technologien und Social Media haben den Menschen, die sich für das Ende von Diktatur und für Demokratie engagierten, die Möglichkeit gegeben, umfassend Netzwerke zu bilden, »soziales Momentum« aufzubauen und die entscheidenden politischen Aktionen zu organisieren. Technologie hat an sich nicht die Kraft, den Wunsch nach demokratischer Freiheit »herzustellen« – es zeigte sich aber als ein wichtiges Werkzeug, welches an Demokratie interessierte Personen zu ihrem Vorteil nutzten.

Fassen wir zusammen:

Social Media: Werkzeuge zur Gestaltung neuer Lebensverhältnisse

- *Social Media bieten neue Möglichkeiten und Werkzeuge für soziale Bewegungen, auf ihre Lebensverhältnisse zu reagieren. Unabhängig von meinungsführenden Eliten und Massenmedien können interessierte Bürger Inhalte selber produzieren und gezielt Informationen abrufen. Öffentliches Denken und Diskutieren, das Teilen neuer Meinungen oder veränderter Werthaltungen kann sich auf diese Weise schnell und wirkungsvoll ausbreiten.*

11. Auslöser der Ereignisse des Frühjahrs: Trigger- und Verstärker-Effekte

Wir haben in den zurückliegenden Abschnitten bereits eine ganze Reihe bedingender Faktoren der Umwälzungen in Tunesien und Ägypten betrachtet. Listen wir diese kurz auf, bevor wir uns gleich den »akuten« Auslösern der Ereignisse zuwenden:

- *Individuen, die motiviert sind, sich in oppositionellen Gruppen zu engagieren **(individueller Faktor 1)***

- *Oppositionelle Gruppen, die diesen politisch engagierten Individuen ein sicheres Netzwerk mit festen persönlichen Bindungen bieten **(struktureller Faktor 1)***

- *Junge, technikaffine, mobile Individuen, die motiviert sind, sich in virtuellen Gruppen und in losen Beziehungs-Netzwerken zu engagieren **(individueller Faktor 2)***

- *Technologische Infrastruktur mit in den Städten ausgebauten Internetzugängen und weit verbreiteten Mobiltelefonen* **(struktureller Faktor 2)**

Ereignisse wurden durch Trigger-Effekte in Gang gesetzt.

Die Umwälzungen im Frühjahr des Jahres 2011 hätte es ohne *aktuelle Auslöser-Effekte* nicht gegeben. Die arabische Revolution hatte eine Reihe solcher auslösenden Faktoren – zahlreiche dieser »*Trigger-Effekte*« sind dokumentiert worden. Ereignisse fungierten als »*Trigger*« für »aufbrandende« Diskussionen, indem sie für allgemeine *moralische Empörung* und anschließende *politische Aktionen* in den Straßen von Tunesien und Ägypten sorgten. Ihnen lag die öffentlichkeitswirksame Inszenierung symbolkräftiger Geschehnisse zugrunde.

Schauen wir uns drei dieser Trigger an:

- *Videos, welche die ausgiebigen Shopping-Touren des tunesischen Präsidenten Zine el-Abidine Ben Ali und seiner Frau in Europa Ende des Jahres 2010 zeigten*

- *die Dokumentation der Selbstverbrennung des jungen Gemüsehändlers Mohamed Bouazizi vor einer Polizeiwache in Tunis*

- *die Berichte über die brutale Ermordung des jungen Ägypters und Bloggers Khaled Said durch Polizeikräfte*

Die Wirkung dieser »*Inszenierungen*« basierte auf der Verbreitungskraft der Social Media. Sie erreichten emotional enorm aktivierende Wirkung. Sie wurden zu Stoff für Berichte, die in Blogs, auf Facebook, Twitter und YouTube auf eine Weise weitergetragen wurden, die Dissidenten inspirierte, sich zu Protestaktionen zu organisieren und ihre Regierungen zu kritisieren.

Eine andere Art Trigger bestand im autoritären Verhalten der Regime, das ihre Absichten nicht nur verfehlte, sondern gegenteilige Effekte provozierten.

Ein Beispiel aus Ägypten:

Hier versuchte das Regime, der Lage Herr zu werden, indem es die Kommunikations–Netze störte. Durch unterbundene Internetverbindungen sollten die politischen Aktivitäten der Bürger gehemmt werden, der Protestbewegung der Schwung genommen werden. Doch das Vorgehen hatte eine paradoxe, gegenteilige Wirkung.

Als das Internet gestört war, konnten sich die Bürger mit Hilfe ihrer Internetzugänge kein Bild mehr davon machen, was vorging. Da sie aber besorgt waren wegen des Schicksals von Angehörigen und Freunden, waren viele bereit, Risiken einzugehen. Sie blieben nicht zu Hause, wie sich das die Machthaber gewünscht hatten. Sie strömten wegen ihrer Unsicherheit auf die Straßen, um zu sehen, was vorging, und waren unversehens aktiver Teil der politischen Ereignisse.

Das Internet ermöglichte wichtige Feedback-Effekte.

Neben solcher Trigger–Effekte gab es vielfältige verstärkende Effekte, die sich durch die Nutzung des Internets entfalten konnten.

Die von den Autoren der Studie vorgelegten Belege zeigen, dass die Demokratie–Befürworter in Ägypten und Tunesien Social Media nutzten, um sich mit Gesprächspartnern in anderen Ländern zu verbinden und mit ihnen auszutauschen.

Dadurch, dass die arabische Revolution detailreich auf internationalen Internet–Sites und auf Nachrichten–Portalen verfolgt wurde, stellte sich ein deutlicher Feedback–Effekt ein:

In vielen Fällen vermittelte die westliche Berichterstattung den politischen Aktivisten in Tunesien und Ägypten Informationen über die aktuellen Ereignisse und verbreitete Nachrichten über anhaltende Proteste in ihrer Nähe. Diese internationale Berichterstattung wirkte als laufendes *Monitoring* der Geschehnisse, das die Beteiligten mit Bestätigungen ihrer Erfolge versorgte. Die politischen Bewegungen wurden dadurch wesentlich unterstützt.

12. Social Media: Das Wirkungsmodell und Werkzeuge der Gestaltung von Meinungsbildung

Soweit die Zusammenfassung der Studie »*Opening Closed Regimes*«.

Bevor wir mit der »*Tiefen–Auswertung*« der Forschungsergebnisse starten, ein paar Worte der Klärung:

Die Autoren der Studie beschäftigen sich in ihrer Rolle als Forscher mit den Kommunikations–Phänomenen des Jahres 2011. Sie betrachten die Vorgänge, analysieren und suchen nach Kausalitäten. Sie sind allerdings nicht wie wir daran interessiert, die Ergebnisse so »weiterzuverwerten«, dass daraus Kommunikations–Strategien und Handlungsanweisungen ableitbar werden. Sie verfolgen ihr Thema als Wissenschaftler mit einem typischen »*wissenschaftlichen Approach*«. Als Wissenschaftler sind sie an den Details der Welt und ihrer theoretischen Erfassung interessiert. Wissen ist in diesem Sinne der »Endzweck« ihrer Arbeit.

»Soziotechnologischer« Approach der Kommunikations-Beratung

Wir aber machen an dieser Stelle »einen Schnitt« und übernehmen die weitere Ausdeutung der Studienergebnisse »in eigener Regie«, indem wir von hier an einen »*soziotechnologischen Approach*« anwenden.[8] Was das heißt? Für uns ist das Wissen um die Vorgänge im Frühjahr 2011 kein Endzweck. Wir wollen aufgrund neuen Wissens über Kommunikation und Kommunikationsprozesse Wege finden, in Zukunft die Welt – insbesondere Meinungsbildungsprozesse – zu gestalten.

Sagen wir es noch deutlicher:

- *In der Wissenschaft ist bewusst herbeigeführter Wandel – wie der in der Studie betrachtete arabische Frühling – ein Mittel, um Wissen zu erlangen.*

- *Für uns verhält es sich genau umgekehrt: Als Kommunikationsberater und Konzeptioner sind wir Soziotechnologen. Wissenschaftliches Wandlungswissen ist für uns ein Mittel, um Wandel gezielt herbeizuführen.*

Im Fokus des Interesses der Konzeptionerin oder Kommunikations–Beraterin steht für Interventionen verwertbares wissenschaftlich fundiertes Wissen. Es liegen die spezifischen Mechanismen im Betrachtungs–Zentrum, die hinter Kommunikationsprozessen wirken.

Mechanismen im Fokus

Das Wissen über Kommunikations–Mechanismen, deren Funktionsweisen, deren Beeinflussbarkeit und Gestaltbarkeit ist die wesentliche Ressource, die Kommunikations–Konzeptionerinnen aus dem Feld empirischer Forschung beziehen wollen. Anknüpfend an dieses Wissen entwickeln sie zukünftig wirkungsvolle Werkzeuge und Maßnahmen–Pakete.

Damit zeichnet sich deutlich die Frage ab, deren Beantwortung uns in diesem Abschnitt beschäftigt:

- *Welche Kommunikations–Mechanismen werden durch den Einsatz von Social Media in Gang gesetzt und wie können wir diese Mechanismen für die Gestaltung von Kommunikations–Maßnahmen nutzen?*

Beginnen wir zügig mit der Beantwortung:

Die vorliegende Studie hat differenziert betrachtet erbracht, dass Social Media wie Blogs, Facebook, Twitter und Youtube jeweils grundlegend unterschiedliche Wirkungen auf die lokale politische Kommunikation ausgeübt und unterschiedliche Kommunikations–Funktionen erfüllt haben.

Schauen wir uns zunächst das von den Forschern in Washington ermittelte Gesamtbild und die wichtigsten Trends darin an, die im Zusammenhang mit der Wirkung von Social Media standen:

- ***Blogs:***

Die Blogosphären schafften einen Raum für öffentlichen politischen Dialog über die Regime und deren kritikwürdiges Verhalten, etwa über deren Korruptheit. Blogs waren ebenfalls ein Podium für die wirkungsvolle Inszenierung der Botschaft *»Das Ende der Diktatur ist gekommen – wir schaffen* *die Umwälzung jetzt!«* Blogs dienten als Plattform für grundsätzliche Diskurse sowie für die Begründung und Legitimation demokratischer Wertvorstellungen.

– ***Facebook:***

Facebook funktionierte als zentrale Community für die verschiedenen Gruppen, die ihre Unzufriedenheit artikulieren wollten. Hier fanden Individuen emotionalen Rückhalt; die unterschiedlichen beteiligten Gruppierungen nutzten es als Plattform, um Zusammenhalt zu demonstrieren.

– ***Twitter:***

Twitter diente dazu, Berichte über erfolgreiche politische Mobilisierungen innerhalb und außerhalb der Region zu verbreiten. Außerdem war es ein wirkungsvolles Instrument zur Koordination der politischen Aktivitäten in den Städten. Twitter diente zur strategisch–taktischen Abstimmung und zur praktischen Nutzung der Chancen, durch Aktivitäten vor Ort den Wandlungsprozess zu unterstützen.

– ***Youtube:***

Während der Proteste fungierte Youtube neben anderen Videoportalen als zentrale Plattform für publizistisch aktive Bürger *(»citizen journalists«)*, um mit Handys und Amateur–Camcordern produzierte Filmberichte über die Revolution zu verbreiten. Diese Amateurfilme füllten die Lücke, welche die Vertreter der Medien hinterließen, die in beiden Ländern nicht willens oder durch die Staatsmacht daran gehindert waren, die revolutionären Geschehnisse öffentlich zu dokumentieren. Youtube war der Kanal der schnellen Vermittlung von relevanten Informationen. Da Filmdokumente häufig aufgrund ihrer Anschaulichkeit keiner Übersetzung bedürfen, beschleunigten sie die internationale Verbreitung dieser Informationen.

Grundzüge eines Strategie-Modells

Damit verfügen wir bereits an dieser Stelle über folgendes einfaches Social Media–Empfehlungs–Modell:

- ***Weblogs*** *(oder funktionale Äquivalente) einsetzten, für begründete und legitimierende Aspekte der Kommunikation von Unternehmen und Institutionen*

- ***Facebook*** *(oder funktionale Äquivalente) einsetzen, um Communities zu bilden, welche die Loyalität von Individuen zu Produkten, Dienstleistungen usw. unterstützen*

- ***Twitter*** *(oder funktionale Äquivalente) einsetzen, um das Engagement von Individuen herauszufordern und um sie gezielt auf Aktivitäten aufmerksam zu machen*

- ***Youtube*** *einsetzen, um die schnelle Information von Zielgruppen zu aktuellen Themen zu erreichen*

Wir schauen uns das Wirkungsmuster hinter den Social Media genauer an, um die ausschlaggebenden Mechanismen in einem Strategie–Modell zu bündeln. Dazu starten wir mit dem Modell der Ausgangslage im arabischen Frühling. Die betroffenen Länder waren wie gesehen durch eine fragmentierte Sozialstruktur geprägt:

Ausgangspunkt fragmentierte Sozialstruktur:
Isolierte Beziehungssysteme mit starker Innenbindung

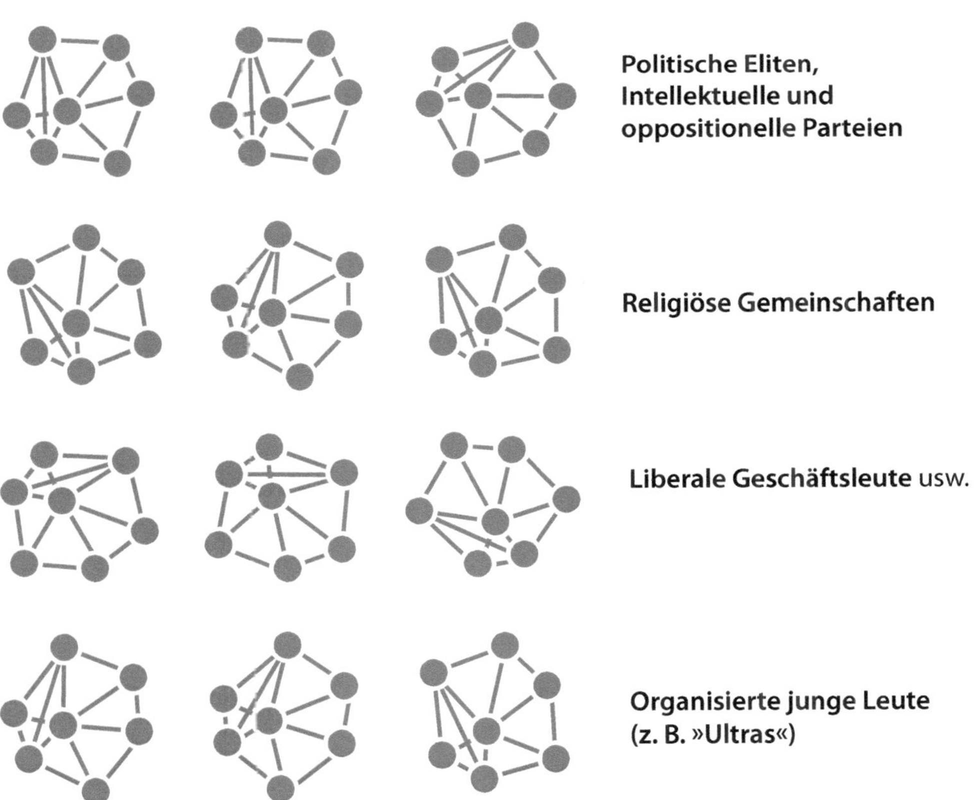

Isolierung durch enge Beziehungsnetze

An Demokratisierung interessierte Personengruppen hatten enge Beziehungsnetze aufgebaut, die zum Schutz vor staatlichen Sanktionen nach außen isoliert waren. Diese Beziehungen waren stabil und gaben den Individuen Schutz, hatten aber durch Isolierung die Tendenz, sich für einen schnellen Meinungsaustausch gegenüber anderen Gruppen abzukapseln.[9]

Die Wirkung der Social Media während des arabischen Frühlings bestand darin, diese fragmentierte Sozialstruktur zu überbrücken. Wenn wir diese Vorgänge darstellen wollen, fragen wir nach den Mechanismen, die diese Wirkung erreichten.

Der Begriff des Mechanismus ist in der Kommunikationsbranche verbreitet, wird hier synonym mit Begriffen wie »Effekt«, »Wirksamkeit« usw. verwendet. Das ist uns zu ungenau und unspezifisch.

Wir präzisieren den Begriff, indem wir uns auf seine Verwendung in den Sozialwissenschaften beziehen. Dazu ein Blick auf das allgemeine Modell eines *»Kommunikations–Mechanismus«*: [10]

Allgemeines Modell eines Kommunikations-Mechanismus

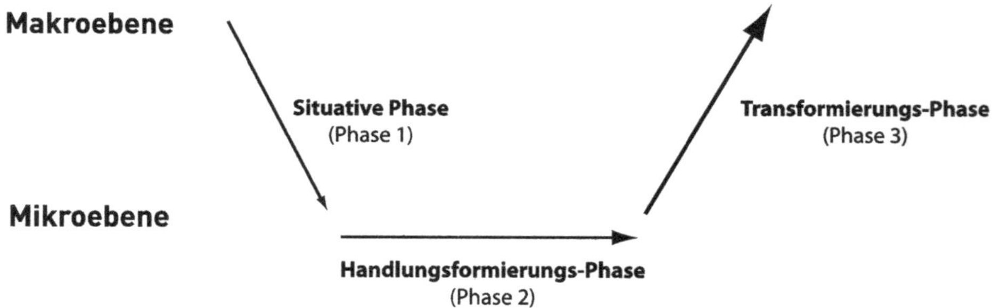

13. Das Modell des Kommunikations-Mechanismus ist ein Phasen-Modell

In einer *Phase 1* beeinflussen Interaktionen auf einer Makroebene – etwa Kommunikationsprozesse in einer Gruppe – Individuen. Diese Phase wird als die *»Situative Phase«* bezeichnet. Abstrakt gesagt: Ein verändertes Kollektivmerkmal wirkt sich auf ein Individualmerkmal aus – die Ausgangssituation für die nun folgenden Reaktionen auf der Ebene der interagierenden Individuen ist hergestellt.

In einer *Phase 2* verarbeiten die betroffenen Individuen die Auswirkungen des veränderten Kollektivmerkmals – zum Beispiel eine veränderte Informationslage – und reagieren mit geändertem zielgerichtetem Verhalten. Diese Phase wird als *»Handlungsformierungs-Phase«* bezeichnet.

In einer *Phase 3* tritt als Ergebnis des Zusammenwirkens des geänderten individuellen Verhaltens auf der Makroebene ein kausal bewirktes Aggregatmerkmal auf, das bisherige soziale Prozesse und Strukturen verändert, transformiert. Diese Phase wird als *»Transformierungs-Phase«* bezeichnet: Individuelles Verhalten zeigt auf der sozialen Ebene Wirkungen, die von den Akteuren beabsichtigt – intendiert – oder nicht beabsichtigt – nicht-intendiert – sind.

Im Fall des arabischen Frühlings war es nicht so, dass Berichte über ein Ereignis nacheinander automatisch zu individuellen Überlegungen, zu Gesprächen und diese wiederum zu einer veränderten gesellschaftlichen Situation geführt hätten. Die Vorgänge waren wesentlich dramatischer und lassen sich im ersten Schritt durch das Modell des Mechanismus der *»sich selbst erfüllenden Prophezeiung«* beschreiben.[11]

Der Mechanismus der »sich selbst erfüllenden Prophezeiung«

Mit Hilfe dieses Modells lässt sich ein wesentlicher Wesenzug der arabischen Revolution abbilden. Die Menschen griffen an einem bestimmten Punkt der Geschehnisse die Botschaft oder anders ausgedrückt die Prophezeiung auf: *»Das Ende der Diktatur ist gekommen – wir schaffen die Umwälzung jetzt!«*. Diese Prophezeiung führte zu verändertem individuellen Verhalten, zunehmend auch zu verändertem kollektiven Verhalten – bis sich am Ende die Prophezeiung »bewahrheitete« und die Diktatoren abdanken mussten.

Mechanismus der »sich selbst erfüllenden Prophezeiung«

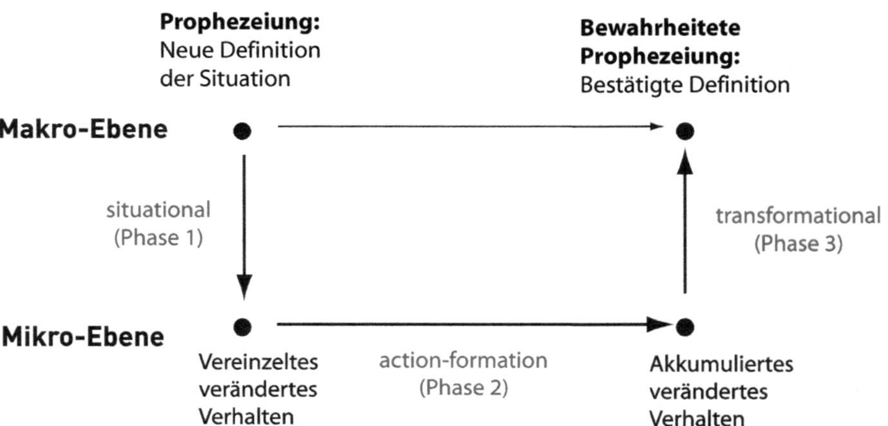

Was in diesem Modell noch fehlt, ist ein weiterer wichtiger sozialer Aspekt. Bis sich die Prophezeiung am Ende bewahrheiten konnte, waren viele Interaktionen in Gruppen und Communities sowie individuelle Reflexionen notwendig, wie es das *Kommunikations–Grundmodell* auf der gegenüberliegenden Seite illustriert.

Reizschwellen-basiertes Kommunikations-Muster

Darüber hinaus ist bei der Modellierung der Kommunikations–Mechanismen während des arabischen Frühlings wichtig zu berücksichtigen, dass der Meinungsbildung von staatlicher Seite massive Gewalt entgegengesetzt wurde. Kommunikationsprozesse konnten sich nicht zwanglos entfalten. Es mussten echte *Angst–Reizschwellen und Hürden* überwunden werden sowie Interaktionen auf vielen Ebenen in Gruppen und Gesprächskreisen erfolgen[12] – vergleiche die Grafik *»Durchsetzung revolutionärer Initiativen«* auf der übernächsten Seite.

Kommunikations-Grundmodell

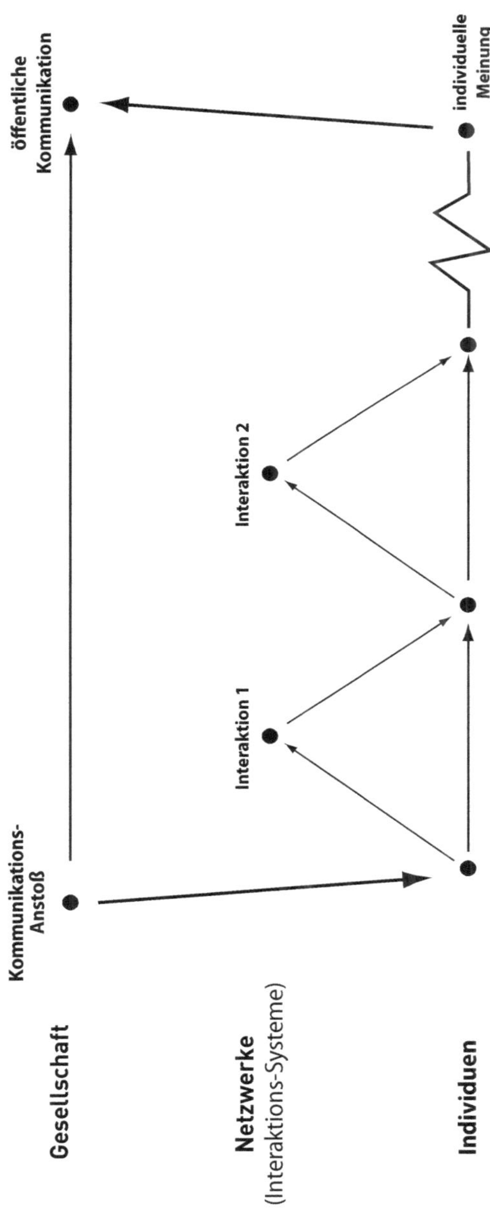

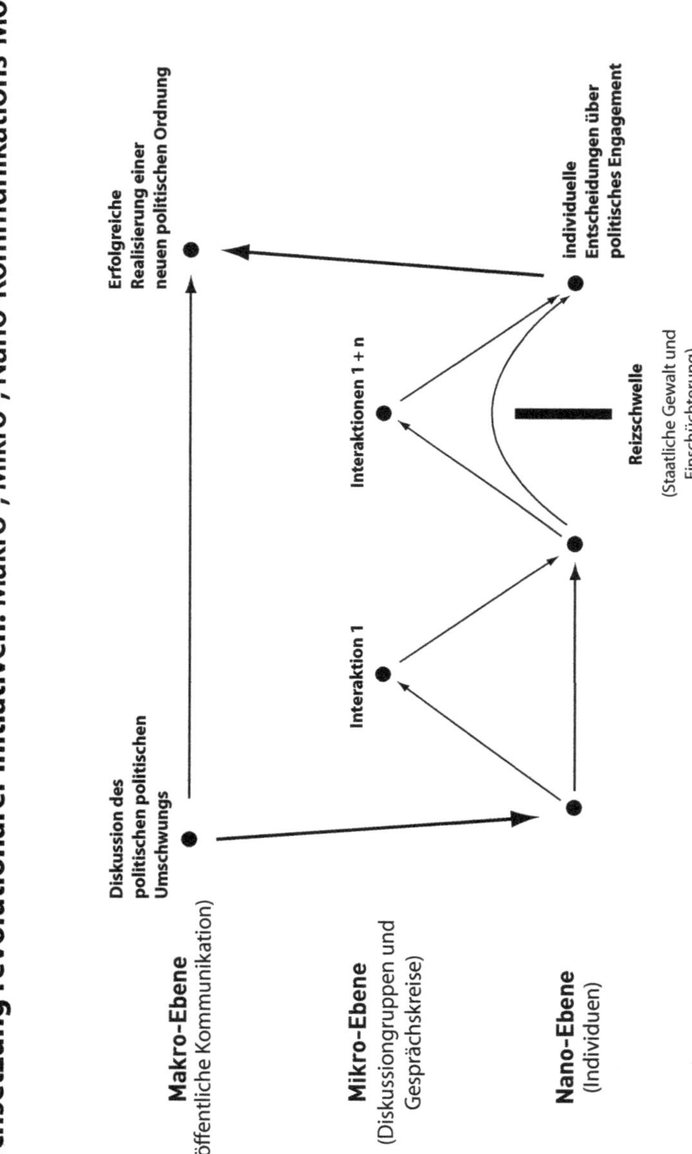
Durchsetzung revolutionärer Initiativen: Makro-, Mikro-, Nano-Kommunikations-Modell
Makro-Ebene
(öffentliche Kommunikation)
Mikro-Ebene
(Diskussiongruppen und Gesprächskreise)
Nano-Ebene
(Individuen)
Diskussion des politischen politischen Umschwungs
Erfolgreiche Realisierung einer neuen politischen Ordnung
Interaktion 1
Interaktionen 1 + n
Reizschwelle
(Staatliche Gewalt und Einschüchterung)
individuelle Entscheidungen über politisches Engagement

Hierbei spielten die Nutzer der Social Media eine wichtige Rolle. Sie griffen wie beschrieben Trigger–Ereignisse auf und nutzten die ausgelöste moralische Empörung, um die Botschaft von der baldigen politischen Umwälzung immer »lauter« zu artikulieren. Online–Diskussionen und Aktivitäten in den Straßen und den Plätzen nahmen dergestalt zu, dass sie mittels folgender *»Umwälzungs–S–Kurve«* dargestellt werden können:(13)

Trigger–Ereignisse ablesbar an »Umwälzungs-S-Kurve«

Umwälzungs-S-Kurve:
Der Emergenzeffekt bei der Verbreitung von Veränderungs-Initiativen

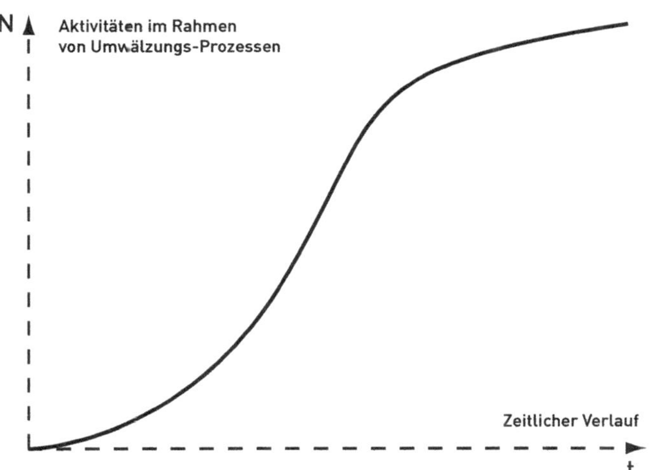

Am Anfang der Kurve steht jeweils das Aufgreifen von »triggernden« Themen, und am Ende erfolgte in Tunesien und in Ägypten jeweils die Abdankung des Tyrannen. Die Studie *»Opening Closed Regimes«* arbeitet mit grafischen Auswertungen der beobachteten Blog– und Twitter–Aktivitäten, die diesen Kurvenverlauf für mehrere aufeinander folgenden Phasen der Ereignisse des Frühjahrs 2011 entsprechend wiedergeben.

Diese Kurve ist offenbar das Ergebnis von Meinungsbildungsprozessen auf verschiedenen Ebenen:[14]

Meinungsbildung auf verschiedenen Ebenen

- *Individuen bewerteten Informationen, ihre Diskussionen, Beobachtungen usw.*

- *In Gruppen wurden die laufenden Vorgänge diskutiert.*

- *Die Vorgänge wurden in internationalen Medien verfolgt, wobei deren Berichterstattung verstärkend auf die Geschehnisse in Arabien zurückwirkten.*

- *Nutzer von Social Media sorgten für kontinuierlichen Dialog, Communities boten sich als Austausch–Plattformen an, sorgten für einen kontinuierlichen Strom an Informationen und forderten zur Beteiligung an Aktionen vor Ort auf.*

Der *»Unterbau« der Umwälzungs–S–Kurve* sieht also folgendermaßen aus:

Umwälzungs-S-Kurve: Diffusionprozess und korrespondierende Interaktionsprozesse

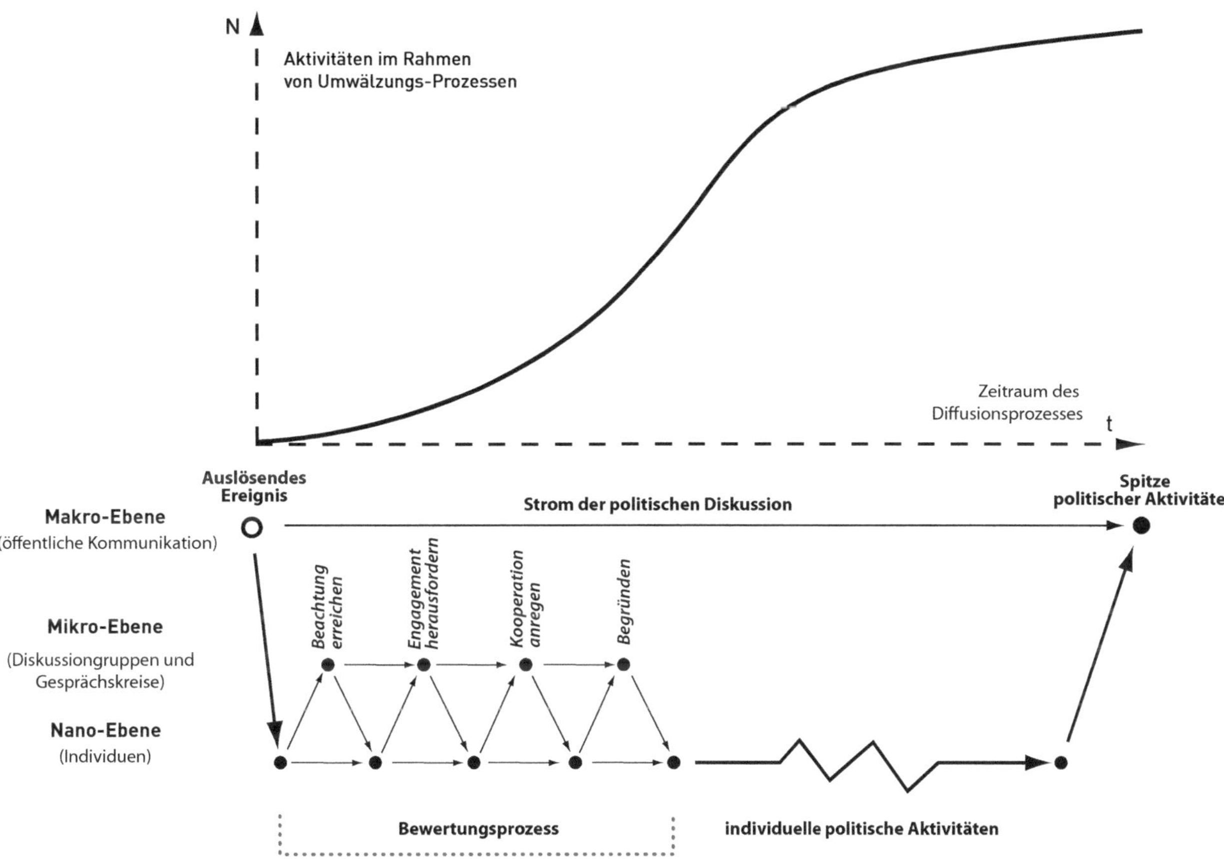

Social Media–Nutzer überwanden Fragmentierung.

In diesen Umwälzungs–Phasen war es vermittelt durch die Aktivitäten der Social Media–Nutzer gelungen, die Fragmentierung der Sozialstruktur und die Trennung in isolierte Beziehungssysteme durch ein flexibles Beziehungsnetz zu überbrücken. Dazu kamen – wie beschrieben – die Rückkopplungs–Phänomene aufgrund der Berichterstattung in internationalen Medien sowie im weltweiten Internet.

Damit war die Basis gelegt für den massiven Widerstand, den oppositionelle Kräfte im Frühjahr den bisherigen Machthabern entgegensetzten.

Brückenfunktion der Social Media:
Überbrückung der Innenbindung fragmentierter Beziehungssysteme

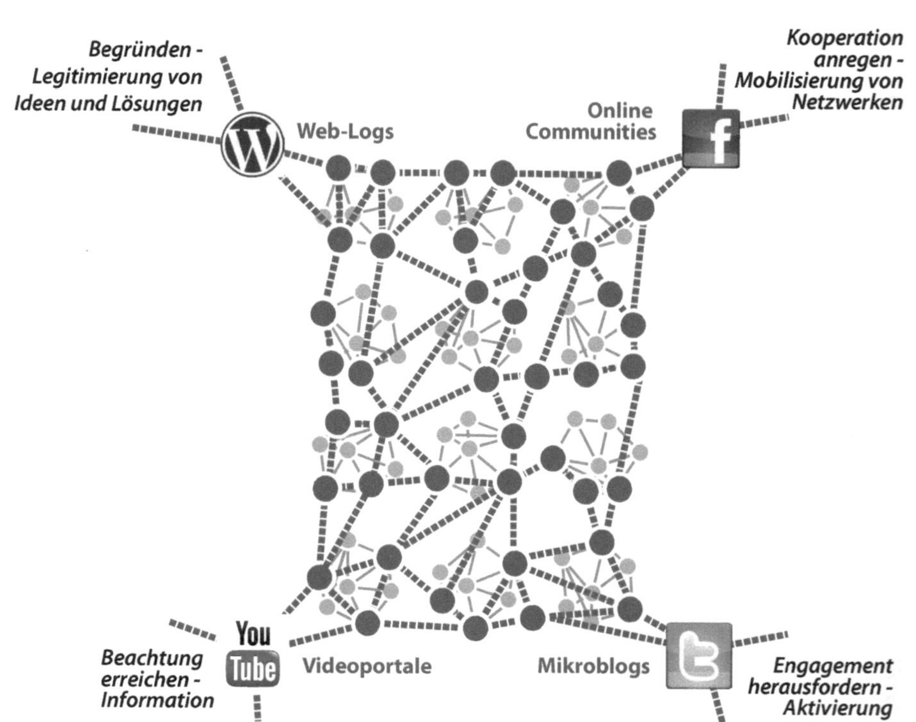

Fassen wir die Ergebnisse zusammen, haben wir ein übersichtliches *Strategie–Chart für die Planung von Social Media–Maßnahmen* vor uns:

Es sind offenbar *vier grundlegende Kommunikations–Funktionen* abzudecken, um Meinungsbildungsprozesse zu steuern. Die notwendige Funktionserfüllung erfordert die Nutzung passender Social Media–Kanäle und deren adäquater inhaltlicher Ausgestaltung.[15]

Steuerung über vier Funktionen

»Energetische Grundlage« menschlicher Kommunikation

Bedürfnis nach Sinn	**Welchen Sinn finde ich vor? Welche Begründungen, Standards, Werte, Grundsätze, die ich hochschätze?**	**Welche Gefühle werden bei mir ausgelöst? Fühle ich Vertrautes? Kann ich dem Absender und seinen Motiven vertrauen und zustimmen?**	**Anlehnungs-Bedürfnis**
Informierungs-Bedürfnis	**Unabhängig von Motiven, Gefühlen und von Begründungen, Wertungen und Theorien - was geht vor?**	**Inwieweit sind dadurch meine lebenswichtigen und existentiellen Ziele, Bedürfnisse und Interessen angesprochen?**	**Überlebens- und Verwirklichungs-Bedürfnis**

Die jeweilige Zuordnung von Social Media–Kanal, Inhalt und Funktion ist konzeptionell entscheidend. Werden durch Social Media–Maßnahmen die individuellen Kommunikations–Bedürfnisse nicht passgenau angesprochen, wird die gewünschte Wirkung im Meinungsbildungsprozess ausbleiben.

Vier grundlegende Kommunikations-Bedürfnisse

Wir können den Kommunikations–Funktionen aus dem Strategie–Chart vier grundlegende Kommunikationsbedürfnisse zuordnen. Mit Hilfe der Analyse dieser individuellen Bedürfnisse erhalten wir das »Briefing« für die inhaltliche Ausgestaltung der verschiedenen Social Media–Kommunikationskanäle:[16]

- *Informierungs–Bedürfnis*
- *Überlebens– und Verwirklichungs–Bedürfnis*
- *Anlehnungs–Bedürfnis*
- *Bedürfnis nach Sinn*

Entwicklung integrierter Maßnahmen-pläne

Über das Maßnahmenfeld der Social Media hinaus können wir aus dem Strategie–Chart einen übersichtlichen Kriterien–Katalog für die Gesamtmaßnahmen–Planung etwa im Rahmen der Unternehmenskommunikation eines Klienten ableiten. So ordnen wir zu, welche Maßnahmen zu einem integrierten Paket zusammenzustellen sind, um die notwendigen Kommunikations–Felder abzudecken:

- *Informations–Management*
- *Kommunikativ–strategisches Handeln*
- *Dialog–Systeme*
- *Diskurse*

Anhand des damit ermittelten Funktions–Portfolios schnüren wir vielfältige Kommunikations–Maßnahmen zu einem integrierten Paket zusammen:

Felder der Kommunikationsplanung

	Identität und Reflexion	Beziehungen	
Diskurse	- Konstanz der Gestaltung von Strukturen - Rechtfertigung von Wertungen - Sicherstellung von Legitimität	- Sicherung Loyalität - Zusammenhalt - Realisierung eines Konsens mit Interaktions-Partnern	**Dialog-Systeme**
Informations-Management	- realistische Erfassung der Situation - Öffnung nach Außen - Gewinnung und Vermittlung von relevanten Informationen	- Fokussierung der Interaktionen auf Ziele - Chancen-Ausnutzung - Erfolgs-Sicherung durch Entwicklung von Annäherungszielen - Situationsgerechte Reaktion	**Kommunikativ-strategisches Handeln**
	Realitätsorientierung	Kommunikations-Ziele	

Abschluss und Ausblick

Wir kommen zum Schluss von Schritt 6 und stellen uns hier eine letzte Frage:

Wie setzen wir das ermittelte Strategie–Chart und den daraus abgeleiteten Planungskriterien–Katalog in der Praxis ein?

Zwei Zielrichtungen der Integration

Zwei Zielrichtungen der damit möglichen Integration von Kommunikations–Maßnahmen bieten sich auf den ersten Blick an:

Zum einen kann das Ziel sein, im Interesse eines Unternehmens oder einer Institution einen *Meinungsbildungsprozess dynamisch zu steuern (1).*

Weiterhin kann durch die beschriebene strategische Integration die Position eines Unternehmens oder einer Institution in der öffentlichen Diskussion gestärkt werden, um diese *gegen existenzgefährdende Meinungsströmungen und mit Blick auf drohende Krisen zu stabilisieren (2).*

Um das beschriebene und modellierte Strategie–Schema im PR–Projekt–Management Schritt für Schritt einsetzen zu können, bedarf es überlegter Methodik und Vorgehensweisen. Ein entsprechendes kreatives Verfahren werden wir im folgenden, abschließenden Schritt unserer PR Formel erarbeiten.

Dabei wird auch die »moralische Dimension«[17] eines soziotechnologischen Ansatzes der Kommunikations–Beratung zu diskutieren sein. Das beschriebene strategische Vorgehen setzt voraus, dass sich Beraterinnen und Konzeptionerinnen an einem Moderations–Modell orientieren, das folgendermaßen oder zumindest ähnlich aussieht:

Moderations-Modell der Konzeptionstechnik

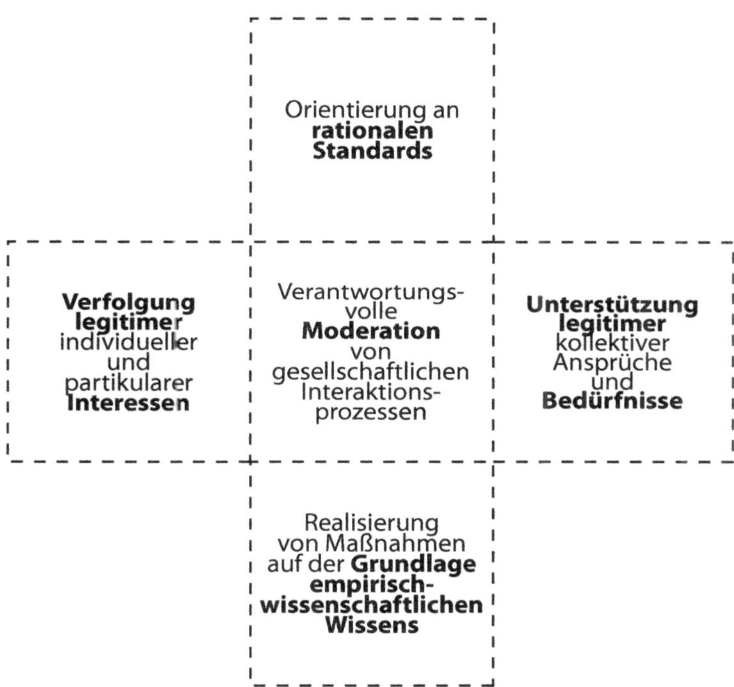

Prinzipien der Moderation von Interaktions-prozessen

Konzeptionerinnen und Beraterinnen *moderieren verantwortungsvoll gesellschaftliche Interaktionsprozesse*. Das heißt, sie setzen wirkungsvolle Kommunikations–Maßnahmen ein, um die individuellen legitimen Interessen ihrer Klienten und deren Organisationen zu verfolgen *(siehe links im Modell)*.

Zu dieser Verfolgung legitimer Interessen gehört grundsätzlich, dass die Bedürfnisse des Klienten mit den Interessen und Bedürfnissen der betroffenen Personen und Gruppen außerhalb des Klientensystems abgeglichen werden.

Klienteninteressen sind nur insoweit durchsetzungswürdig als die legitimen Ansprüche und Bedürfnisse von Außenstehenden nicht verletzt, sondern möglichst gefördert werden *(siehe im Modell rechts)*.

Konzeptionerinnen orientieren sich bei ihrer Arbeit an rationalen Standards *(siehe oben im Modell),*

- *indem sie konsequent moralische Kriterien umsetzen,*
- *indem sie sich an den bewährten Standards empirischer Wissenschaften orientieren,*
- *indem sie sich an bewährten praktischen Konventionen erfolgreicher Technologien orientieren.*

Konzeptionerinnen planen auf der Grundlage empirisch–wissenschaftlicher Kenntnisse.

Sie entwickeln ihre Maßnahmenpläne auf der Grundlage gültigen Wissens über soziale Mechanismen und über deren Potenzial zur Gestaltung von Kommunikationsprozessen *(siehe im Modell unten).*

Risikomanagement im Fokus

Wer sich als Konzeptionerin nicht an dieses oder ein entsprechendes Modell und insbesondere an seine grundlegenden rationalen wie moralisch–ethischen Kriterien hält, arbeitet nicht sachgerecht und setzt seine Klienten fahrlässig der Gefahr aus, Ziele zu verfehlen, in Kommunikations–Maßnahmen investierte Ressourcen zu verschwenden und darüber hinaus Schaden an ihrer Organisation zu erleiden.

Quellenhinweise und Anmerkungen

1. Vergleiche Ruth Cohns Axiome, Postulate und Hilfsregeln für das System der themenzentrierten Interaktion (TZI):
   Cohn, Ruth; *Von der Psychoanalyse zur themenzentrierten Interaktion;* Stuttgart,1975; S. 120 – 8

2. Mario Bunge sieht hier ein traditionsbedingtes Problem deutscher Professoren, die unter dem Einfluss idealistischer Geisteswissenschaften stehen:
   »Only *das Höhere*, the higher, is worthy of the attention of the Herr Professor. Leave the daily life miseries to the lesser beings.« (in: Bunge, Mario; *Chasing Reality. Strife over Realism;* Toronto, Buffalo, London 2006; S. 57)

3. Ein besonders deutliches wie kurioses Beispiel dieser »geisteswissenschaftlichen« PR–Kritik liefert Michael Kunczik, der auf dem Umschlag seines Buchs »Public Relations« behauptet, Lesern einen vollständigen und aktuellen Überblick über PR in Theorie und Praxis zu geben (Michael Kunczik, *Public Relations. Konzepte und Theorien*; Stuttgart 2010):
   Er vertritt in seinem Buch von Beginn an die These, dass PR und Propaganda nicht zu unterscheiden sind. Dieses Manipulations–Axiom verbindet er mit der Behauptung, dass dieses Axiom keinesfalls, auch nicht mit Mitteln der empirischen Überprüfung, zu widerlegen ist:

»Wollte man diese Trennung beibehalten, müsste allerdings in jeder einzelnen Untersuchung die kommunikative Absicht und Ethik von PR–Betreibern eruiert werden. Dies wäre aber mit Blick auf die Durchführung etwaiger Forschungsvorhaben wenig pragmatisch, da auch PR–Agenturen bzw. PR–Berater im Alltag Propaganda (...) betreiben.« (S. 39)

Mit den Worten Sir Karl Raimund Poppers können wir sagen, dass Kunczik seine Propaganda–Hypothese auf diese Weise gegen Kritik »immunisiert« und sich damit auf direktem Weg in das »Reich« der unbelegbaren Vorurteile begibt. Konsequent verlässt er damit das Feld empirischer Wissenschaftlichkeit. Seine Thesen sind allerdings nicht nur aus wissenschaftlicher – etwa sozial– oder kommunikationswissenschaftlicher – Sicht unbrauchbar. Selbst, wenn wir Kunczik zugute halten wollten, dass er mit seinem Buch zumindest etwas literarisch Wertvolles geliefert hätte, werden wir seinem Text nicht gerecht. *Beleg dafür*: Er bezieht sich auf Immanuel Kant, um anhand dessen Kritik der reinen Vernunft das Thema Wissenschaftstheorie als Grundbaustein seiner Argumentation zu reflektieren. Dabei zeigt sich, dass Kunczik auch mit seinen hermeneutischen Kompetenzen jenseits der Realität steht. So behauptet er anhand eines Textfragments aus einem der diversen Vorworte, die Kant für die erste Kritik geschrieben hat, diesem wäre genau an dieser Stelle der »Durchbruch« moderner Wissenschaftstheorie gelungen:

»Diese Passage ist der Durchbruch zur modernen Wissenschaft bzw. Wissenschaftstheorie (…).« (S. 81)

Um diese Auslegung der Vernunftkritik zu widerlegen, braucht sich der Leser nur kurze Zeit mit Kants Texten zu beschäftigen. Schnell – schon beim Blick etwa in die Prolegomena – wird deutlich: Kants Absicht lag ganz woanders. Ihm ging es darum, die praktische Philosophie und das hier wesentliche Konzept der menschlichen Freiheit neu zu begründen. Es ging ihm keinesfalls um die Begründung moderner Wissenschaft. Im Gegenteil: Seine Sorge galt der Moralität und Ethik, die er vor den Konsequenzen naturwissenschaftlichen Denkens und ihrem Kausalitätsprinzip schützen zu müssen glaubte. Kunczik missversteht Kants Absichten hinter dessen Kritiken, obwohl der Königsberger in seinen Büchern immer wieder auf die durchgängige »praktische« Motivation seines kritischen Werks zu sprechen kommt. Auch in der Sekundärliteratur zu Kants Kritiken wird die Bedeutung gerade des Freiheits-Begriffs für die Kritiken und dessen moralische Dimension hervorgehoben. Der Verdacht liegt also nahe, dass sich der Autor von »Public Relations« weder mit Kant im Original noch in der Rezeption ausreichend beschäftigt hat. Können wir aber vielleicht dennoch Kuncziks »Fehlinterpretation« etwas Sinnvolles abgewinnen? Manchmal gelingt es, aus Fehlern etwas Kreatives, Neues zu gewinnen. Das funktioniert offenbar nicht, da der PR-kritische Autor auch die Tragweite von Kants besonderer Erkenntnistheorie missverstanden hat. Kant formulierte bekanntlich eine sensualistische Erkenntnistheorie – Teil jeder Erfahrung ist für ihn nicht nur ein begriffliches Element, sondern im Kern ein Wahrnehmungs-Element: *Begriffe ohne Anschauung*

sind blind. Diese Erkenntnislehre ist nach heutigen Maßstäben als Wissenschaftstheorie völlig unbrauchbar. Moderne wissenschaftliche Erkenntnis ist unanschaulich und beginnt – sowohl in den Naturwissenschaften als auch den Sozialwissenschaften – dort, wo unsere Wahrnehmung und Sinnlichkeit aufhört. Nur in unserer Alltagserfahrung spielt Anschauung und Wahrnehmung eine, allerdings oftmals vorurteilsbehaftete, in die Irre führende Rolle.
Da an dieser Stelle – obwohl es sich hier nur um eine Anmerkung handelt – bei den Leserinnen und Lesern der Verdacht aufkommt, dass wir Herrn Professor Kunczik inzwischen deutlich mehr Aufmerksamkeit gönnen, als er verdient hat, schließen wir die Diskussion seines Buchs an dieser Stelle ab.

4. Vergleiche:
   Crouch, Colin; *Postdemokratie*; Frankfurt 2008, S. 110–23

5. In:
   Stiglitz, Joseph E.; *Im freien Fall. Vom Versagen der Märkte – zur Neuordnung der Weltwirtschaft*; München 2011, S. 41

6. Zum Problem des Bekanntheits-Indikators:
   Droste, Heinz W. ; *Kommunikation. Planung und Gestaltung öffentlicher Meinung. Band 2: Mechanismen*; Neuss 2011; S. 455–8

7. Project on Information Technology and Political Islam (PITTPI); *Opening Closed Regimes: What Was the Role of Social Media During the Arab Spring?*: http://pitpi.org/index.php/2011/09/11/opening-closed-regimes-what-was-the-role-of-social-media-during-the-arab-spring//

8. Zum soziotechnologischen Approach von Public Relations:
   Droste, Heinz W. ; *Kommunikation. Planung und Gestaltung öffentlicher Meinung. Band 1: Grundlagen*; Neuss 2011; S. 43–99

9. Vergleiche:
   ebenda; S. 243–76

Granovetter analysiert die Wirkungen von festen und schwachen Gruppenbindungen beispielsweise hier:

- Granovetter, Mark S.; »The Strength of Weak Ties«; in: *American Journal of Sociology,* Volume 78, Issue 6, November 1973; S. 1360–80

- Granovetter, Mark S.; »The Strength of Weak Ties: A Network Theory Revisited«; in: *Sociological Theory,* Volume 1 (1983: hg. v. American Sociological Association); S. 201–33

- Granovetter, Mark S.; »Economic Action and Social Structure: The Problem of Embeddedness«; in: *American Journal of Sociology,* Volume 91, Issue 3, November 1985; S. 481–510

- Granovetter, Mark S.; »Business Groups«; in: Smelser, Neil J.; Richard Swedberg (Hg.); *The Handbook of Economic Sociology*; Princeton, New Jersey/New York 1994; S. 453–75

10. Vergleiche:
Droste, Heinz W. ; *Kommunikation. Planung und Gestaltung öffentlicher Meinung. Band 2: Mechanismen*; Neuss 2011; S. 433–87

Weiterführende Literatur zu sozialen Mechanismen:

- Coleman, James S.; »Microfoundation and Macrosocial Behavior«; in: Alexander, Jeffrey C.; Bernhard Giesen; Richard Münch; Neil J. Smelser (Hg.); *The Micro–Macro Link;* Berkeley, Los Angeles, London 1987; S. 153–75

- Coleman, James S.;*Grundlagen der Sozialtheorie. Band 1 (Handlungen und Handlungssysteme);* München 1991

- Hedström, Peter; Richard Swedberg; »Social mechanisms: An introductory essay«; in: Hedström, Peter; Richard Swedberg (Hg.); Social Mechanisms – An Analytical Approach to Social Theory; Cambridge 1998; S. 1–31

11. Vergleiche:
Droste, Heinz W. ; *Kommunikation. Planung und Gestaltung öffentlicher Meinung. Band 2: Mechanismen*; Neuss 2011; S. 497–500

Mertons Überlegungen zur sich selbst erfüllenden Prophezeiung finden sich beispielsweise hier:

- *Merton, Robert K.; Soziologische Theorie und soziale Struktur; Berlin/New York 1995; S. 124, 399–414*

- Merton, Robert K.; »Die Eigendynamik gesellschaftlicher Voraussagen«; in: Topitsch, Ernst (Hg.); *Logik der Sozialwissenschaften;* Königstein/Taunus 1980 (10); S. 144–61

12. Vergleiche:
Droste, Heinz W. ; *Kommunikation. Planung und Gestaltung öffentlicher Meinung. Band 2: Mechanismen*; Neuss 2011; S. 501–7

Granovetters Beschreibung des reizschwellen–basierten Verhaltens findet sich hier:

- Granovetter, Mark S.; »Threshold Models of Collective Behavior«; in: American Journal of Sociology, 83, Mai 1978; S. 1420–43

- Granovetter, Mark S.; Roland Soong : »Threshold Models of Diffusion and Collective Behavior« in: Journal of Mathematical Sociology, November 1983; S. 165–79

13. Vergleiche:
Droste, Heinz W. ; *Kommunikation. Planung und Gestaltung öffentlicher Meinung. Band 2: Mechanismen*; Neuss 2011; S. 510–23

Raymond Boudon beschreibt das Phänomen des Auftretens der Umwälzungs–S–Kurve, indem er eine Studie des schwedischen Sozio–Geographen und Innovationswellen–Forschers« Torsten Hägerstrand analysiert:

- Boudon, Raymond; *Die Logik des gesellschaftlichen Handelns. Eine Einführung in die soziologische Denk– und Arbeitsweise*; Neuwied/Darmstadt 1980; S. 113–20

- Hägerstrand, Torsten; *"A Monte Carlo approach to diffusion"*; in: *Archives européennes de Sociologie*, 6, 1965; S. 43–5

14. Vergleiche:
    Droste, Heinz W. ; *Kommunikation. Planung und Gestaltung öffentlicher Meinung. Band 2: Mechanismen*; Neuss 2011; S. 556–62

15. Vergleiche:
    ebenda; S. 563–9

16 Vergleiche:
   ebenda; S. 571–7

17. Vergleiche:
    ebenda; S. 666–83

»Holzhacken ist deshalb so beliebt, weil man bei dieser Tätigkeit den Erfolg sofort sieht.«

Albert Einstein

Schritt 7:

Die kreative Methode komplett beherrschen

1. »Kreative« bevorzugen Routine-Arbeit

Der besondere Reiz und die Faszination, welche Berufe rund um die Gestaltung der Kommunikation auf viele Zeitgenossen und insbesondere auf junge Menschen ausüben, liegen in einer idealisierten Vorstellung von Kreativität. Sie stellen sich die Mitarbeiterinnen und Mitarbeiter in Zeitungs- und TV-Redaktionen, in Werbe-Agenturen und PR-Agenturen als hochkreative Menschen vor, die der höchst befriedigenden Aufgabe, die Welt täglich kommunikativ neu zu erfinden, durch besonderes gestalterisches und sprachliches Talent gewachsen sind.

Viele der in diesen Feldern arbeiteten Menschen sind erfahrungsgemäß tatsächlich überdurchschnittlich talentiert und leistungsfähig. Und kreative Leistungsfähigkeit scheint wichtig, um Problemlösungen zu entwickeln, die durch den im ständigen Wandel befindlichen gesellschaftlichen Meinungsbildungsprozess notwenig werden. In Agenturen sind im Auftrag von Klienten Interaktionssysteme und Kommunikations-Beziehungen neu zu gestalten, bestehende Netzwerk-Verbindungen sind im Betrieb zu halten, bedarfsweise in ihrer Wirksamkeit zu optimieren, während nicht mehr reparable Netzwerke abzubauen sind.

Kommunikations-Profis meiden neue Wege.

Aber viele Vertreterinnen und Vertreter der beschriebenen Berufsgruppen vertrauen bei der Arbeit an diesen Aufgaben gar nicht ihrer Kreativität, sondern greifen bevorzugt zu Routinen, die in der Vergangenheit zu guten – zumindest zu befriedigenden – Lösungen geführt haben. Neuen Aufträgen wird mit in der Vergangenheit bewährten Maßnahmen-Plänen begegnet: PR-Beraterinnen denken unabhängig vom konkreten Einzelfall und unabhängig davon, wie ein Klient seine Bedürfnisse artikuliert hat, in standardisierten Maßnahmen-Kategorien wie »Online-Maßnahmen«, »Presse- und Medienarbeit«, »Social Media«, »Produktion und Verteilung von Print- und Digitalmedien« und »Organisation von Events«. Abhängig von der Höhe des verfügbaren Etats werden dann aus diesen Kategorienfeldern einzelne Maßnahmen herausgegriffen, zu Maßnahmenpakten gebündelt und schließlich als »Kommunikations-Konzeptionen« präsentiert, die den Klienten-Möglichkeiten am besten entsprechen sollen. Tatsache ist, dass Meinungsbil-

NEULICH IM MEETING ...
BALD MUSS SICH DRINGEND ETWAS BEWEGEN!
DAS WIRD SCHON ...

ALLES IST ANGELAUFEN ...
MMHHH ...

... PRESSE-MITTEILUNGEN, ANZEIGEN-SCHALTUNGEN, BROSCHÜREN, SOCIAL MEDIA ...

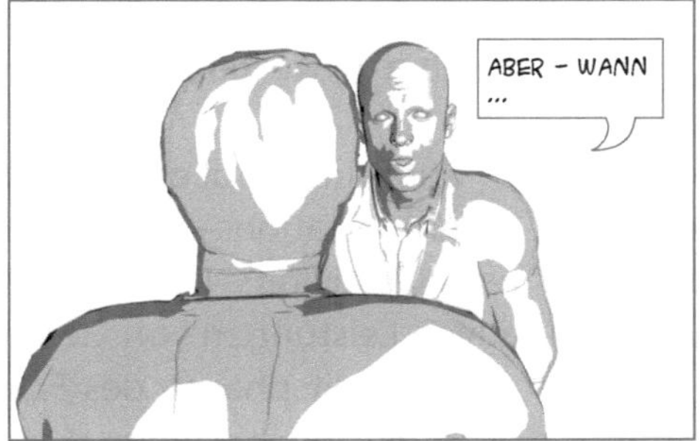
ABER – WANN ...

... FANGEN WIR AN, MIT DEN LEUTEN ZU KOMMUNIZIEREN?

ÄHHHH ...

... KOMMUNI-ZIEREN ???

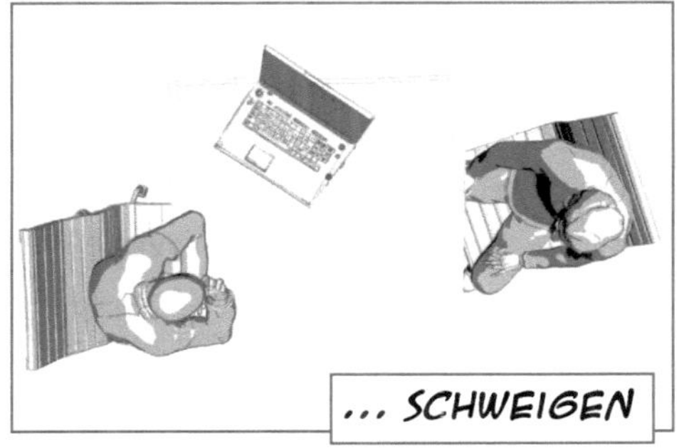
... SCHWEIGEN

dungsprozesse dynamisch und wandelbar sind. Jeder Klient ist darin auf unterschiedlichste Weise positioniert und betroffen. Wenn PR–Beraterinnen den sich dabei auftretenden unbeständigen Konstellationen mit starren Maßnahmen–Standards begegnen, riskieren sie, an ihren Aufgabenstellungen zu scheitern.

Wir stellen uns die Frage: *Wie kann Kreativität angesichts von Kommunikations–Herausforderungen ihr Problemlösungs–Potenzial entfalten und die Gefahren starrer Vorgehensweisen umgehen?* Die Antwort dazu liegt nicht auf der Hand. Denn auf der einen Seite ist der Begriff der »Kreativität« zwar positiv besetzt, doch in der Kommunikations–Praxis ist er auf der anderen Seite Auslöser für eine ganze Reihe von »Störgefühlen«.

Flow-Erlebnisse erklären Kreativität nicht.

Zum einen gibt es wenig Wissen darüber, wie Kreativität zu erklären und im Kommunikations–Alltag handhabbar zu machen ist. Es gibt zwar vielbeachtete Kreativitäts–Literatur, die sich vorzugsweise mit außeralltäglichen kreativen Leistungen von Genies beschäftigt. Wir wissen, dass diese Menschen nach Arbeitsphasen des Fragens, Suchens und Sammelns zu einer Lösung gelangen, die bei ihnen starke Glücksgefühle – so genannte Flow–Erlebnisse – hervorrufen.[1] Doch diese Einsicht in das »Phänomen« Kreativität hilft uns nicht, ein Verfahren für die Praxis von Journalisten, Werbern und PR–Beraterinnen zu entwickeln. Das Flow–Erlebnis ist lediglich eine Begleiterscheinung, kein kausaler Faktor von kreativen Prozessen. Denn kein Kreativer bemüht sich um eine innovative Lösung, weil er den glücklich machenden Flow sucht, sondern ihn trägt sein Interesse am Thema und seine Motivation, einen wichtigen Beitrag dazu zu leisten. Der Kern der kreativen Leistung ist eine bisher nicht dagewesene Lösung und nicht das Glücksgefühl, das der Erfinder bei seiner Hervorbringung genossen haben mag.

Wir können beobachten, dass befriedigende Erklärungen von Kreativität so spärlich gesät sind, dass häufig Mysteriösität als ihr wesentlicher Wesenszug vermutet wird. Kreativität ist anscheinend nicht sicher beherrschbar und muss auf geheimnisvolle Weise »heraufbeschworen« werden.

Im Laufe dieses Kapitels werden wir jedoch sehen, dass Kreativität weit weniger geheimnisvoll operiert als vielfach angenommen. Es ist möglich, sie stabil in den Problemlösungsprozess rund um Kommunikationsaufgaben einzubinden.

Kreativität verschafft »Störgefühle«.

Doch zuvor müssen wir auf ein weiteres Störgefühl rund um den Kreativitäts-Begriff zu sprechen kommen. Denn erfahrungsgemäß steht Kreativität mit der Erwartung in Verbindung, Vorgehensweisen grundlegend zu verändern, um neuen Herausforderungen zu begegnen. Solche Veränderungen werden in der Kommunikations-Branche weit weniger geschätzt, als es sich die Beteiligten bewusst machen. Stattdessen ist zu beobachten, dass Kreativität im Berufsleben von Kommunikations-Profis geradezu gefürchtet und mit Misstrauen von Personen auf höheren Hierarchiestufen verfolgt und häufig unterbunden wird. Zwar werden Kreative – Entdecker, Innovatoren usw. – hochgelobt und beklatscht. Im direkten Umgang am Arbeitsplatz und im Organisations-Gefüge werden sie dagegen als unbequem und irritierend erlebt.

Dieser Störgefühle zum Trotz gibt es ein Verfahren, das praktiziert werden kann, um gleichermaßen kreative und wirkungsvolle Lösungen zu finden. Wie dieses Verfahren für kreative Problemlösungen in den Public Relations aussieht, werden wir Schritt für Schritt betrachten. Basis dieser »PR Formel« ist eine plausible, kompakte Mini-Theorie der Kreativität. Formuliert wurde diese Theorie vom Wissenschaftler und Wissenschafts-Philosophen *Mario Bunge*. (2) Wir werden diese Theorie um den einen oder anderen Baustein ergänzen, um daraus unser kreatives Kommunikations-Verfahren zu entwickeln.

2. Mini-Theorie der Kreativität (Bunge)

Hinter dem Begriff einer »kreativen Lösung« steckt unsere Vorstellung von einer » radikalen Innovation« bzw. das Konzept des »Schaffens von etwas Neuem aus dem Nichts«. Eine Person ist erst dann im wahrsten Sinne »Kreativer«, wenn er tatsächlich »kreiert«, also bisher Ungedachtes, Beispielloses produziert.

Dieses Kreativitäts–Konzept ist historisch betrachtet ein »Produkt« der Moderne. Religionen und Kosmologien kennen diesen modernen Schaffens–Begriff nicht. So schafften beispielsweise die antiken Götter der Griechen keine Welten, sondern organisierten Chaos und formlose Materie oder zerstörten organisierte Strukturen, lösen Ordnungen auf – je nach besonderem Charakterzug der gerade aktiven Gottheit. Auch in der Genesis der Heiligen Schrift ist Gott Jahwe in seiner Schöpfungswoche vor allem mit dem Ordnen, Strukturieren und Fortentwickeln einer Substanz beschäftigt, die bereits zum Beginn des Schöpfungsakts zur göttlichen Überarbeitung vorliegt.

Die Interpretation von Kreativität als radikale Innovation, als Schaffen von wirklich Neuem war dem menschlichen Denken historisch betrachtet also nicht von Anbeginn präsent. Das könnte uns daran zweifeln lassen, dass der Begriff tatsächlich sinnvoll ist. Schließlich sind auch erfolgreiche kreative Menschen der Vorstellung des radikalen Neuen gegenüber skeptisch. Sie sprechen in der Regel nicht davon, sie hätten Ideen erfunden. Wissenschaftler meinen stattdessen oft bescheiden, sie hätten ihre Theorien lediglich »entdeckt« oder hätten lediglich Gedanken von anderen aufgegriffen und in eine neue Perspektive gebracht. So schrieb beispielsweise Sir Isaac Newton (*25.12.1642 – †20.03.1726), der Schöpfer der klassischen Physik, in einem Brief *»If I have seen further it is by standing on ye sholders of Giants.«* (*»Wenn ich weiter geblickt habe, so deshalb, weil ich auf den Schultern von Riesen stehe.«*)

Nicht voraussetzungslos und dennoch originell

Sicherlich gibt es um uns herum einen kontinuierlichen Fluss von durch Menschen erdachter Neuheiten beispielsweise in Wissenschaft und Technologie. Dabei gehen diesen Neuheiten stets andere Dinge und Prozesse voraus – sie sind nicht voraussetzungslos. Neuheiten greifen so gesehen auf eine Geschichte älterer Errungenschaften zurück. Dennoch lässt sich der Kern einer Innovation nicht vollständig aus dem Vorhergegangenen erklären. Es ist stets etwas Noch–nie–Dagewesenes, Originelles daran, das aus dem Nichts gekommen zu sein scheint.

Viele dieser Innovationen und Neuheiten betreffen Details, die keine größere Beachtung erlangen; viele treten plötzlich auf, manche sind kurzlebig und geraten schnell in Vergessenheit.

Beispiele für Kreativität

Ein paar Beispiele für Kreativität sind:

- *der Poet, der eine menschliche Erfahrung auf eine neue Art beschreibt*
- *der Romanschreiber, der eine neue Romanfigur entwirft*
- *der Mathematiker, der eine neue mathematische Struktur entwirft oder aus bereits bekannten Prämissen neue Konsequenzen ableitet*
- *Politiker oder Verwaltungsexperten, die neue Gesetze und Verordnungen entwerfen, die bestehende soziale Probleme lösen und/oder neue soziale Problem entstehen lassen*
- *Kommunikations–Experten, die neue Kommunikations–Prozesse und –Mechanismen entwerfen, die Meinungsbildungen bewirken und neue Interaktions–Systeme entstehen lassen*

Diese Beispiele haben gemeinsam, dass es um von Menschen gemachte Dinge geht, die in der »Natur« nicht vorkommen. Sie sind Ergebnis absichtsvoller Handlungen, auch wenn ihnen nicht immer sorgfältige Planungen zugrunde liegen. Sie kommen nicht »rein zufällig« zustande, obwohl Zufälle bei ihrem Auftreten eine gewisse Rolle spielen können. Sie sind stets in der einen oder anderen Beziehung als einzigartig zu beurteilen. Sie »bereichern« die Welt mit etwas Neuem, das vor dem kreativen Akt nicht existierte.

Unterschiedliche »Qualitäten« kreativer Leistungen

Bei genauer Betrachtung können kreative Produkte unterschiedliche Qualität haben. Vor allem erreichen sie unterschiedliche Grade der Originalität. Manche kreative Leistungen mit besonders hoher Originalität werden Ausgangspunkt einer neuen Produkt–Art oder –Kategorie. Der erfolgreiche Torschuss eines bekannten Stürmers mag ein neues, kreatives Faktum sein. Er stellt aber keine neue Klasse von Tatbeständen dar. Anders ist der Fall bei einer neuen wissenschaftlichen Theorie, dem Design eines neuen wissenschaftlichen Experiments, der Erfindung einer neuen Art von Sozial–Verhalten oder einer neuen Art, Beziehungs–Netzwerke zu knüpfen und darin zu kommunizieren. Dies sind Beispiele für die kreative Erfindung neuer »Produkt–Spezies« also für »absolute Kreationen«.

Wie kommen solche absoluten Kreationen zustande? Welcher Mechanismus ist für den dahinter liegenden kreativen Prozess verantwortlich?

Die Antwort auf diese Fragen finden wir nicht in psychologischen Theorieansätzen wie beispielsweise dem Behaviorismus, der Denkprozesse als Faktoren unseres Verhaltens vollständig ignoriert.

Auch die im Zusammenhang mit Kreativität von manchen Autoren bemühte, ansonsten aus der Mode gekommene Gestaltpsychologie hat keine empirisch–wissenschaftlich gültigen Erklärungen kreativer Prozesse hervorgebracht. Die von ihr zur Sprache gebrachten kreativen Assoziations– und Wahrnehmungsgesetze sind nicht nur zu unpräzise, sondern inzwischen durch neurophysiologische Forschung detailreich widerlegt. [3]

Apropos Neurophysiologie: Können uns Ergebnisse einer neurophysiologischen Psychologie bei der Klärung der Kreativität weiterhelfen? Tatsächlich – hier gibt es ein Forschungsprojekt, an das wir anknüpfen können:

Aus der Perspektive dieser Psychologie ist der kreative mentale Akt nichts anderes als ein Denkprozess, denn jedem mentalen Prozess liegt ein Hirnprozess zugrunde.

Kreativität basiert auf neuronalen Netzwerken.

Der kreative mentale Prozess hat aus dieser Perspektive allerdings eine entscheidende Besonderheit – er stellt sich als neuronaler Selbstorganisationsprozess dar, durch den *ein neues plastisches Systems von Neuronen entsteht.*

Ohne ins Detail zu gehen, vergegenwärtigen wir uns für die folgenden Überlegungen ein paar Stichworte zum Themenkomplex *»plastische neuronale Systeme«*:

Eine Verbindung zwischen zwei Nervenzellen – *Neuronen* – wird als *plastisch* bezeichnet, wenn sich diese Bindung dauerhaft verändern kann, insbesondere wenn sie eine neue stabile Verbundenheit entwickeln kann. Unter neuronaler Plastizität wird die Eigenschaft von Kontaktstellen zwischen Nervenzellen – *den Synapsen* – , Neuronen oder auch ganzen Hirnarealen verstanden, sich in Abhängigkeit von Hirnprozessen in ihren Eigenschaften zu verändern. In diesem Zusammenhang wird auch von *synaptischer Plastizität* bzw. *kortikaler Plastizität* gesprochen.

Aus der Perspektive der neurophysiologischen Psychologie liegt einer absoluten Kreation die *Bildung eines neuen plastischen neuronalen Systems* zugrunde. Neue Gedanken, Ideen und darauf aufbauende neue Problemlösungen erfordern die Ausprägung komplexer neuer Nervenverknüpfungen eines plastischen Gehirns.

Aus dieser Einsicht können wir nun bereits einige Annahmen ableiten:

Wir nehmen an, dass eine Kreation absolut oder radikal ist, dann und nur dann, wenn das korrespondierende plastische neuronale System in der Geschichte des Universums zum ersten Mal auftritt – also ohne entsprechende Vorläufer ist.

Daraus können wir schlussfolgern:

Kreativität braucht plastische Nervensysteme.

1. *Ohne plastische Nervensysteme gibt es keine Kreativität – Menschen sind kreativ. Wesen mit fest »verdrahteten« Nervenverbindungen sind nicht kreativ. Maschinen, die über entsprechend fest verdrahtete Informations–Kanäle verfügen, sind ebenfalls nicht kreativ.*

2. *Da wir weder einen Zugang zum ganzen Universum, noch einen lückenlosen Überblick über die gesamte menschliche Geschichte haben, können wir niemals sicher sein, dass eine vorliegende Kreation tatsächlich absolut oder radikal ist.*

Bereiten wir ein wenig auf, was wir mit dieser Minitheorie absoluter Kreation ermittelt haben:

Wenn ein Wesen, wie etwa ein Mensch, etwas Neues erdenkt, dann liegt das daran, dass in seinem Hirn ein neues System von Neuronen entweder spontan oder durch eine externe Stimulation emergierte.

Wenn zwei Personen unabhängig voneinander dieselbe Idee bilden, dann liegt das daran, dass sie auf der Basis ähnlicher Erfahrungen am selben Problem gearbeitet haben. Hierdurch erklären sich simultane Entdeckungen und Erfindungen sowie das parallele Auftreten von einzigartigen Innovationen bei verschiedenen Personen an unterschiedlichen Orten.

Diese Erklärung von Kreativität als selbstorganisierender Prozess neuronaler Systeme ist zugegebenermaßen nur skizzenhaft. Es fehlt noch die detaillierte und präzise experimentelle Bestätigung. Wir benötigen irgendwann eine detaillierte Theorie neuronaler Plastizität und insbesondere derjenigen Art von Plastizität, die Kreativität ermöglicht. Wie sich gleich zeigen wird, reicht für unsere Zwecke die vorliegende Theorie aus, wenn wir diese mit weiteren Theorien und Technologien verknüpfen.

Kreativität braucht plastische Sozialsysteme.

Einen wichtigen Punkt müssen wir direkt an dieser Stelle ergänzen. Denn die Erklärung mentaler Kreation als Emergenz neuer Neuronen-Vernetzungen ist nicht hinreichend. Diese Vernetzungen finden in Hirnen von Einzelpersonen statt, die sich im Einflussbereich anderer Individuen und Gruppen aufhalten. Es ist offenbar entscheidend, dass in einer vollständigen »neuronalen« Theorie der Kreativität die Beziehungen zwischen dieser »sozialen Matrix« und der Persönlichkeitsebene berücksichtigt werden. Der Grund dafür liegt in Beobachtungen, die belegen, dass diese soziale Matrix einen entscheidenden Einfluss auf das Auftreten und den Erfolg von absoluten Kreationen hat.

Konservative Gruppen, die mit Neuheiten konfrontiert werden, reagieren mit Misstrauen und behindern deren Ausbreiten durch vielerlei Repressionen. Anpassungsbereite, »plastische« Gruppenkonstellationen haben eine entgegengesetzte Wirkung, indem Gruppenmitglieder Neuheiten und persönliche Initiative positiv sanktionieren, um die Entwicklung von Innovationen zu begünstigen. Erfolgreiche Kreativität setzt also neben plastischen Gehirnen eine plastische Gruppenstruktur voraus.

Vertiefen wir an dieser Stelle, was wir bereits über die Hintergründe des Entstehens kreativer Problemlösungen wissen:

Wir haben gelernt, dass das Auftreten von Kreativität auf gut ausgestattete Hirne beschränkt ist und dass die Gesellschaften und Gruppen, in denen die betreffenden »Hirnträger« wirken, das Auftreten von Innovationen verhindern, behindern, tolerieren und bestenfalls unterstützen können.

Im Zusammenhang mit kreativen Kommunikations–Konzeptionen wird häufig von »kreativem Computereinsatz« und von »kreativer Software« gesprochen. Um unser neues Wissen zu testen, beschäftigen wir uns einmal kurz mit dieser Vorstellung von »digitaler Kreativität«.

Erfindungen sind eine Domäne des menschlichen Geistes.

Computer können gut den »mechanischen« Teil des menschlichen Denkens übernehmen, insbesondere den »kopfrechnerischen« Teil des mathematischen Denkens. Aber beim Identifizieren von neuen Problemen, dem Wagen von neuen Verallgemeinerungen, dem Erdenken von neuen Theorien und Konzepten, dem Herausfinden von neuen Prämissen, auf deren Basis ganz neue Schlussfolgerungen gezogen werden, können Computer keinen selbst gesteuerten Beitrag leisten. *Das Erfinden von neuen Methoden und Denkweisen bleibt die Domäne des menschlichen Gehirns und seiner Träger.*

Computer können unsere Gehirne bei ihrer Arbeit unterstützen, aber sie können diese nicht ersetzen. Die Behauptung, es wäre möglich, kreative Computer zu designen, setzt voraus, dass wir über präzise Regeln für das Erfinden von Ideen verfügten. Aber die Idee einer »Kunst des Erfindens« – einer »ars inveniendi« – ist schon aufgrund der Definition falsch, die besagt, dass eine Erfindung etwas ist, das nicht dadurch entsteht, dass bereits bekannte Regeln angewendet werden.

Wenn wir eine Erfindung gemacht haben, können wir Regeln dafür erfinden, wie wir die dahinter steckende Problemlösung in Zukunft routinemäßig nutzen. Diese Regeln können anschließend dazu dienen, ein Programm zu schreiben, mit dem ein Computer oder ein Roboter »gefüttert« wird. Zunächst erfolgt die Kreation, erst danach kommt die Routine! Also ist erst der Mensch mit seinem plastischen Hirn gefordert, etwas Neues entstehen zu lassen. Erst danach kann er mittels eines Computers die Neuheit »nachmodellieren« und in eine Routine, in einen Algorithmus verwandeln.

Ziehen wir ein vorläufiges Fazit:

Kreativität ist nicht mysteriös.

Kreativität ist faszinierend aber nicht mysteriös. Sie kann mit dem Prinzip der Selbstorganisation von Neuronen erklärt werden, die neue Verbindungen, neue Neuronen–Netze entstehen lassen. Kreativität ist nicht das Ergebnis der Arbeit einer Maschine, da Maschinen dazu konstruiert sind, nach Regeln, gemäß Algorithmen zu arbeiten.

An dieser Stelle wollen wir die ethische Dimension von Kreativität nicht vergessen. Denn Kreationen und neue Problemlösungen sind für Betroffene nicht folgenlos. Bedürfnisse und Interessen von Gruppen sowie Individuen können dadurch tangiert werden. Wir haben deshalb die Pflicht, beim Umgang mit Kreativität auf dessen Folgen zu achten und verantwortungsvoll vorzugehen. Anstrengungen, kreativ zu sein, sollten ermutigt werden – aber nur so lange sie nicht darauf abzielen, Dinge zu entwickeln, deren wesentliche Funktion darin besteht, die auf der Welt verbreitete menschliche Mühsal weiter zu vergrößern, statt diese zu verringern.[4]

3. Basis für kreative Kommunikation: Die plastische soziale Matrix

Wenn wir in der Folge ein *Verfahren für die kreative Entwicklung von Problemlösungen* entwickeln, bekommen wir es mit *zwei grundlegenden Herausforderungen* zu tun:

Zum einen haben wir eine *Technologie* bereitzustellen, mit Hilfe derer wir die Gehirne begabter Menschen anregen können, gezielt neue neuronale Systeme zu entwickeln, welche die Basis neuer Denkweisen und Herangehensweisen bilden.

Zum anderen haben wir bei dieser Technologie–Entwicklung für diese neuronale System–Neubildung förderliche *soziale Voraussetzung* bereitzustellen. Mit anderen Worten haben wir eine *Gruppenkonstellation* herzustellen, die für kreative Hirnträger möglichst günstige Bedingungen schafft. In diesem Gruppen–Setting sollen nicht nur neue neuronale Verknüpfungen angeregt werden. Darüber hinaus sind die in diesen neuen neuronalen Systemen steckenden Denkmöglichkeiten und Problemlösungs–Ansätze systematisch herauszuarbeiten, zu bewerten und in kreative Maßnahmen und kreative Produkte umzuwandeln.

Diese beiden Herausforderungen nehmen wir nun in Angriff.

Zum weiteren Vorgehen: In diesem Abschnitt wenden wir uns der zweiten Herausforderung zu. Denn es hat sich bereits im letzten Kapitel bewährt, bei unseren Überlegungen zunächst mit dem blockierenden Element zu beginnen und damit zusammenhängende *relevante Störungen* zu beseitigen.

Starten wir mit der *Herstellung einer plastischen sozialen Matrix*: Ungünstige Gruppenkonstellationen sind das Haupthindernis für kreative Anstrengungen. Das gilt insbesondere für Aufgabenstellungen im Feld der Kommunikation. Ob im Journalismus, der Werbung oder den Public Relations – die Arbeit an Problemlösungen geschieht stets in Teams. In der Regel sind sogar mehrere Gruppen und Untergruppen beteiligt, die nicht selten statt zusammen- gegeneinanderarbeiten. An einer PR–Aufgabenstellung können beispielsweise parallel Teams in einer PR–Agentur arbeiten – eine Beratungsgruppe, eine PR–Redaktion usw. –; ein von der Agentur beauftragtes Team von Grafikern und Web–Designern ist in der Regel genauso beteiligt wie ein Team in der PR–Abteilung auf Seiten des beauftragenden Klienten. Es erscheint bereits als Herausforderung, angesichts solcher Settings, die gekennzeichnet sind durch das »Aufeinanderprallen« unterschiedlichster Gruppen und Personen mit heterogenen Berufserfahrungen und Qualifikationen, Routineaufgaben termingerecht zu organisieren. Ausgesprochen schwierig ist es, die beteiligten Personen erfolgreich in einen kreativen Prozess einzubinden.

Gruppen unterbinden regelmäßig Kreativität.

Gehen wir diese Herausforderung der sozialen Matrix an und stellen uns die Frage, *warum Gruppen und Teams kreative Leistungen regelmäßig »inhibieren«, also unterbinden.*

Sozialpsychologische Untersuchungen bestätigen, dass Gruppen, die vor die Aufgabe gestellt werden, Probleme zu lösen, häufig ein zwanghaftes Klammern an etablierte Lösungsmuster ausprägen. Forscher haben verschiedene Anläufe genommen, die sich dabei ausbildende Dominanz konservativer Ideen zu erklären.[5]

Psychologische Erklärungen des Uniformitäts–Zwangs

Ein Ansatz zur Deutung dieses Uniformitäts–Zwangs besteht im Hinweis auf die Angst der beteiligten Individuen davor, sich mit einer neuen Idee zu sehr »aus dem Fenster zu hängen« und dadurch Kritik der Gruppe Angriffsfläche zu bieten. Sie fürchten sich davor, schlecht bewertet zu werden und dadurch Status zu verlieren. Kurz gesagt: Sie empfinden Bewertungsangst *(»evaluation apprehension«).*

Eine zweite Erklärung bringt den Gruppen–Konservatismus mit der Tatsache in Verbindung, dass Individuen sich in Gruppen weniger als bei Einzelarbeiten engagieren und deshalb in Gruppen–Settings zu wenig Energie aufbringen, um zu einer gemeinsamen neuen Lösung beizutragen.

Anhänger dieser Erklärung sehen hinter dieser »Kreativitäts– und Produktivitäts–Inhibition« vor allem das Phänomen des »sozialen Faulenzens« *(»social loafing«).* Sie schreiben Individuen das Bedürfnis zu, für ihre in der Gruppe präsentierte Leistung möglichst sicher angemessene Anerkennung zu finden. Deshalb gehen Anhänger dieser Hypothese davon aus, dass ein Individuum grundsätzlich davor zurückschreckt, sich für neue Ideen zu engagieren, weil es dabei riskiert, für seine individuellen Anstrengungen keine Wertschätzung durch andere Gruppenmitglieder zu erreichen. Denn bis eine »zündende« und eine tatsächlich tragfähige neue Idee gefunden wird, muss Energie für viele Fehlversuche und »Schüsse ins Blaue« investiert werden. Also halten sich Individuen in der Gruppe mit kreativen Vorschlägen meist zurück.

Sozialpsychologen gehen davon aus, dass dieses Phänomen des »sozialen Faulenzens« beständig auftritt und dabei mit weiteren dysfunktionalen, leistungshemmenden Gruppeneffekten verknüpft ist. Sie nehmen beispielsweise an, dass Individuen dazu neigen, ihre eigene Initiative in der Gruppe mit der Performance der übrigen Gruppenmitglieder zu vergleichen. Dieser individuelle »Anstrengungsabgleich« *(»matching of effort«)* führt ebenfalls dazu, dass die Beteiligten sich wenig für neue Lösungen engagieren. Denn beim Arbeiten an Innovationen pflegen schnell Situationen aufzutreten, in denen Einzelne das Gefühl haben, dass jemand in der Gruppe in seiner Initiative und seinem Engagement nachlässt und nicht mehr angemessen mittut. Als Rückkopplungs–Effekt lässt daraufhin schnell die Leistung der gesamten Gruppe nach.

Individuen vergleichen ihre Anstrengungen.

Forscher begründen das damit, dass die einzelnen Mitglieder vermeiden wollen, von den anderen ausgenutzt zu werden. Sie wollen nicht als die »Blöden« *(»sucker«)* dastehen, die »treu und brav« weiterarbeiten, während andere sich als »Trittbrettfahrer« *(»free riders«)* betätigen, die Arbeit der Gruppe überlassen und insgeheim darauf spekulieren, ohne eigene Mühen vom Gruppenerfolg zu profitieren.[6]

Solche und ähnliche Phänomene, die kreativer Gruppenarbeit entgegenstehen, sind bekannt, dokumentiert und vielfältig analysiert worden. Betrachter könnten nun vermuten, dass dies alles Effekte sind, die zwar unfallartig auf ein Team hereinbrechen können. Dass im Normalfall, wenn alle Beteiligten guten Willens sind und über die möglichen Gefahren individueller Fehlorientierungen aufgeklärt sind, kreative Arbeit trotz aller Schwierigkeiten sicher zu »managen« ist. Das ist allerdings eine Fehleinschätzung. Denn die Problematik der »Kreativitäts–Inhibition« wird durch Mechanismen der Gruppenarbeit bewirkt, die beständig wirken und nicht ohne gezielte und überlegte Vorkehrungen zu treffen, auszuschalten sind.

Die betreffenden Mechanismen können wir uns vergegenwärtigen, indem wir an die Ergebnisse einer modernen Interaktionstheorie anknüpfen, die systematisch das Problemlösungsverhalten in Gruppen erfasst. Wir greifen zur SYMLOG–Theorie, die an der *Harvard University* federführend von *Robert F.*

Arbeitsgruppen mit SYMLOG analysieren

Bales entwickelt wurde, der uns oben bereits als Mitentwickler des AGIL–Instruments begegnet ist. [7]

Die SYMLOG–Theorie besitzt den Vorzug, empirisch–wissenschaftliche Analysen sowohl von Gruppenstrukturen als auch zu individuellen Interaktionen zu einer integrierten Feld– und Systemtheorie menschlicher Kommunikation zu verbinden. *SYMLOG* steht für *»A SYstem for the Multiple Level Observation of Groups« – »System für die Mehr–Ebenen–Beobachtung von Gruppen«*. Die Theorie ist international anerkannt und gehört mit seiner Forschungs–Methode zu den Standard–Erhebungs– und Auswertungs–Instrumenten psychologischer Institute etwa an deutschen Universitäten.

Polarität von Korrektheit und Kreativität

Für unser Projekt ist diese Interaktionstheorie ein wichtiger Baustein, weil sie den von uns beobachtbaren Antagonismus zwischen Gruppen–Konservatismus und Kreativität als wesentliche Dimension menschlicher Kommunikation erfasst und analysiert hat. Aufgrund von Bales› empirischer und theoretischer Arbeit können wir sagen, dass es in Gruppen und zwischen den darin interagierenden Individuen eine grundlegende Polarität von *Werten der Korrektheit* auf der einen und der *Bewertung von Kreativität* auf der anderen Seite gibt.

Schauen wir uns das im Detail an: Zur Betrachtung, Aufzeichnung und Analyse des Problemlösungsverhaltens in Gruppen hat Robert F. Bales das so genannte Feld–Diagramm entwickelt. Im Mittelpunkt dieses Diagramms steht eine quadratische Grafik, welche die Beziehungskonstellation einer Gruppe sowie die Positionen der beteiligten Mitglieder dokumentiert und damit auswertbar macht. Wie das folgende Beispiel–Felddiagramm[8] zeigt, visualisiert Bales› Grafik Kommunikations–Konstellationen in Form eines Interaktions–Mappings oder anders gesagt als *»Interaktions–Landkarte«*.

Die Positionierung jedes Gruppen–Mitglieds ist als Kreis auf dem Diagramm dargestellt, welcher mit dem Code–Namen des betreffenden Teilnehmers betitelt wird. Der Kreis mit seiner konkreten Lokalisierung im Diagramm wird als »Bild« *(»image«)* des Gruppenmitglieds bezeichnet. Die Details zur

Felddiagramm: Interaktions-Mapping

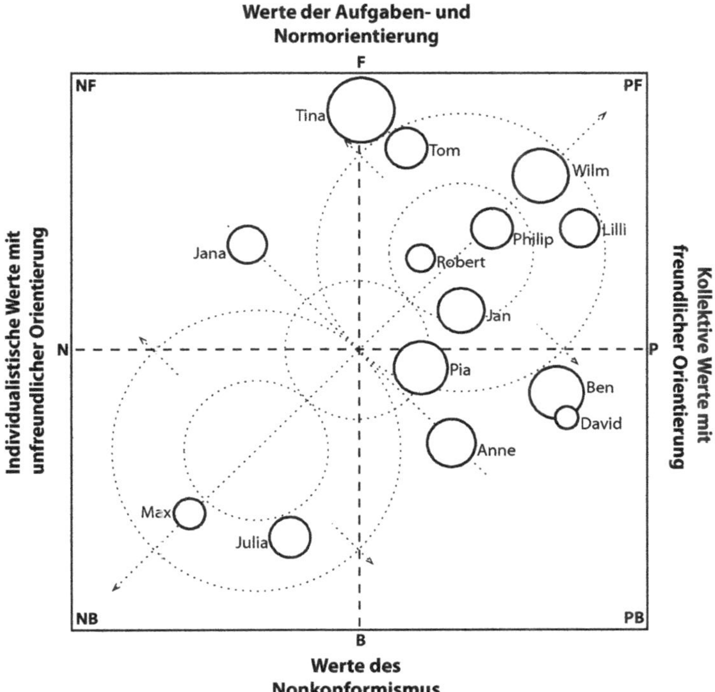

Größe des jeweiligen Bildes und zu dessen Lokalisierung in der Grafik basiert auf Bewertungen aller beteiligten Gruppenmitglieder.

Bales entwickelte verschiedene, gestufte Fragebögen, mit denen die erforderlichen Bewertungsdaten erhoben werden. Wie diese Fragebögen im Einzelnen aussehen und eingesetzt werden, erörtern wir an dieser Stelle nicht, weil dies zu weit von unserer Fragestellung ablenken würde.[9] Was hierfür ausgesprochen relevant ist und uns stattdessen interessiert, sind die *Einzelheiten der Dimensionierungen,* die in den Felddiagrammen zum Tragen kommen.

Schauen wir auf das Beispiel–Felddiagramm: Die Grafik enthält zwei sich in der Mitte des Feldes überkreuzende Skalen, die in unserer Darstellung als jeweils senkrechte und horizontale gestrichelte Linie erkennbar sind. Jeweils am Ende der Linien – also oben, unten, rechts und links – befinden sich die Dimensions–Kennzeichnungen F *(oben)*, B *(unten)*, N *(links)* und P *(rechts)*. In langjährigen Untersuchungen von Problemlösungsverhalten hatte Bales systematisch Daten gesammelt und diese mithilfe statistischer Berechnungen ausgewertet. Aufgrund einer Faktorenanalyse ergaben sich drei Grunddimensionen menschlichen Interaktionsverhaltens:

Drei Dimensionen menschlichen Interaktionsverhaltens

- *Engagements–Dimension:*
  Dominanz versus Unterwürfigkeit – U *(upward)* und D *(downward)*
- *Emotions–Dimension:*
  Freundlichkeit versus Unfreundlichkeit – P *(positive)* und N *(negative)*
- *Arbeitsorientierungs–Dimension:*
  Normorientierung versus Nonkonformismus – F *(forward)* und B *(backward)*

Vereinfacht gesagt zeigte sich, dass sich Personen in einer Gruppensituation auf drei Ebenen individuell verhalten. Zum einen zeigen sie bestimmte Ausprägungen von *Engagement*. Sie treten mehr oder weniger dominant *(U – »upward«)* auf oder sie sind mehr oder weniger zurückhaltend bzw. unterwürfig *(D – »downward«)*.

Im Weiteren zeigen sie ihre *Emotionalität* entweder in mehr oder weniger freundlichem Sozial–Verhalten *(P – »positive«)* oder sie zeigen mehr oder weniger unfreundliche Formen von abgrenzendem Individualismus *(N – »Negative«)*.

In der dritten Dimension können wir die *Arbeitsorientierung* von Individuen beobachten – sie offenbaren entweder mehr oder weniger starke Akzeptanz konservativer Werte und etablierter Autorität *(F – »Forward«)* oder sie zeigen mehr oder weniger starke Orientierungen an alternativen Wertvorstellungen und an Kreativität *(B – »Backward«)*.

Obwohl das Felddiagramm als grafisches Artefakt auf eine zweidimensionale Illustrierung des Interaktionsraums eingeschränkt ist, gelang es Bales, für die Darstellung der drei Verhaltens–Dimensionen eine anschauliche Visualisierung:

In der Grafik werden zwei Dimensionen direkt dargestellt. Bales nutzte die *horizontale Ebene* für die Wiedergabe der Dimension »Freundlichkeit versus Unfreundlichkeit« – P versus N. Die *senkrechte Blickrichtung* nutzte er für die Darstellung der Dimension »Akzeptanz versus Nichtakzeptanz von Autorität« bzw. »Konservatismus versus Kreativität« – F versus B.

Felddiagramm: Korrektheit versus Kreativität

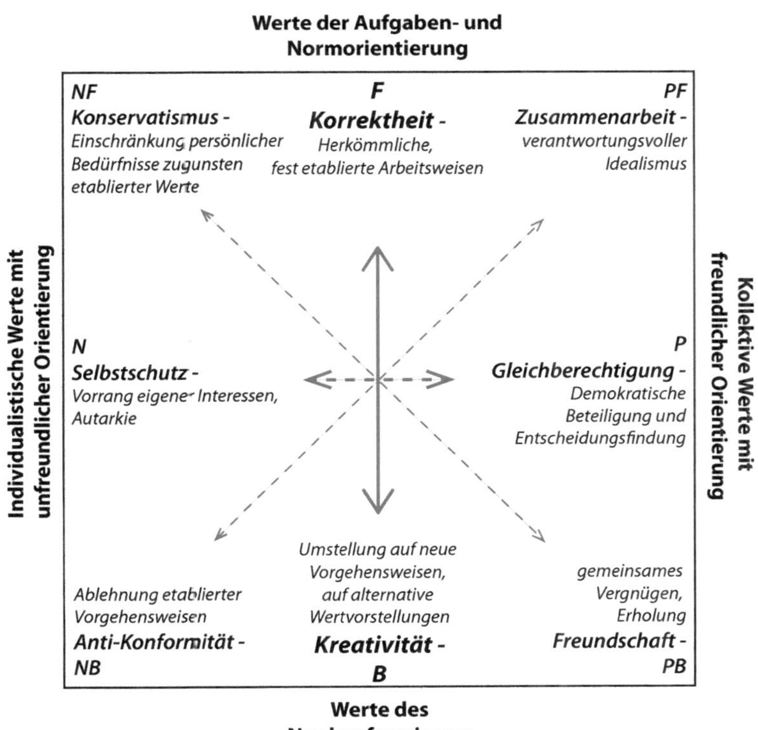

Für die ausstehende Dimension »Dominanz versus Unterwürfigkeit« – U versus D –, ließ sich Bales eine Illustrierung einfallen, die für den Betrachter intuitiv nachvollziehbar ist: Dominantes Verhalten wird durch einen großen Kreis dargestellt, weniger dominantes und unterwürfiges Verhalten wird durch kleinere Kreisdurchmesser kenntlich gemacht.

Anhand dieser kurzen Erläuterungen kann der Leser grundlegend nachvollziehen, wie Bales› Beispiel–Felddiagramme funktionieren. Insbesondere kann er die gegenläufigen Orientierungs–Möglichkeiten von Individuen identifizieren. Auf dieses Grundverständnis des SYMLOG–Ansatzes bauen wir auf, wenn wir nun auf ein weiteres Felddiagramm blicken *(Seite 213)*. [10]

In diesem Diagramm sind die wichtigsten *bipolaren Einstellungen*, auf die Bales bei seinen Untersuchungen gestoßen ist, durch gegenläufige Pfeile angedeutet. Wir erkennen unter anderem die Gegenläufigkeit von Orientierungen des Selbstschutzes auf der einen Seite und kollektiven Orientierungen wie der Gleichberechtigung auf der gegenüberliegenden Seite, Orientierungen des Anti–Konformismus laufen in Gegenrichtung zu Orientierungen der Zusammenarbeit. Für unser Kreativitäts–Thema knüpfen wir an die Gegenläufigkeit von *Orientierungen der Korrektheit (oben)* und der *Orientierung an neuen alternativen Wertvorstellungen und der Kreativität (unten)* an:

Korrektheits-Orientierung

Bales konnte herausarbeiten, dass *Orientierungen am Wert der Korrektheit* in Form folgenden individuellen Verhaltens auftreten:

- *an der Gruppenaufgabe Mitarbeiten – ernsthaftes Bemühen um Problemlösung*
- *Überzeugungen und Vermutungen in einer vernünftigen und beherrschten Weise Vorbringen*
- *Problemstellungen Bewerten oder Diagnostizieren, indem Meinungen und Einstellungen analysiert werden*

Als Botschaft formuliert, drückt Bales diese Orientierung aus als:

»Höre auf zu träumen und werde vernünftig!«

Kreativitäts-Orientierung

Für die *Kreativitäts–Orientierung* erwiesen sich wesentlich andere Verhaltensweisen als charakteristisch:

- *Abruptes Ändern der Interaktionsstimmung*
- *Zuerkennengeben, dass der Inhalt oder die Art und Weise dessen, was vor sich geht, als zu kontrolliert oder einengend empfunden wird*
- *Zuerkennengeben, dass der Wunsch aufkommt, von der Arbeitsroutine zum freien Gedankenspiel überzugehen, vom Überlegen zum improvisierenden Agieren, von der Selbstbeherrschung zum Ausdrücken von Gefühlen*

Hier heißt Bales› charakterisierende Botschaft:

»Lass Deinen Gedanken einfach freien Lauf!«

Felddiagramm: Wert-Gebiets-Map

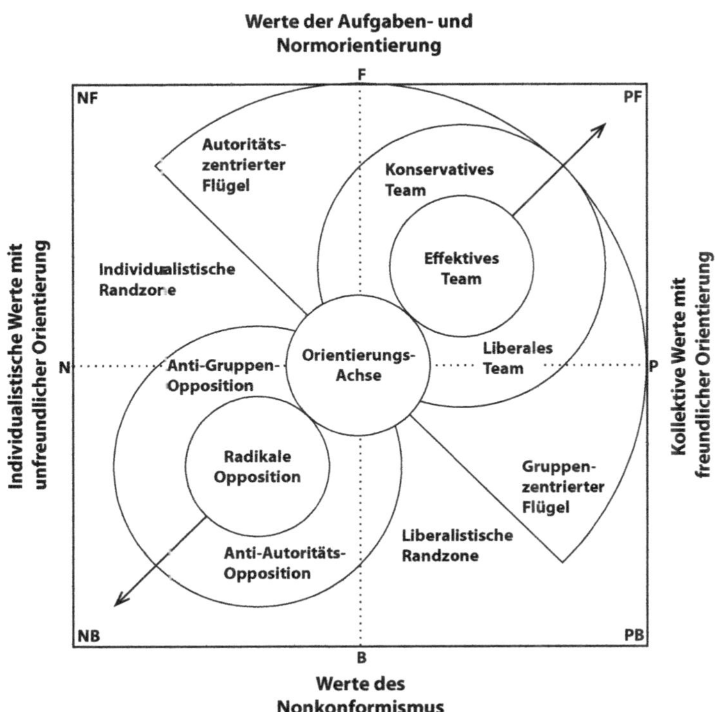

Wie weit sind diese antagonistischen Orientierungen in der Gruppen–Praxis und im Arbeitsalltag voneinander entfernt? Mit welchem Aufwand kann ein im Augenblick erfolgreich und korrekt arbeitendes Team dazu gebracht werden, auf das Erfinden von neuen Vorgehensweisen und alternativen, kreativen Wertvorstellungen »umgeschaltet« werden?

Robert F. Bales hat zur Beantwortung dieser Fragestellung Forschungsergebnisse speziell ausgewertet. Das Ergebnis dieser Auswertung erkennen wir in einem weiteren Balesschen Felddiagramm – wir schauen auf die so genannte *»Wert–Gebiets–Karte« (Seite 215)*:[11]

Dazu eine knappe Erläuterung: Nach jahrelangem Einsatz der Felddiagramme und der Analyse von Hunderten Gruppenkonstellationen zeichnete sich ab, dass es in den Interaktions–Feldern typische »Orientierungsregionen« gibt. Es zeigten sich Diagrammbereiche, in denen sich Daten von Individuen mit ähnlichen Orientierungen häufen, um »Effektive Teams«, »Konservative Teams« aber auch »Radikale Oppositionen« usw. zu bilden. Was sich in konkreten Interaktionssituationen dazu abspielte, war Folgendes: In wiederholten Gesprächsrunden glichen sich einzelne Orientierungs–Richtungen von Individuen an. Die betreffenden Personen bildeten Untergruppen, aus denen heraus sie in der Folge gemeinschaftlich gegenüber anderen Untergruppen Konkurrenz–Positionen einnahmen. Die Wert–Gebiets–Karte *(oben)* stellt die typischen Polarisierungs–Felder dar, die sich dabei ergaben.

Wie werden Gruppen effektiv?

Auf der Basis dieser Wert–Gebiets–/Polarisierungs–Karte wertete Bales die Befragung von 1.000 Probanden seiner Untersuchungen aus. Die Befragungsteilnehmer waren gefragt worden, welche Orientierung sie persönlich zum Erreichen von Arbeitseffektivität für wichtig halten:

> *»Im Allgemeinen, welche Art von Wertorientierungen sollten idealerweise gezeigt werden, um die höchste Effektivität zu erreichen?«*

Anhand der Antworten auf diese Fragestellungen bekommen wir einen Eindruck davon, inwieweit Gruppenmitglieder Effektivität eher mit »konservativen« Werten rund um Korrektheits–Orientierungen (F) oder eher mit

Feld-Streudiagramm

Gesammelte Bewertungen in Bezug auf:

»Was für mich die ideale Orientierung ist, um mit der Gruppe möglichst effektiv zu sein ...«

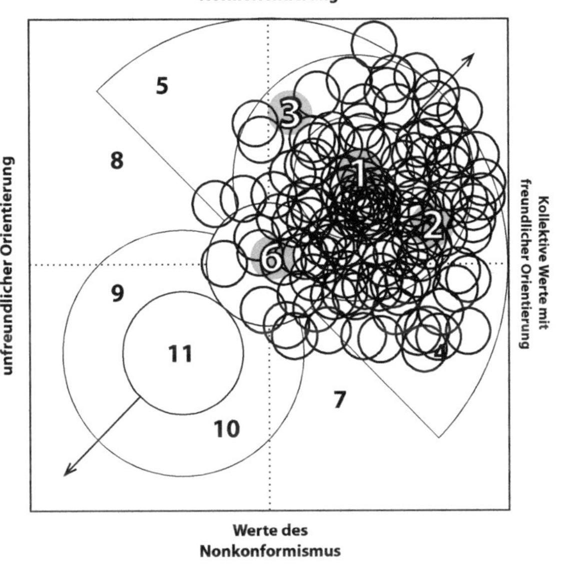

1 Effektives Team
2 Liberales Team
3 Konservatives Team
4 Gruppen-zentrierter Flügel
5 Autoritäts-zentrierter Flügel
6 Orientierungs-Achse
7 Liberalistische Randzone
8 Individualistische Randzone
9 Anti-Gruppen-Opposition
10 Anti-Autoritäts-Opposition
11 Radikale Opposition

»alternativen« Werten, neuen Vorgehensweisen und Kreativitäts–Orientierungen (B) in Verbindung bringen.

Zur Auswertung wurden sämtliche Antworten in die Polarisierungs–Karte eingetragen, wobei sich viele Kreise ganz oder teilweise überlagerten. Bales› Darstellung dieses Überlagerungsbildes ergab das »Feld–Streudiagramm« *(Seite 217)*.[12]

Schauen wir auf die Details dieses Streudiagramms: Was ist bemerkenswert an dem Muster, das sich hier zeigt? Das Zentrum des sich ergebenden empirischen Clusters ist nah am Zentrum der Orientierungs–Areale »Effektives Team«, »Liberales Team« und »Konservatives Team«. Im Detail ergab Bales› Auswertung, dass 90,3 Prozent der Bild–Lokalisierungen mit der Bewertung »am effektivsten« in diesen Arealen des Felddiagramms positioniert sind.

Offenbar gibt es unter Individuen den *Konsens, dass effektives Arbeiten in der Gruppe Orientierungen voraussetzt, die in Richtung »Etablierte Arbeitsweisen«, »Verantwortungsvolle Zusammenarbeit« und »Gleichberechtigte Zusammenarbeit« gehen* – Grundrichtung ist also die F–Orientierung. Orientierungen in B–Richtung, also in Richtung »neue Vorgehensweisen« und »Kreativität« wurden bei Bales› Untersuchung von 1.000 Fällen komplett ausgeschlossen.

Effektive Gruppen meiden neue Wege.

Wie bedeutungsvoll sind Bales› Ergebnisse? Er selbst schließt aus, dass dieses signifikante Beieinanderliegen der Positionierungen aufgrund Mess– oder Rechenfehler zustande gekommen sein konnte. Seiner Ansicht nach betrachten wir hier ein empirisches Faktum, das aufgrund eines großen Datenbestands abgesichert ist.

Unsere Schlussfolgerung daraus ist entsprechend:

Individuen, die in der Gruppenarbeit Effektivität anstreben, meiden mit großer Wahrscheinlichkeit alternative Wertorientierungen und neue Vorgehensweisen.

4. Basis für kreative Problemlösungs-Arbeit: Die Kreativ-Konferenz

Nehmen wir Bales› Ergebnisse ernst, müssen wir davon ausgehen, dass engagiert arbeitende Teams in der Alltagsarbeit selbstgesteuert nicht in der Lage sind, neue Vorgehensweisen und innovative Problemlösungen zu »produzieren«. Offenbar hat selbst der »kreativste Chef« einer hochproduktiven Arbeitsgruppe keine Chance, in der Alltags-Arbeitsroutine Ergebnisse zu erreichen, die nach den zu Beginn dieses Kapitels definierten Maßstäben kreativ und »radikal-innovativ« sind.

Um zu solchen Arbeitsresultaten zu kommen, müssen Interaktions-Prozesse in Arbeitsgruppen angeleitet, organisiert, also »moderiert« werden. Wir verlassen deshalb nun die Betrachtung theoretischer und empirisch-wissenschaftlicher Hintergründe und sehen uns an, wie solche *Moderierungen von Gruppenprozessen bei der Entwicklung von Kommunikations-Lösungen* realisiert werden.

Um zu zeigen, wie für die Erreichung von kreativen Arbeitsergebnissen günstige Bedingungen geschaffen werden, schauen wir uns die Arbeit eines Kreativitäts-Pioniers an. *Alex Faickney Osborn* (*24.05.1888 – †13.05.1966) – einer der Gründer der internationalen *Werbeagentur BBDO (Batten, Barton, Durstine & Osborn)* – hatte in jahrzehntelanger Arbeit ein Kreativitäts-Verfahren entwickelt, das auf die Erarbeitung von Kommunikations-Maßnahmen in Agenturen und Kommunikations-Abteilungen zugeschnitten ist. Für die weiterführende Forschung an diesem Verfahren und für Kreativ-Qualifikation von Kommunikations-Professionals gründete er im Jahr 1954 zusammen mit der *Universität Buffalo* im Staat New York das international erste Institut für kreative Problemlösung: das *»Creative Problem Solving Institute (CPSI)«*.[13]

Agentur-Gründer und Kreativitäts-Pionier: Alex Osborn

Osborn hatte die Probleme von Arbeitsgruppen bei der Bewältigung von Kommunikations-Aufgabenstellungen erkannt und entwickelte ein erfolgreiches Moderations-Verfahren für die kreative Problemlösung *(CPS – »creative problem solving«)*, das grundlegende Interventionen in Gruppen-Prozesse nutzt.

Osborn hatte in seiner Beratungs–Praxis parallel zu den Untersuchungsergebnissen von Robert F. Bales in Harvard festgestellt, dass Arbeitsgruppen – wie er es nannte – »*kreativer Imagination*« Widerstände entgegensetzen.[14] Ihm war aufgefallen, dass dieser Imagination mittels beurteilender Argumentationen und Skeptizismus folgenreich gegengesteuert wird. In die Sprache von Bales› Ansatz übersetzt zeigte sich, dass die offen zu tage tretende B–Orientierung in der Arbeitssituation stets mit massiven Äußerungen der F–Orientierung konfrontiert wurde.

Osborn hatte in diesem Zusammenhang eine differenzierte Sichtweise. Er stellte im Detail fest, dass die Vorteile und Stärken des *beurteilenden Denkens (F)* in der Gruppe darin bestehen, Arbeitsschritte zu organisieren, Fakten zu analysieren, abzuwägen, zu vergleichen, zusammenzufassen und Schlussfolgerungen zu bilden. Die Stärke der *kreativen Imagination (B)*, sah er darin, aufgrund von Fakten zu improvisieren, um zu neuen Lösungen zu kommen, neue Verbindungen herzustellen und ungewöhnliche Ideen zu produzieren.

Osborn »bändigte« einseitiges Denken.

Osborn erkannte, dass hohe kreative Produktivität im Zusammenhang mit Kommunikations–Aufgabenstellungen möglich ist und regelmäßig erreicht werden kann. Voraussetzung dafür ist allerdings, dass die beiden betrachteten gegenläufigen Kompetenzen abgestimmt und separiert voneinander arbeiten können, ohne sich gegenseitig zu stören. Denn hat das *beurteilende Denken (F)* Überhand gegenüber der *Imagination (B)*, wirken einseitige Arbeitsroutinen, die im Laufe der Zeit die Effektivität der Gruppenarbeit an Problemlösungen stagnieren lassen. Mit Blick auf das Einstein–Zitat, das diesem Kapitel vorweggestellt ist, können wir sagen, dass sich in dieser Konstellation Mitarbeiter in »Holzhacker« verwandeln. Wird andererseits die *kreative Imagination (B)* überakzentuiert, häufen sich ungeprüfte, zu wenig durchdachte Ideen, die zu keinen befriedigenden Ergebnissen und stattdessen zu chaotisch anmutenden Arbeitssituationen führen.

Der Weg zur gelingenden kreativen Arbeit besteht darin, die Gruppenarbeit von Kommunikations–Professionals so zu moderieren, dass *sich beurteilendes Denken und kreative Imaginationen* – statt sich zu stören – *gegenseitig stützen.*

Dazu sind Beurteilungs– und Kreativitäts–Arbeitsphasen getrennt voneinander, in geplanten Schritten parallel und nacheinander auszuführen. Auf diese Weise ist es möglich, das ansonsten in Arbeitsgruppen regelmäßig auftretende »Kreativitäts–Abwürgen« nach dem Motto *»Jeder spritzt gerne kaltes Wasser auf heißlaufende Fantasien!«* zu beenden.[15]

Gegen Ende dieses Kapitels wird diese Einsicht in die Detailbeschreibung des kreativen Problemlösungs–Prozesses integriert. Zum Abschluss des gegenwärtigen Abschnitts betrachten wir nun die wesentlichen Faktoren günstiger Gruppenbedingungen – für die »Arbeit kreativer Hirnträger« einfach handhabbar in übersichtlichen Checklisten aufbereitet:

Kreative Problemlösung:
Gruppen–Intervention – Grundidee

- *Es sind Kreativ–Konferenzen mit dem Ziel zu organisieren, variantenreiche Ideenlisten zu produzieren.*
- *Diese Listen können später wichtige Anregungen zu Problemlösungsansätzen geben, weil die enthaltenen Ideen in einem getrennten Prozess sorgfältig analysiert, selektiert, bewertet und ausgearbeitet werden.*
- *Die Veranstaltung jeder einzelnen dieser Konferenzen erfordert, dass das Prinzip des Zurückhaltens von Beurteilungen aufs Strengste beachtet wird.*

Wichtige Regeln der Durchführung der Kreativ-Konferenzen

- *Kritische Kommentare sind verboten: Die Beurteilung der Ideen wird auf nachfolgende spezielle Arbeits-Meetings verschoben. In den Kreativ-Sessions geht es darum, möglichst viele, möglichst unterschiedliche Optionen zu sammeln.*

- *»Je abgedrehter, um so besser!«: Es ist leichter, überdrehte Ideen auf ein »Normal-Maß« zurückzubringen, als biederes, überkommenes Denken kreativ aufzuwerten.*

- *»Nicht kleckern, klotzen!«: Je größer die Anzahl der aufkommenden Ideen, desto größer ist die Wahrscheinlichkeit, dass nützliche Ansätze dabei sind.*

- *Ideen sind »willkommen« zu heißen: Das Äußern grundsätzlich jeder Idee ist zu loben und freundlich zu begrüßen. Gerade die Gedanken, die im Moment des Hervorbringens völlig abwegig erscheinen, können sich später als die tragfähigsten erweisen.*

Moderatorin der Kreativ-Konferenzen:
Profil

- *Es ist wichtig, dass die Moderatorin der Kreativ-Konferenzen eine ganze Reihe von Moderations- und Gruppen-Coaching-Strategien beherrscht und eine entsprechende – am besten mehrjährige – Moderations-Ausbildung absolviert hat.*

- *Es ist ihre Aufgabe, die Motivation der Gruppen, ständig neue Ideen und ungewöhnliche Gedanken zu äußern, über die komplette Dauer der Session auf einem hohen Niveau zu halten.*

- *Die Dauer der Session liegt idealerweise bei 40 bis 45 Minuten, wobei erfahrungsgemäß die besten Ideen erst in der zweiten Session-Hälfte auftauchen.*

Moderatorin der Kreativ–Konferenzen:
Vorbereitung

- *Die Moderatorin stellt die Teilnehmergruppe der Kreativ–Konferenz zusammen.*

- *Sie bereitet eine Einladung vor, die ein Background–Memo von einer Seite Länge enthält*

- *Sie formuliert das Ziel der Session in einfachen aber motivierenden Worten, so dass ein lebendiger Kommunikationsprozess vorprogrammiert wird.*

- *Sie bereitet im Vorfeld der Konferenz eine eigene Liste mit Lösungsvorschlägen zum Thema auf. Im Fall eines Abebbens der Ideen–Lawine nutzt sie ihre provozierenden Vorschläge, um die Motivation der Gruppen neu anzustacheln.*

Moderatorin der Kreativ–Konferenzen:
Aufgaben während der Sessions

- *Zu Beginn der Konferenz sorgt die Moderatorin für ein ausreichendes warm–up und Einstimmen der Teilnehmer auf die Regeln der Kreativ–Session.*

- *Sie bringt die Teilnehmer in kreative Stimmung, indem sie ein Klima schafft, das spielerisch und fordernd zugleich ist.*

- *Sie bestätigt die Teilnehmer in ihrem Engagement und vermittelt, dass jede Form von Kreativ–Beitrag geschätzt wird.*

- *Sie verhindert, dass sich die Gruppe in Untergruppen aufteilt und sich einzelne Teilnehmer frustriert zurückziehen.*

Moderatorin der Kreativ-Konferenzen: Dokumentation aller Beiträge

- *Die Moderatorin sorgt für die reibungslose Dokumentation aller geäußerten Gedanken.*

- *Wenn Ideen von Teilnehmern gleichzeitig auftreten, können Vorschläge auf Karten geschrieben werden, die der Moderatorin im Anschluss übergeben werden.*

- *Die Moderatorin kann eine Assistentin mit in die Konferenz nehmen, welche die Aufgabe hat, die geäußerten Ideen auf einem Datenträger festzuhalten.*

- *Nach der Kreativ-Konferenz fordert sie die Beteiligten auf, ihre Ideenproduktion nicht »abzuwürgen«. Stattdessen bekommen sie eine Möglichkeit an die Hand, weitere Ideen nachträglich in den Prozess einzubringen – etwa in Form eines Session-Protokolls mit Leerraum und der Bitte zur Ergänzung vervollständigender Ideen, dass kurz nach dem Meeting an die Teilnehmer verschickt wird.*

Die Mannschaft der Kreativ-Konferenzen

- *Die Teilnehmergruppe der Kreativ-Konferenz umfasst idealerweise 12 Personen – die Moderatorin, ihre Assistentin und zehn Ideen-Produzenten.*

- *Fünf dieser Ideen-Produzenten sollten bereits routinierte Kreativ-Konferenz-Teilnehmer sein.*

- *Sie haben die Aufgabe, zu Beginn des Meetings für die übrigen fünf unerfahrenen Gruppenmitglieder das »Eis zu brechen« und die Ideen-Lawine ins Rollen zu bringen.*

- *In der Vergangenheit besonders erfolgreiche und erfahrene Mitarbeiter pflegen die kreativ-unbeweglichsten Teilnehmer zu sein. Sie sind von der Moderation in die Schranken zu weisen, falls sie den Fluss der Ideen durch skeptische Gesten abbremsen.*

- *Die Mannschaft ist im Anschluss an jede durchgeführte Kreativ-Konferenz auszuwechseln. Für die folgende Konferenz möglichst »heterogene« Teilnehmer einzuladen, bringt frische Ergebnisse.*

Die Auswertung der Kreativ-Konferenzen

- *In der Regel ist die Arbeit des Kreativ-Konferenzen-Teams mit der Ideen-Sammlung abgeschlossen.*
- *Für die Bewertung, Auswertung und die Ausarbeitung der Ideen wird ein eigenes Team zusammengestellt.*
- *Ratsam ist, dabei die PR-Beraterinnen mit einzubeziehen, die später mit der Durchführung der nachfolgenden Maßnahmen betraut sind.*
- *Wichtig ist, dass sich das Auswertungs-Team Zeit nimmt, die Kreativ-Session-Teilnehmer über den Ablauf des Kreativ-Verfahrens zu informieren und bei Ergebnis-Präsentationen mit einzubeziehen. Hierbei sollte an Lob für das Engagement bei der Ideen-Produktion nicht gespart werden.*

5. Neuronale Systeme systematisch in Bewegung bringen: Das Eisberg-Modell

Im letzten Arbeitsschritt konnten wir ein wichtiges Element unserer Kreativitäts-Technologie entwickeln: Wir haben ein Verfahren gefunden, mit Hilfe dessen in Teams recht einfach die flexible, plastische soziale Matrix hergestellt wird, die für kreative Gruppenarbeit an Kommunikations-Lösungen notwendig ist. Die produktive Arbeitsgruppe, in der die Gehirne begabter Kommunikations-Professionals zu hoher kreativer Leistung gebracht werden können »steht also«.

In diesem letzten Arbeitsschritt geht es darum, den Baustein unserer Technologie zu ergänzen, der in die Gruppenarbeit eingebracht, plastische Hirnmasse gezielt zur Bildung solcher neuen neuronalen Verknüpfungen anregt, die anschließend Basis neuer Denkweisen und Herangehensweisen werden. Mit anderen Worten, stellen wir hier das Verfahren dar, mit dem die Gehirne der Teilnehmer unserer Kreativ-Sessions zukünftig gefüttert und »provoziert« werden. Wir liefern sozusagen die *»Software«*, die Moderatorinnen einsetzen, *um fruchtbare Kreativ-Sessions vorzuprogrammieren.*

Schaffen wir also die Bedingungen für neue neuronale Systeme: Die Erfindung neuer Lösungsansätze aufgrund neuer neuronaler Verknüpfungen läuft selbst in den Hirnen begabtester Menschen nicht spontan ab. Wir müssen ihre Aufmerksamkeit gezielt auf unsere Problemstellungen lenken und motivieren, innovative Antworten zu geben.

Kreativität braucht herausfordernde Fragen.

Wir haben damit die Aufgabe, herausfordernde Fragen zu stellen. Je besser und präziser wir mit unseren Fragen bestehende Problemlagen offenlegen, umso sicherer kommen wir zu entsprechend präzisen, erfolgreichen Lösungsansätzen.

Das Stellen der richtigen Fragen zum Aufdecken der relevanten Probleme ist nicht nur das beste Instrument, um zu kreativen Ansätzen zu kommen. Laut *Albert Einstein* ist es darüber hinaus der Kern kreativen Schaffens:

> *»Allerdings kommt es auf die Problemstellung häufig mehr an als auf die eigentliche Lösung, die manchmal nur Sache der mathematischen und experimentellen Routine ist. Das Anschneiden neuer Fragen, die Erschließung neuer Möglichkeiten, das Aufrollen alter Probleme von einer anderen Seite her – das sind Aufgaben für einen schöpferischen Geist (...)«*[16]

Das AGIL-Modell leitet uns im »Kreativ-Verfahren«.

Wichtig ist es, mit unseren Fragen die Begrenztheit des üblichen linearen Denkens zu durchbrechen. Damit kommen wir an den Punkt, an dem wir an die Ergebnisse der vorhergehenden Kapitel anknüpfen. Mit Hilfe des AGIL–Modells, das wir bereits bei einer Vielzahl von Anwendungen betrachten konnten, gelingt es, Zusammenhänge zu visualisieren, Operationsweisen von Systemen und Subsystemen zu durchleuchten und dabei immer weiterführende Detailfragen zu stellen. Mit diesem Modell haben wir das passende Technologie–Element verfügbar, mit dem wir neue neuronale Verknüpfungen provozieren können:

Wenn wir das AGIL–Modell systematisch auf das Projektmanagement von Kommunikation und damit auf die Kommunikations–Planungsschritte Situationsanalyse, Planung, Durchführung und Erfolgskontrolle anwenden, verfügen wir über ein vollständiges Kreativitäts–Verfahren.

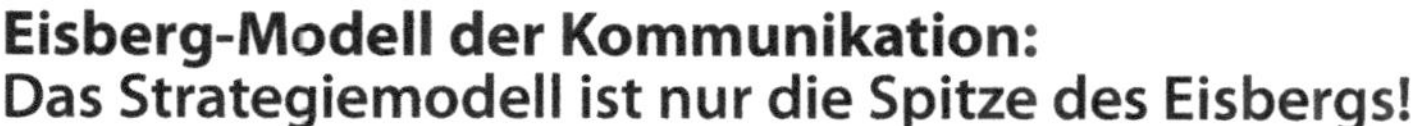

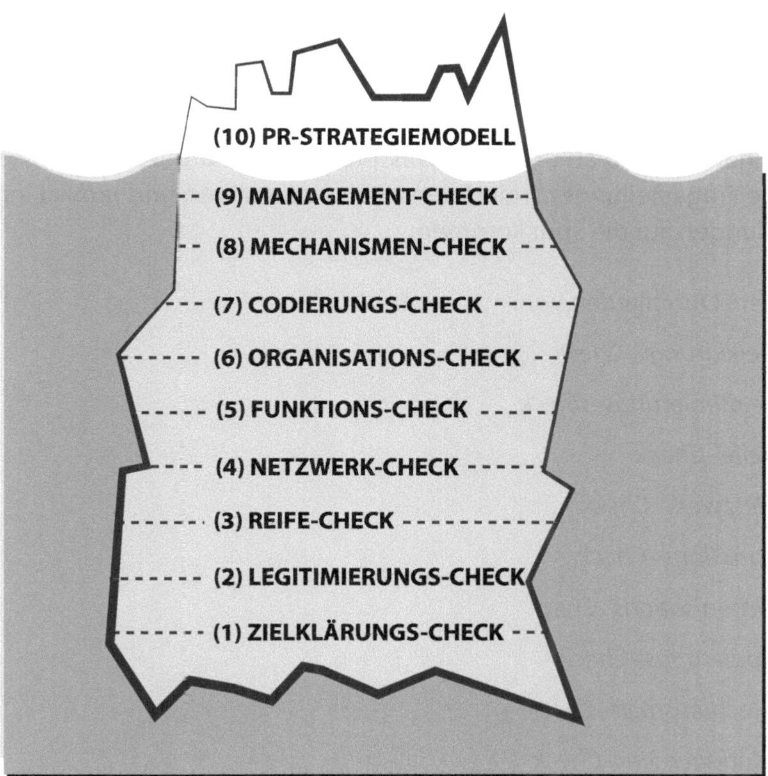

Das geht so: Im erfolgreichen Kommunikations–Projektmanagement benötigen wir eine umfassende »*Awareness*« für die vielfältigen Interaktions–Prozesse, welche die Organisation unseres Auftraggebers betreffen. Die Ursachen für Kommunikations– und Ressourcenprobleme liegen bildlich gesprochen »unter der Wasseroberfläche« der heute üblichen Planungs–Überlegungen von PR–Beraterinnen verborgen.

Genau betrachtet stellt das Standard–Strategiemodell der Public Relations, das wir am Anfang dieses Buch rekapituliert hatten, lediglich die Spitze unseres Eisberg–Modells der Kommunikation dar. Erst wenn wir darunter blicken, stoßen wir auf diejenigen Themen und Fragestellungen, die auf der einen Seite zwar manches Mal verschüttet oder sogar tabuisiert sind, die aber auf der anderen Seite genau die motivierende Kraft haben, plastische Hirne begabter Kommunikations–Profis zu den neuen Nervenverknüpfungen anzuregen, auf die wir abzuzielen haben.

Tauchen wir also ab unter die Wasseroberfläche und erkunden systematisch die Fragestellungen, mit deren Hilfe wir kreativen und radikal innovativen Lösungen auf die Spur kommen:

Neun Kommunikations-Checks und ein Strategie-Modell.

Nach dem Durchlaufen von:

(1) Zielklärungs–Check

(2) Legitimierungs–Check

(3) Reife–Check

(4) Netzwerk–Check

(5) Funktions–Check

(6) Organisations–Check

(7) Codierungs–Check

(8) Mechanismen–Check

(9) Management–Check

haben wir die Teilprobleme geklärt, die es uns ermöglichen, kreative Lösungen für das ansonsten »leere« *PR–Strategiemodell (10)* zu ermitteln.

Indem wir erkennen, was da im Einzelnen unter der Wasseroberfläche verborgen liegt, stellen wir sicher, dass wir mit Hilfe unserer Maßnahmen tragfähige – »schwimmfähige« – Lösungen ermitteln. Wir werden in Zukunft bisher unsichtbare Kollisions–Risiken umschiffen und auf von uns mitgestalteten Meinungsströmungen gestützt zügig Fahrt in Richtung auf die Verwirklichung der Ziele unserer Auftraggeber aufnehmen.

(1) Zielklärungs-Check[17]

Grundfrage:

Sind die Kommunikationsaktivitäten auf die richtigen Ziele ausgerichtet?

Erläuterung:

Kommunikations-Maßnahmen insbesondere im Bereich der Public Relations sind nicht von vornherein konsequent auf die Ziele und Strategien von Unternehmen und Organisationen ausgerichtet. PR-Aktivitäten haben häufig den Charakter von Pflichtaufgaben nachgeordneter Relevanz, im folgenden Sinne: Nachdem das Management seine Aufgaben erfüllt hat, soll nun auch die Öffentlichkeit aspektweise über dessen Vorgehen aufgeklärt werden. Motiv dahinter ist die Vorstellung, dass ein gewisses Maß an Informiertheit und Goodwill bei Außenstehenden unterstützende Wirkung für die Management-Pläne haben kann.

Diese Sichtweise führt dazu, dass PR-Aktivitäten und -Planungen auf bestimmte Routinen begrenzt werden – wie beispielsweise die Ausrichtung von Jahrespressekonferenzen, von regelmäßigen Tagen der offenen Tür, der Herausgabe von Newslettern, Kundenzeitschriften, die Versendung von Pressinformationen zu festgelegten Anlässen wie Personalien, Vorstellung von Produktneuentwicklungen, Messeteilnahmen usw. Von der notwendigen Einbindung in die strategischen Ziele von Unternehmen und Organisationen sind solche Aktivitäten weit entfernt.

PR-Routinen werden den Aufgabenstellungen moderner gesellschaftlicher Kommunikation nicht gerecht:

Das Management von Unternehmen und Organisationen besteht »systemisch« gesprochen aus dem Management von Sozialsystemen und der Erfüllung von Systemfunktionen. Management-Erfolg setzt voraus, dass die Verantwortlichen erfolgreich in der Lage sind, Ressourcen-Netzwerke zu knüpfen. Die Produktions– und Produktivkräfte des eigenen Systems sind zu optimieren, indem reibungslose Verbindungen zu externen Systemen geknüpft werden, die wichtiges Know–how sowie produktionsnotwendige Materialien und Dienstleistungen liefern. Auf den Arbeitsmärkten sind regelmäßig leistungsfähige Kompetenzträger zu gewinnen. Das Management hat die Aufgabe, den Kampf um diese meist knappen *Ressourcen* angesichts einer starken Konkurrenz zu *gewinnen*.

Weiterer »Kampf«, den das Management erfolgreich auszufechten hat, ist der *Kampf um Positionen* im Marktsystem. Hier hat es die notwenigen Investitionen zu tätigen, um die eigenen Produkte und Dienstleistungen gegen Konkurrenzangebote durchzusetzen. Um die ersten beiden Kämpfe durchzustehen, hat das Management parallel die eigenen internen Systemstrukturen zu optimieren und eine *umsetzungsstarke System–Organisierung* sicherzustellen. Hier hat es die Identifikation der Mitarbeiter und Leistungsträger zu fördern, um sie zu engagierter Arbeitsleistung zu motivieren. Schließlich hat das Management das eigene Vorgehen und seine Lösungen und Strategien nach Innen und gegenüber Kritikern von Außen erfolgreich *zu verteidigen, zu begründen und durchzusetzen*.

Wenn Manager auf diesen vier umkämpften Feldern an Systemen »herumgestalten«, entsteht automatisch paralleler Gestaltungs–Bedarf an wichtigen Kommunikations–Systemen. Im Meinungsmarkt ist der Kampf um Aufmerksamkeit erfolgreich zu bestehen, um die dazu notwendige Beachtung zu erreichen. Um Produkte und Dienstleistungen erfolgreich vermarkten zu können, ist in der Kommunikation der Kampf um Positionen auszufechten – beispielsweise sind Qualitäts–Behauptungen im Meinungsmarkt durchzusetzen. Beim Kampf um Konsens sind Interaktions–Beziehungen zu wichtigen internen und externen Zielgruppen zu unterhalten, um Unterstützung bei der Umsetzung der Management–Ziele zu erreichen. Beim Kampf um Lösungen sind die Strategien des Managements nach Innen und Außen in Diskussionen zu erläutern und zu begründen. In diesem Sinne sind Kommunikations–Ziele nicht Management–Zielen nachgeordnet, sondern sie sind in diese unlösbar integriert.

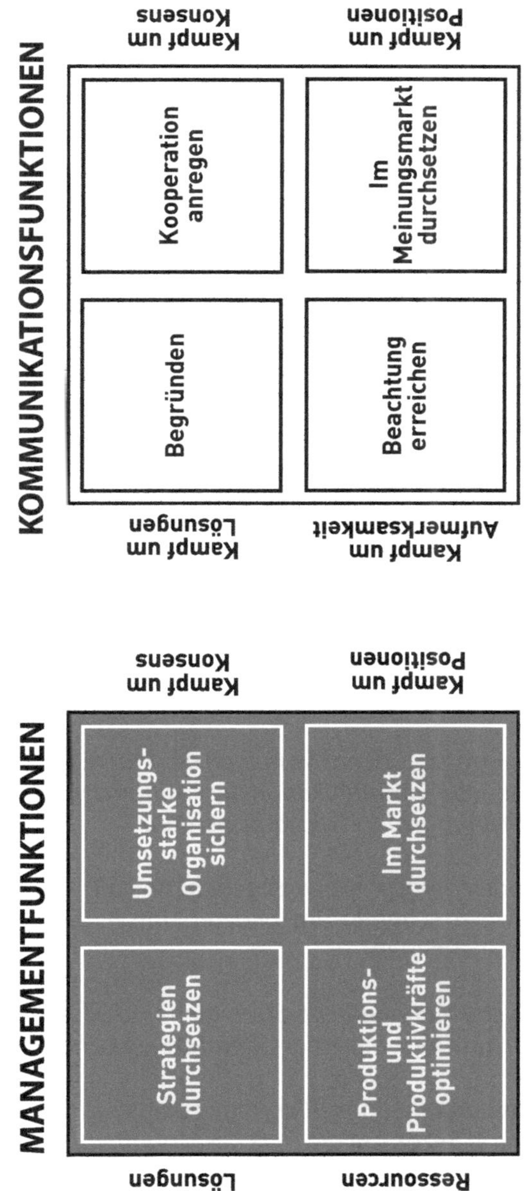
MANAGEMENTFUNKTIONEN
Kampf um Lösungen
Kampf um Ressourcen
Kampf um Konsens
Kampf um Positionen
Strategien durchsetzen
Umsetzungs-starke Organisation sichern
Produktions- und Produktivkräfte optimieren
Im Markt durchsetzen
KOMMUNIKATIONSFUNKTIONEN
Kampf um Lösungen
Kampf um Aufmerksamkeit
Kampf um Konsens
Kampf um Positionen
Begründen
Kooperation anregen
Beachtung erreichen
Im Meinungsmarkt durchsetzen

Ohne den parallelen Kommunikations–Erfolg gibt es keinen Management–Erfolg – Kommunikation ist alles andere als ein »Nebenkriegs–Schauplatz«, der mit einfachen, jährlich fortschreibbaren standardisierten PR–Plänen zu bestellen ist. Je besser Management– und Kommunikations–Ziele integriert sind, desto wirkungsvoller arbeiten Unternehmen und Organisationen. Je weniger dies gelingt, umso mehr wächst das Risiko des Managements, Misserfolg zu produzieren.

Check:

Zur Zielklärung kann folgende Checkliste dienen:

- ❍ *Gibt es einen ausreichenden Austausch zwischen den Unternehmens–Strategie–Verantwortlichen und den Kommunikations–Verantwortlichen?*
- ❍ *Welche Kommunikations–Ziele ergeben sich aus den wichtigen mittel– und langfristigen Management–Projekten?*
- ❍ *In welcher Beziehung ist die Durchsetzung der Ziele des Managements auf Ressourcen von außen angewiesen – auf Mitarbeiter mit speziellem Know-how, auf kompetente Geschäftspartner? Inwieweit kann durch Kommunikation das Interesse für die eigene Organisation geweckt und gestützt werden?*
- ❍ *Auf welche Konkurrenz stößt das Vorgehen des Managements in Märkten? Inwieweit kann durch Kommunikation die Position des Managements per Aktivitäten im Meinungsmarkt gestärkt werden?*
- ❍ *Bei welchen Bevölkerungsgruppen ist gegebenenfalls Konsens für die Ziele des Managements zu schaffen, um für deren Umsetzung Zustimmung und Unterstützung zu gewinnen?*
- ❍ *In Bezug auf welche Management–Strategien sind begründende Dialoge mit den Mitarbeitern und Vertretern der Öffentlichkeit zu führen?*
- ❍ *Gibt es in den Kommunikations–Planungen der Vergangenheit Routine–Maßnahmen, die in Bezug auf die Ziele des Managements keine unterstützende Wirkung haben? Ist Ressourcen–Aufwand für diese Maßnahmen einsparbar oder sind die Maßnahmen sogar komplett verzichtbar?*

(2) Legitimierungs-Check[18]

Grundfragen:

Wie zustimmungswürdig sind die Strategien und Pläne des Managements? Welche diskussionswürdigen Folgen haben sie für die umgebende Gesellschaft, für Gruppen und Einzelpersonen?

Erläuterung:

Von den Kommunikations–Verantwortlichen ist zu untersuchen, welche legitimen Bedürfnisse und Interessen von Gruppen und Einzelpersonen durch das Wirken ihrer Auftraggeber tangiert werden.

Im Einzelnen ist dabei zu ermitteln, ob diese Bedürfnisse und Interessen unterstützt und gefördert oder stattdessen beschnitten und eingeschränkt werden. Aus dem Ergebnis dieser Untersuchung ergibt sich für die Planung von PR–Maßnahmen, ob für die auftraggebende Organisation gezielte Legitimierungs–Maßnahmen durchzuführen sind.

Bei dieser »Legitimierungs–Arbeit« haben PR–Beraterinnen abzuschätzen, wie das notwendige Maß an Legitimität erreichbar wird, das für das Umsetzen der Management–Strategien erforderlich ist.

Für die moralisch–ethische Evaluation ist das Hineinversetzen in die Bedürfnis–Positionen von betroffenen Individuen und Gruppen erforderlich. Die Öffentlichkeit bewertet das Vorgehen des Managements aufgrund dieser Bedürfnis–Positionen kritisch. Das Verletzen begründeter Bedürfnisse und Interessen wird in der Öffentlichkeit negativ bewertet, das Fördern und Unterstützen dieser Bedürfnisse und Interessen wird positiv bewertet. Ein Management, das in der Öffentlichkeit in diesem Sinne negativ bewertet wird und über eine negative Wertbilanz verfügt, verliert ihre Zustimmung und riskiert, zukünftig an Handlungsfähigkeit einzubüßen und mit der Umsetzung von Strategien zu scheitern.

Check:

Es ist deshalb Aufgabe der Kommunikations–Verantwortlichen, grundsätzlich zu klären:

- ❍ *Welche Wert–Konfrontationen sind in der öffentlichen Diskussion zu erwarten?*
- ❍ *Welche Kommunikations–Initiativen sind erforderlich, um eine gegebenenfalls aus dem Gleichgewicht geratene Wertbilanz in Ordnung zu bringen?*
- ❍ *Welche Legitimierungs–Initiativen sind anzustoßen und kommunikativ zu begleiten?*

Aktuell zu klären ist:

- ❍ *Stehen aufgrund von Management–Entscheidungen »nachhaltige« und »brisante« Folgen oder »gravierende« Ereignisse und »einschneidende« Entwicklungen an?*
- ❍ *Sind die Management–Entscheidungen zu begleiten durch:*
  - ❒ *begründende interne und öffentliche Diskussionen?*
  - ❒ *Mobilisierung von internen und externen Gesprächskreisen?*
  - ❒ *Initiierung von Kommunikationsprozessen zur Durchsetzung am Meinungsmarkt?*
  - ❒ *gezieltes Informieren nach Innen und Außen und Ermitteln von relevanten aktuellen Meinungsströmungen?*

PR–Beraterinnen haben im Fall einer »ins Negative gelaufenen« Wertbilanz die Aufgabe, zusammen mit dem Management eine Initiative zur Wiederherstellung eines »Positiv–Kontos« zu starten. Die legitimen Bedürfnisse betroffener Individuen und Gruppen sind zukünftig zu wahren, bereits aufgetretene Schädigungen sind zu begrenzen und auszugleichen.

Diese Initiative hat erfahrungsgemäß große Erfolgsaussichten, folgt sie dem Prinzip einer *»werthaltigen kommunikativen Kontoführung«*:

Regeln der »werthaltigen kommunikativen Kontoführung« - gemäß dem »*Enjoy life and help live*«-Prinzip der Ethik

*§ 1 **Vermeide Minus-Posten** (Einschränkungen legitimer Bedürfnisse und Interessen Anderer) **auf Deinem »Kommunikationskonto«!***

§ 2 - Sollten trotzdem Minus-Posten auftreten, gleiche diese unmittelbar aus!

§ 3 - Sollten sich Minus-Posten nicht unmittelbar ausgleichen lassen, ist

(1) ein detaillierter Plan dafür zu entwickeln, der festlegt, wie der Minusposten Schritt für Schritt mittelfristig ausgeglichen wird!

(2) diesem Plan ist Glaubwürdigkeit dadurch zu vermitteln, dass er realistisch ist und unmittelbar in Angriff genommen wird!

(3) über die erfolgreichen absolvierten Schritte ist laufend öffentlich zu berichten!

§ 4 - Solltest Du gegen diese Regeln verstoßen, scheidest Du kurzfristig für lange Zeit aus dem Kreis der vertrauenswürdigen Kommunikations-Akteure Deiner Gesellschaft aus - Deine Möglichkeiten, Bedürfnisse und Interessen öffentlich geltend zu machen, werden zukünftig auf ein Mindestmaß verkürzt.

(3) Reife-Check[19]

Fragen:

Sind die verantwortlichen Mitarbeiter mit den Aufgabenstellungen rund um die Gestaltung von Meinungsbildungsprozessen ausreichend vertraut?

Konnten sie aufgrund von Kommunikations-Erfolgen ein grundlegendes positives Gefühl für die Notwendigkeiten des Austauschs mit der Öffentlichkeit gewinnen?

Ist der vorhandene Erfahrungsschatz für die anstehende Umsetzung der Management-Strategien ausreichend?

Müssen gegebenenfalls entsprechende Erfahrungen erarbeitet werden oder sind Vorbehalte und latente Kommunikations-Ängste bei Mitarbeitern so stark ausgeprägt, dass zunächst ein Kommunikations-Förderprogramm aufgesetzt werden muss?

Erläuterung:

Insbesondere im Fall von Organisationen, die in der Vergangenheit noch nicht in den öffentlichen Dialog eingetreten sind, kann sich unter den Mitarbeitern eine Aktions-hemmende Problem-Fixierung ausbilden. Diese äußert sich durch häufig an den Tag gelegte »Bedenkenträgerei« gegenüber Kommunikations-Maßnahmen. Solche Mitarbeiter weichen regelmäßig angstvoll vor Kommunikations-Anforderungen aus oder versagen, wenn sie in Situationen geraten, in denen sie sich Dialogen etwa mit kritisch nachfragenden Journalisten zu stellen haben. Die betreffenden Mitarbeiter kaschieren ihre Angst mehr oder weniger geschickt, indem sie ihrem Ausweichen mithilfe allerlei Ausreden einen rationalen Anstrich geben. Die typischen Richtungen, aus denen entsprechende Argumente gegen eine offensive Kommunikations-Strategie bezogen werden, sind:

- *Fehlende Kontrollierbarkeit der Resultate und Nebeneffekte von Kommunikations-Maßnahmen*

- *Risikobehaftetheit der Öffnung nach außen und Preisgabe von internen Informationen*

- *Unsicherheit der Erfolgsaussichten von Kommunikations–Maßnahmen*
- *Fehlende Basis für positive Berichterstattung in der eigenen Organisation*

PR–Beraterinnen haben sich in diesem Zusammenhang ein Bild davon zu machen, inwieweit die zu betreuende Organisation über ausreichende Kommunikations–Reife verfügt. Sie stellen fest, ob die Mitarbeiter des betreffenden Unternehmens oder der betreffenden Organisation die Öffentlichkeit aus ihren Überlegungen und Handlungen eher herausdrängen wollen. Ob sie mit Blick auf Kommunikations–Aufgaben eher Vermeidungsziele verfolgen oder an Kommunikationsziele dynamisch herangehen also in diesem Feld Annäherungsziele verfolgen.

Check:

Im Detail klären sie:

- *Lassen sich Verunsicherung und Orientierungs–Probleme beobachten, wenn aktuell wichtige Themen gegen Widerstände von außen zu kommunizieren sind?*
- *Wie sicher sind sich die Verantwortlichen und das Management, dass die Kommunikations–Kompetenz des eigenen Teams zu guten Ergebnissen führen wird – wie steht es um die Erfolgsgewissheit im Rahmen der Kommunikations-Maßnahmenplanung?*
- *Gibt es eine große Kontaktbereitschaft oder ist eher ein Kontaktverzicht in Bezug auf wichtige Zielgruppen zu beobachten?*
- *Herrscht Souveränität oder eher Angst vor einem eventuellen Identitätsverlust durch Einbezogenheit in öffentliche Kommunikationsprozesse?*
- *Herrscht ausreichend Selbstvertrauen für die Selbstdarstellung in der Öffentlichkeit oder hat sich Selbstdesillusion – fehlendes Selbstvertrauen – breit gemacht?*

Stellt sich heraus, dass die Kommunikationsreife für die zukünftigen kommunikativen Herausforderungen nicht ausreicht, ist ein Programm mit aufeinander aufbauenden Kommunikations–Maßnahmen zu starten, um fehlende Sicherheit zu gewinnen. Die Organisation hat ihre Problemzentriertheit Stück für Stück abzulegen, um sich dem *Ideal einer Interessen– und Ziel–zentrierten Organisation* anzunähern *(siehe gegenüberliegende Grafik).*

Auf diesem Weg kann sich die verantwortliche PR–Beraterin an folgendem Strategie–Fahrplan orientieren:

- *Start kontinuierlicher, einfacher Kommunikations–Maßnahmen*
- *Allmähliche Steigerung der Komplexität der Maßnahmen*
- *Aufbau von Bindungen zu internen und externen Dialoggruppen*
- *Kontinuierliche Bilanzierung der Ergebnisse der Maßnahmen*
- *Verbreitung einer Erfolgsbilanz in der Organisation und Aufbau einer positiven Leistungs–Historie*
- *Verstetigung der Kommunikations–Maßnahmen durch kontinuierliche strategische Maßnahmenplanung*

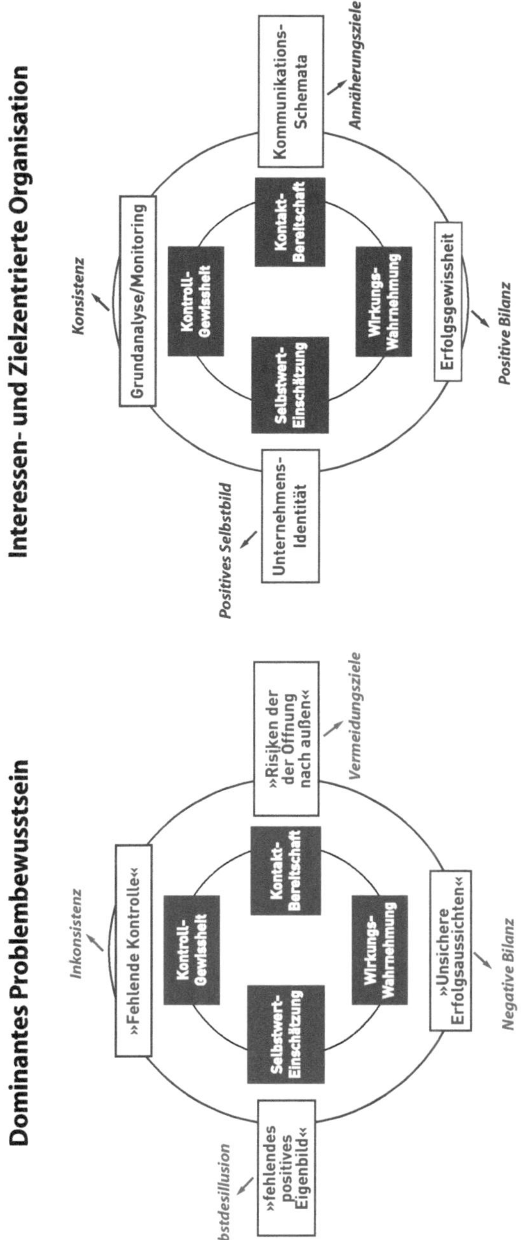

Dominantes Problembewusstsein
»Fehlende Kontrolle«
Inkonsistenz
»Risiken der der Öffnung nach außen«
Vermeidungsziele
»Unsichere Erfolgsaussichten«
Negative Bilanz
»fehlendes positives Eigenbild«
Selbstdesillusion
Kontroll-Gewissheit
Kontakt-Bereitschaft
Wirkungs-Wahrnehmung
Selbstwert-Einschätzung
Interessen- und Zielzentrierte Organisation
Grundanalyse/Monitoring
Konsistenz
Kommunikations-Schemata
Annäherungsziele
Erfolgsgewissheit
Positive Bilanz
Unternehmens-Identität
Positives Selbstbild
Kontroll-Gewissheit
Kontakt-Bereitschaft
Wirkungs-Wahrnehmung
Selbstwert-Einschätzung

(4) Netzwerk-Check[20]

Grundfrage:

Welche Netzwerke sind aufzubauen, auszubauen, zu optimieren und im Betrieb zu halten, welche Netzwerke sind möglicherweise abzubauen, um die Umsetzung der Management-Strategien wirkungsvoll zu unterstützen?

***Erläuterun**g:*

Da die Komplexität der Systeme und Beziehungen, die von Managern beim Verfolgen der Organisations-Ziele zu gestalten sind, ständig zunimmt, nimmt auch die Komplexität der parallel zu »betreuenden« Interaktions-Systeme laufend zu.

Check:

Im Rahmen ihrer Projektarbeit haben PR-Beraterinnen die Aufgabe, Beziehungen zu Gruppen, zu anderen Organisationen und zu Individuen systematisch zu managen.

❍ *Um die damit verbundenen Aufgabenstellungen zu klären, analysieren sie im ersten Schritt den Netzwerk-Status ihres Klienten. Etwa im Fall eines Unternehmens klären sie anhand folgender Grundfragen die aktuelle Netzwerk-Grundkonstellation:*

- ❒ *Mit Hilfe welcher Austausch-Prozesse und Unternehmens-Ressourcen ist das Klientensystem auf Absatzmärkten platziert?*
- ❒ *Wie setzt das Klientensystem wirtschaftlichen und politischen Einfluss ein, um seine Unternehmensstrategie zu verwirklichen?*
- ❒ *Wie setzt das Klientensystem seine Unternehmens-Organisation ein, um Netzwerke zu Kunden, Branchen und Dialoggruppen aufzubauen?*
- ❒ *Wie hat das Klientensystem seine Unternehmens-Kultur entwickelt, um Know-how und fachliche Kompetenz auf- und auszubauen?*

- *Auf der Basis der Analyse dieses Netzwerk–Settings suchen PR–Beraterinnen nach möglichen Spannungen, Interaktionsproblemen, die sie zu bearbeiten haben. Sie suchen allgemein nach Möglichkeiten der Verbesserung der Kommunikations–Beziehungen:*

    - *Was sind die wichtigsten Außenbeziehungen – wo sind die wichtigen Kommunikationspartner?*

    - *Woran sind die wichtigen externen Systeme im »Inneren« angebunden?*

    - *Funktionieren diese Netzwerke ausreichend oder besteht hier Verbesserungsbedarf?*

    - *Sind in diesem Zusammenhang grundsätzliche Entscheidungen zu treffen und umzusetzen?*

    - *Mit Blick auf die Management–Strategie: Welche Netzwerke sind aufzubauen, auszubauen, zu verbessern – an welcher Stelle sind nicht mehr funktionierende Netzwerke abzubauen?*

- *Gezielt kombinieren PR–Beraterinnen starke und schwache Bindungen, um die sich abzeichnenden Aufgabenstellungen zu bearbeiten (siehe Grafik auf der Folgeseite):*

    - *Schwache Bindungen stellen die Brückenfunktion zur Verfügung, aufgrund der Kommunikation die Grenzen zwischen Zielgruppen überwinden kann.*

    - *Entscheidungsfindungen werden am stärksten durch starke Bindungen determiniert, die allerdings am schwierigsten aufzubauen sind.*

Der Aufbau von Netzwerken: Kommunikations-Wirkungen

Netzwerke mit starken Bindungen

(+) **hohe Vertrauenswürdigkeit und starker Einfluss auf Entscheidungen**

(+) **hohe Stabilität**

(+) **hohe Erwartbarkeit und Stärke im lokalen Umfeld**

(-) *tendenziell isoliert von anderen Netzwerken*

(-) *hierarchische und autoritäre Organisation*

(-) *resistent gegenüber Erneuerungen und gegenüber Kritik*

Netzwerke mit schwachen Bindungen

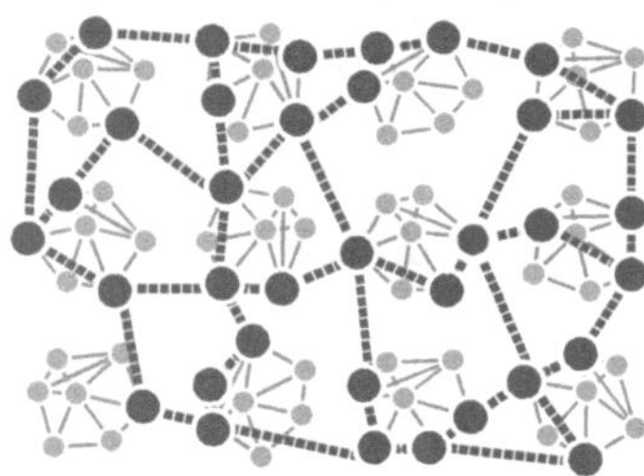

(+) **schneller Austausch von neuen Meinungen über große Distanzen**

(+) **Brückenfunktion durch unvoreingenommene Offenheit für Informationen aus allen Richtungen**

(+) **Konflikt- und Innovations-Offenheit**

(-) *Neigung zur schnellen Veränderung und Auflösung*

(-) *geringe Vertrauenswürdigkeit und geringer Einfluss auf Entscheidungen*

(5) Funktions-Check[21]

Grundfrage:

Welche Kommunikations–Funktionen sind im Einzelnen zu erfüllen, um die Umsetzung der Management–Strategien durch möglichst günstige Meinungsbildungsprozesse zu unterstützen und um Risiken vorzubeugen?

Erläuterung:

Im Umgang mit der öffentlichen Meinungsbildung sind vielfältige ineinander greifende Kommunikations–Funktionen zu erfüllen. Um die Grundfunktionen *(Beachtung Erreichen, Engagement bei den Zielgruppen Bewirken, Vertrauen Erzeugen und Managen sowie Vorgehensweisen und Strategien Begründen)* abzudecken, haben PR–Beraterinnen zahlreiche Detailaufgaben zu erfüllen. Parallel sind in der Organisation gezielt Kommunikations–Kompetenzen auf– und auszubauen.

Check:

Im ersten Schritt schauen sich PR–Beraterinnen an, wie die wichtigen Kommunikations–Funktionen des Klientensystems in der Vergangenheit erfüllt worden sind.

Dazu analysieren sie im Einzelnen, welche Kommunikations–Maßnahmen dazu bisher zum Einsatz kamen. Sie stellen fest, ob alle wesentlichen Aufgabenfelder mit ausreichendem Erfolg bearbeitet wurden und ob es Bereiche gibt, in denen Nachholbedarf besteht.

Als Leitfaden ihrer Analyse kann dabei die folgende Checkliste dienen:

Kommunikationsfunktionen: Checkliste

Begründen		**Kooperation anregen**	
Moralisch-ethische Legitimation gemäß Grundprinzipien ☐ ✓	Lösungen anhand legitimer Standards mit Experten diskutieren ☐ ✓	Gemeinsame Grundpositionen inszenieren ☐ ✓	Dialoge und Meinungsaustausch organisieren ☐ ✓
Lösungsansätze bei Zielpersonen bekanntmachen ☐ ✓	Lösungen erklären und verständlich vermitteln ☐ ✓	Kontakt zu potenziellen Kooperationspartnern aufnehmen ☐ ✓	Solidarität und Einverständnis mit Kooperationspartnern bekunden ☐ ✓
Informations-Quellen und Expertise mobilisieren ☐ ✓	Aufbau und Nutzung von Kommunikationskanälen ☐ ✓	Position verteidigen - Gegenangriffe abwehren ☐ ✓	Diskussionen zur Durchsetzung der Position nutzen ☐ ✓
Aktualität anzeigen - Bekanntheit erzeugen ☐ ✓	Thema auf Zielgruppen-Interessen spezifiziert lancieren ☐ ✓	Nutzen und Bedürfnisbefriedungs-Potenzial publik machen ☐ ✓	Zur Entscheidung auffordern ☐ ✓
Beachtung erreichen		**Engagement herausfordern**	

Linke Seite, oben: **Werthaltungen, Standpunkte und Lösungen begründen**

Linke Seite, unten: **Aktuelle Inhalte effizient an Zielpersonen übertragen**

Rechte Seite, oben: **Vertrauen erzeugen und managen**

Rechte Seite, unten: **Postion im Meinungsmarkt gegen Konkurrenz durchsetzen**

Auf der Basis dieser Analyse klären PR–Beraterinnen im Anschluss:

- *Welche Meinungsbildungsprozesse sind im Zusammenhang mit den kommenden Kommunikations–Herausforderungen zu managen?*
- *Wie gelingt es der Organisation, die notwendigen Funktionen abzudecken?*
- *Welche Kommunikations–Funktionen sind zu aktivieren, damit die Management–Strategie in Operation versetzt werden kann?*
- *Wo sind Leistungen zu ergänzen, zu unterstützen, umzulenken usw.?*

(6) Organisations-Check[22]

Fragen:

Mit Blick auf den PR-Auftraggeber:

Ist die interne Organisation der Arbeitsabläufe und der Informationsaustausch zwischen Abteilungen tauglich, die anstehenden Kommunikations-Aufgaben zu erfüllen?

Werden voraussichtlich alle notwendigen Ressourcen einfach verfügbar sein oder ist gegebenenfalls mit »Versorgungsengpässen« zu rechnen?

Erläuterung:

- *Bei der Umsetzung komplexer PR-Projektpläne ist ein umfangreiches Backup der Aktivitäten der PR-Beraterinnen durch die Organisation des Auftraggebers erforderlich. Es ist eine sich ständig wiederholende Erfahrung, dass Klienten in diesem Zusammenhang Schwächen zeigen. Je nach Ausrichtung der betreffenden Organisationen gibt es typische »Problemstellen«, an denen die PR-Arbeit behindert zu werden pflegt:*

  - *Informationsbeschaffung und -bereitstellung durch zuständige Fachabteilungen*
  - *Entscheidungsfindung, Durchsetzung von Entscheidungen auf den unterschiedlichen Management-Ebenen*
  - *Kooperation und Vernetzung, Kommunikations-Routinen zwischen Abteilungen und Personen*
  - *Diskurse zwischen Entscheidungsträgern in unterschiedlichen Abteilungen*

Zu beobachten ist, dass Organisationen Stärken in dem einen oder anderen Bereich haben, während sich in anderen Feldern Schwächen zeigen. Ursachen hinter diesen Problemen sind in vielen Fällen »funktionale Fixierungen« und einseitige Fokussierungen der Mitarbeiter in den verschiedenen Abteilungen des Auftraggebers. »Historisch« betrachtet bildeten sich die in einer Organisation dominierenden Interaktions–Muster in früheren Entwicklungsphasen. Diese Interaktionsmuster waren ursprünglich hilfreich und führten zu erfolgreichen Umfeld–Anpassungen der jeweiligen Organisation. Wenn es aber darum geht, ein neues Kommunikations–Konzept umzusetzen, blockieren Mitarbeiter als Träger dieser »alten Kommunikations–Weisen« die Umsetzung neu konzipierter Maßnahmen. Eine weitere Beobachtung ist, dass sich konfliktvolle Überkreuz–Motivationen ausbilden, wenn Druck auf die Kommunikation ausgeübt wird – wenn beispielsweise Termin–Druck oder Druck per kontroverser öffentlicher Meinungsbildung auftritt.

Es bilden sich dann typische, so genannte *Kommunikations–Syndrome* aus – Kommunikations–Tendenzen mit einseitigen Orientierungen, die den Aktionskreis von PR–Mitarbeiterinnen und –Mitarbeitern stark einengen. *(Tabelle auf Seite 248)*

Check:

Anhand der nachfolgenden Organisations–Checkliste kann nach entsprechenden einseitigen Orientierungen geforscht werden:[23]

- ❍ *Liegt eine typische einseitige Orientierung und Funktions–Fixierung vor?*
- ❍ *Wie stark ist diese ausgeprägt?*
- ❍ *Was sind die Ursachen für diese Orientierung?*
- ❍ *Zu welchen Beschränkungen hat sie bisher bereits geführt?*
- ❍ *Zu welchen weiteren Kommunikations–Einschränkungen wird sie voraussichtlich in Zukunft führen?*
- ❍ *Welche Maßnahmen müssen mit Blick auf die Strategie des Managements ergriffen werden, um diese Beschränkungen abzubauen?*

Organisations-Check: **Kommunikations-Syndrome**

Kommunikations-funktion	**Haupt-Verantwortliche/ Beschreibung der Aufgaben**	**Übererfüllungs-Syndrom**	**Untererfüllungs-Syndrom**
A: **Informationsmanagement** *Erregung von Aufmerksamkeit*	**Kommunikationsprofi des Unternehmens (PR-Managerin usw.)/** Laufende Bereitstellung von aktuellen Informationen; dynamisches Bedienen von Informationsanfragen der Zielgruppen	**Overload-Syndrom** unreflektiertes Weiterleiten beliebiger Informationen → Informations-Inflation	**Schweiger-Syndrom** Überreglementierung und Selektion → Hemmung von Informationsprozessen
G: **Kommunikationsstrategie** *Durchsetzung von Unternehmensinteressen*	**Management/** Durchsetzung Kommunikationsstrategie; Planung und Projektmanagement; Ressouren-Bereitstellung; Unterstützung bei Kritik von außen; Entscheidungen: Delegation und Befugnisse; Kontrolle der Befolgung von Kommunikationsregeln	**Scheuklappen-Syndrom** Ausblenden von unkompatiblen Signalen → fehlende Abstimmung mit der Umgebung	**Übersteuerungs-Syndrom** Akzentuierung der Orientierung an aktuellen Trends → Einschränkung Planbarkeit und Profilierung
I: **Kommunikations-Organisation** *Konsens-Erzielung bei Zielgruppen*	**Gesamt-Belegschaft/** Commitment und Verankerung der Kommunikations-Kultur; Identifikation mit den beschlossenen Kommunikationszielen des Unternehmens; Interesse und Engagement	**Erstarrungs-Syndrom** fehlende Flexibilität bei der Zielgruppen-Orientierung → Verhinderung von Dialogen	**Anpassungs-Syndrom** Überanpassung an externe Erwartungen → Verlust der Glaubwürdigkeit
L: **Kommunikations-Kultur** *Bedingungen erfüllen für öffentliche Akzeptanz*	**Strategische Planer im Unternehmen/** Diskussion und Entwicklung von Kommunikationsstandards; bindende Visionen und Kommunikationsregeln	**Dauer-Diskurs-Syndrom** ständiges Infragestellen von Positionen → kontinuierliche Identitätskrise	**Fesselungs-Syndrom** Ausblenden von Diskussionen → zwanghaftes Behaupten von Positionen

(7) Codierungs-Check[24]

Fragen:

Sind die Kommunikations-Medien, die im Rahmen der zukünftigen Kommunikation eingesetzt werden, konsequent gemäß dem vereinbarten Konzept ausgestaltet worden?

Geben diese Medien die vereinbarten Botschaften adäquat an die Zielgruppen weiter?

Erläuterung:

Erfahrungsgemäß kann bei der Ausgestaltung von Kommunikations-Medien und -Inhalten leicht die konzeptionelle Stringenz verloren gehen.

Das liegt zum einen an der anspruchsvollen Aufgabe. *Beispiel:* Die Gestaltung verständlicher Texte sowie überzeugender Layout-Designs auf der Basis einer komplexen konzeptionellen Vorgabe ist schwierig. Beides erfordert Professionals mit ausreichendem Fachwissen, analytischem und handwerklichem Geschick, deren Verfügbarkeit in PR-Abteilungen und -Agenturen nicht selbstverständlich ist.

Check:

Es ist zu überprüfen, inwieweit die beteiligten PR-Mitarbeiter tatsächlich in der Lage sind, die geforderte konzeptionelle »Instrumentalisierung« von Kommunikations-Mitteln zu erreichen. Sollten hier Mängel auftreten, besteht das Risiko, dass trotz sorgfältiger und professioneller Konzeption Medien produziert werden, die in der Kommunikations-Praxis nicht die gewünschten Wirkungen erzielen.

Die folgende kleine Fragen–Batterie hilft, diesen Punkt zu klären:

- *Um welches Artefakt geht es (z.B. Markenauftritt, Packungs–Design, Unternehmens–Auftritt, Image–Broschüre, Pressemitteilung o.ä.)?*
- *Sind die wichtigen Kommunikations–Ebenen gemäß des definierten Kommunikations–Ziels ausgestaltet?*
- *Tritt das betreffende Artefakt mit anderen Artefakten zusammen auf – erfüllt es dabei erfolgreich eine komplementäre Funktion?*
- *Muss es gegebenenfalls eine Stand–alone–Funktion erfüllen? Erfüllt es die gewünschte Funktion?*
- *Sind die Inhalte sprachlich und visuell widerspruchsfrei artikuliert?*
- *Ergänzen sich die Kommunikations–Wirkungen auf den verschiedenen Ebenen sinnvoll und ohne Brüche?*
- *Wo ist ggf. Optimierungsbedarf zu erkennen?*

Da in der täglichen Praxis häufig die Informations–Funktion von Kommunikations–Mitteln überschätzt und einseitig fokussiert wird, ist es notwendig, PR–Medien gründlich zu überprüfen. Es ist sicherzustellen, dass tatsächlich *der komplette Kommunikations–Code* umgesetzt wird. Ansonsten können diese kostspielig produzierten Medien lediglich stark eingeschränkt Wirkung ausüben.

Anhand der folgenden Checkliste können PR–Beraterinnen die korrekte Codierung von PR–Medien wie Pressetexten, Imageanzeigen, Broschüren, Internet–Sites, Social Media usw. überprüfen.

Codierungs-Check:
Nutzung der notwendigen Kommunikations-Kanäle

	Bedürfnis nach Sinn	Anlehnungs-Bedürfnis	
Gültige Begründung?	**Check:** Standards und Grundsätze: Überzeugungskraft, argumentative Wirksamkeit der verwendeten Botschaft sichergestellt? ☐ ✓	**Check:** Affektive Verbindlichkeit: Emotionale Anbindung an positiv besetzte, gemeinschaftlich geteilte Werte und Normen gelungen? ☐ ✓	**Affektive Beziehung?**
Informative Performance?	**Check:** Relevanter Sachinhalt: Zielgruppen-adäquate Informierungs-Leistung sichergestellt? ☐ ✓	**Check:** Zielsicherer Appell: Direkte und zutreffende Ansprache klar definierter, relevanter Ziele und primärer Bedürfnisse erreicht? ☐ ✓	**Bedürfniszentrierte Aufforderungsfunktion?**
	Informierungs-Bedürfnis	Überlebens- und Verwirklichungs-Bedürfnis	

(8) Mechanismen-Check[25]

Fragen:

Wirken die eingesetzten Kommunikations–Maßnahmen wie geplant?

Werden in ausreichendem Umfang zielführende Kommunikations–Mechanismen aktiviert?

Erläuterung:

Basis der Wirksamkeit von Kommunikations–Maßnahmen sind Kommunikations–Mechanismen. Das Verstehen und Nutzen dieser Mechanismen ist die Basis–Kompetenz von PR–Beraterinnen. Im Kapitel 6 haben wir uns die Operationsweise von Kommunikations–Mechanismen angesehen. Um die Wirksamkeit von Maßnahmen und deren »Mechanismen–Gerechtigkeit« sicherzustellen, können PR–Beraterinnen mit folgenden Kontrollfragen arbeiten.

Check:

Bei der Planung jeder einzelnen Kommunikations–Maßnahme ist *kritisch zu hinterfragen*:

- ❍ *Welcher Mechanismus kann die geplante Wirkung erbringen?*
- ❍ *Die Wirkungen welcher anderen Mechanismen müssen wir ggf. ausgleichen, umleiten, aufheben usw.?*
- ❍ *Ist die von uns erwartete Wirkungsweise von Maßnahmen ausreichend belegt und durch Anwendungs–Erfahrungen der Vergangenheit bestätigt?*

Zeichne die zugrunde liegenden *Mechanismen auf*:

- ❍ *Wie soll der durch unsere Maßnahme angeregte Prozess verlaufen?*
- ❍ *Inwieweit werden dabei die individuellen Bedürfnisse der anzusprechenden Personen angesprochen?*
- ❍ *Wie wirken Kommunikations–Mechanismen auf die Beziehungs–Strukturen der Interaktions–Systeme, in denen diese Personen eingebunden sind?*
- ❍ *Fazit:*
  Ist es plausibel, dass am Ende tatsächlich das gewünschte Kommunikations–Ergebnis auftritt?

Wenn die Kommunikations–Wirkungen *nicht wie geplant* auftreten:

- ❍ *Habe ich tatsächlich relevante Mechanismen ausgewählt?*
- ❍ *Habe ich diese Mechanismen tatsächlich wirkungsgerecht in den Kommunikationsprozess einbringen können?*
- ❍ *Was hat die Wirkung der betroffenen Mechanismen gegebenenfalls behindert?*
- ❍ *Wie stelle ich diese Behinderung in Zukunft ab?*

(9) Management-Check[26]

Grundfrage:

Sind die Voraussetzungen für ein erfolgreiches Projekt–Management erfüllt und die reibungslose Koordination der Arbeit aller Beteiligten gewährleistet?

Erläuterung:

Das Projekt–Management von Kommunikations–Maßnahmen erfordert ein »Umsetzungs–System« – ein Beziehungssystem mit dem Ziel der möglichst reibungslosen Abwicklung der Teilaufgaben.

- *Dabei hat die verantwortliche PR–Beraterin komplexe Interaktionen aufrechtzuerhalten*
  - *mit ihren direkten Gesprächspartnern, insbesondere den Entscheidern im Inneren der Organisation des Auftraggebers*
  - *mit den verschiedenen Zuarbeitern und Informations–Vermittlern aus der Organisation des Auftraggebers*
  - *mit dem eigenen Projekt–Team*
  - *mit den Vorlieferanten (z.B. Agenturen, Freelancern), die mit der Übernahme von Teilaufgaben betraut worden sind*
  - *mit Kooperations–Partnern und deren Organisation*
  - *mit Botschaftsmittlern – Journalisten usw.*
  - *mit den Adressaten der geplanten Kommunikations–Maßnahmen*

Check:

In diesem Zusammenhang sind folgende Fragen zu beantworten:

- *Sind die notwendigen Kommunikations–, Entscheidungs– und Abstimmungswege ausreichend vorhanden, transparent und Prozesse eingespielt?*
- *Gibt es Schwächen, die kurz– und mittelfristig zu beheben sind?*
- *Gibt es Absicherungen für mögliche Problemfälle – gibt es Krisenpräventions–Pläne?*

Eine erfolgreiche Planung von Maßnahmen erfordert im Detail eine *verteilte und flexible Organisation* der beteiligten Kräfte.

Die *verteilte Organisation* des Projekt–Managements basiert auf der zentral gesteuerten, geschickten Einbeziehung aller Beteiligten der Unternehmenskommunikation bzw. der Kommunikation in einer Institution.

Es ist zu überprüfen, inwieweit verteilte Organisation bei der Umsetzung der geplanten Maßnahmen realisiert wird und ob gegebenenfalls die Zusammenarbeit der beteiligten Abteilungen und Teams zu optimieren ist.

Die *flexible Organisation* basiert auf einer routinierten und reaktionsschnellen Umsetzung von *situativ anpassbaren Kommunikations–Konzepten*. Angehörige des Managements neigen dazu, Flexibilität und »Improvisation« für eine Schwäche und für Anzeichen defizitärer Umsetzungs–Kompetenz zu halten. Kommunikations–Verantwortliche haben deshalb im Rahmen des Projekt–Managements dafür zur sorgen, dass für den flexiblen Umgang mit Kommunikations–Maßnahmen größtmögliche Akzeptanz bei den beteiligten Kollegen und Vorgesetzen erreicht wird.

Es ist im Einzelnen zu klären, ob die anstehenden Maßnahmen ausreichend flexibel gestaltet sind und ob in Bezug auf ihre Adaptierbarkeit in wandelbaren Kommunikations–Szenarien gegebenenfalls Optimierungsbedarf besteht.

(10) Projekt-Planung und Präsentation gemäß des PR-Strategiemodells

In den letzten Abschnitten haben wir alle neun »Tiefen-Felder« des Kommunikations-Eisbergs durchgearbeitet.

Auf der Basis dieser neun, aufeinander aufbauenden »Basis-Checks« können PR-Beraterinnen in Zukunft systematisch Kreativ-Konferenzen einsetzen, um eine umfassende »Kommunikations-Inspektion« zu realisieren.

Die Problemlösungen, die sich dabei ergeben, werden in einzelne Maßnahmen-Konzepte umgesetzt, die anschließend gebündelt und abgestimmt Bausteine eines Gesamt-Kommunikations-Projektplans werden.

Um die Ergebnisse dieser Tiefenarbeit beim Auftraggeber zu präsentieren, verpackt die PR-Beraterin die gesammelten Arbeits-Ergebnisse anhand des *PR-Strategiemodells* in eine Konzeptions-Präsentation und in ein Dokumentations-Booklet.

Bei der Gliederung orientiert sie sich an folgenden Punkten:

- *Situationsanalyse*
- *Planung*
- *Durchführung*
- *Erfolgskontrolle*

6. Fazit: Die »Leerformel« ist mit Leben gefüllt – die kreative Arbeit kann beginnen!

Das AGIL-Konzept ist komplett.

Aufgabe dieses Kapitels war es, das Kreativ–Verfahren, auf das wir in diesem Buch Schritt für Schritt hingearbeitet haben, komplett darzustellen und einsatzbereit zu machen. Die Arbeiten daran sind abgeschlossen. Mit allen notwendigen Checklisten und Anweisungen für die Moderatoren von Kreativ–Meetings versehen, können die Leserinnen und Leser »AGIL« von nun an in ihrer täglichen Problemlösungsarbeit nutzen.

Das in der bisherigen PR–Praxis dominierende Strategiemodell, von dem aus wir im ersten Kapitel starteten, hat sich als »Leerformel« erwiesen, die keine eigene Substanz für die Bewältigung von Kommunikations–Problemen enthält. Die fehlende Substanz konnten wir in den letzten 10 Text–Abschnitten »liefern«. Und unser komplettes Kreativ–Verfahren vergegenwärtigen wir uns abschließend anhand *zweier grafischer Darstellungen*.

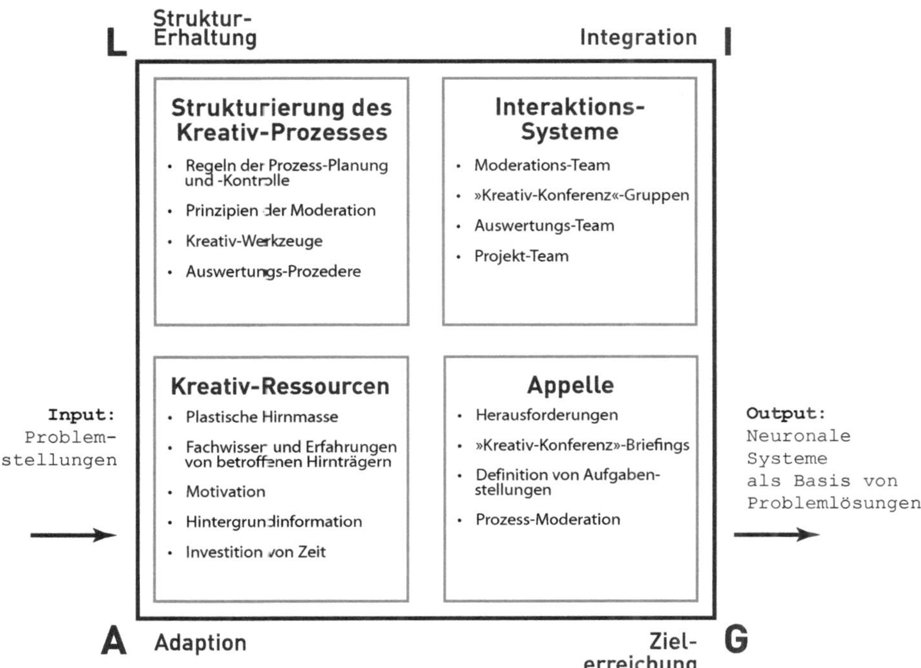

Funktions–Matrix der Kreativität

Wir starten mit der *Funktions–Matrix der Kreativität* und schauen uns danach eine *Übersicht des kreativen Problemlösungs–Prozesses* an. Leserinnen und Leser können diese beiden Darstellungen bei der Durchführung eigener Projekte als Planungsinstrumente nutzen.

Starten wir also mit der ersten Grafik: Anhand der Funktions–Matrix schauen wir auf den Problemstellungs–Input, durch den das Problemlösungs–Verfahren von links unten gestartet wird:

Adaptions–Funktion: Kreativ-Ressourcen

Die *Adaptions–Funktion* in der Matrix übernehmen Kreativ–Ressourcen – allen voran die plastische Hirnmasse talentierter Kommunikations–Profis, die im Rahmen der Durchführung von Kreativ–Konferenzen engagiert Beiträge leisten. Weitere wichtige Ressourcen sind:

- *das Fachwissen und die Erfahrungen der beteiligten Mitarbeiter*
- *ihre Motivation, sich für Aufgaben außerhalb der täglichen Routinen zu engagieren*
- *durch den PR–Auftraggeber zur Verfügung gestellte Hintergrundinformationen*
- *die vom Auftraggeber getragene Arbeitszeit–Investition*

Zielerreichnungs-Funktion: Appelle

Die *Zielerreichungs–Funktion* übernehmen vor allem die Appelle an die beteiligten Personen, welche eine möglichst große Anzahl aussichtsreicher Problemlösungs–Vorschläge »triggern« sollen:

- *für die Mitarbeiter möglichst relevante Herausforderungen*
- *möglichst motivierend formulierte Briefings zur Durchführung der Kreativ–Konferenzen*
- *zielführende, möglichst einfach formulierte Aufgabenstellungen*
- *eine motivierende Prozess–Moderation zur Anleitung der verschiedenen beteiligten Arbeitsgruppen*

Die *Integrations–Funktion* übernehmen koordiniert arbeitende Interaktions–Systeme:

Integrations-Funktion: Interaktions-Systeme

- *das Moderationsteam, mit einer oder mehreren Moderatorinnen nebst ihrer Assistentinnen*
- *die Teilnehmer an den Kreativ–Konferenzen*
- *die Teams, welche den Ideen–Output ordnen, Lösungsansätze selektieren und bewerten*
- *das Projekt–Team, das die aussichtsreichen Lösungsansätze zu konkreten Kommunikations–Maßnahmen »weiterverarbeitet«*

Die *Struktur–Erhaltungs–Funktion* gelingt auf der Basis soliden Organisations–Know–hows, das zur Strukturierung des Verfahrens eingebracht wird:

Struktur-Erhaltung: Regeln des kreativen Prozesses

- *Regeln der Planung und Kontrolle von Gruppen–Meetings und Gruppen–dynamischen Prozessen*
- *Prinzipien der Moderation von Kreativ–Konferenzen*
- *Praktisches Wissen über den Einsatz von Interventionen in kreativen Gruppenarbeits–Prozessen*
- *Prozedere der Auswertung von kreativen Arbeitssitzungen*

Nachdem wir uns damit die gesammelten *Funktions–Voraussetzungen* verdeutlicht haben, schauen wir uns in der nächsten Grafik den *schrittweisen Prozess–Ablauf unseres Problemlösungs–Verfahrens* an:

Oben links beginnt der Prozess damit, dass auf der Gesellschaftsebene ein Problem oder eine Aufgabe auftritt, die an den PR–Auftraggeber, den Klienten, herangetragen wird:

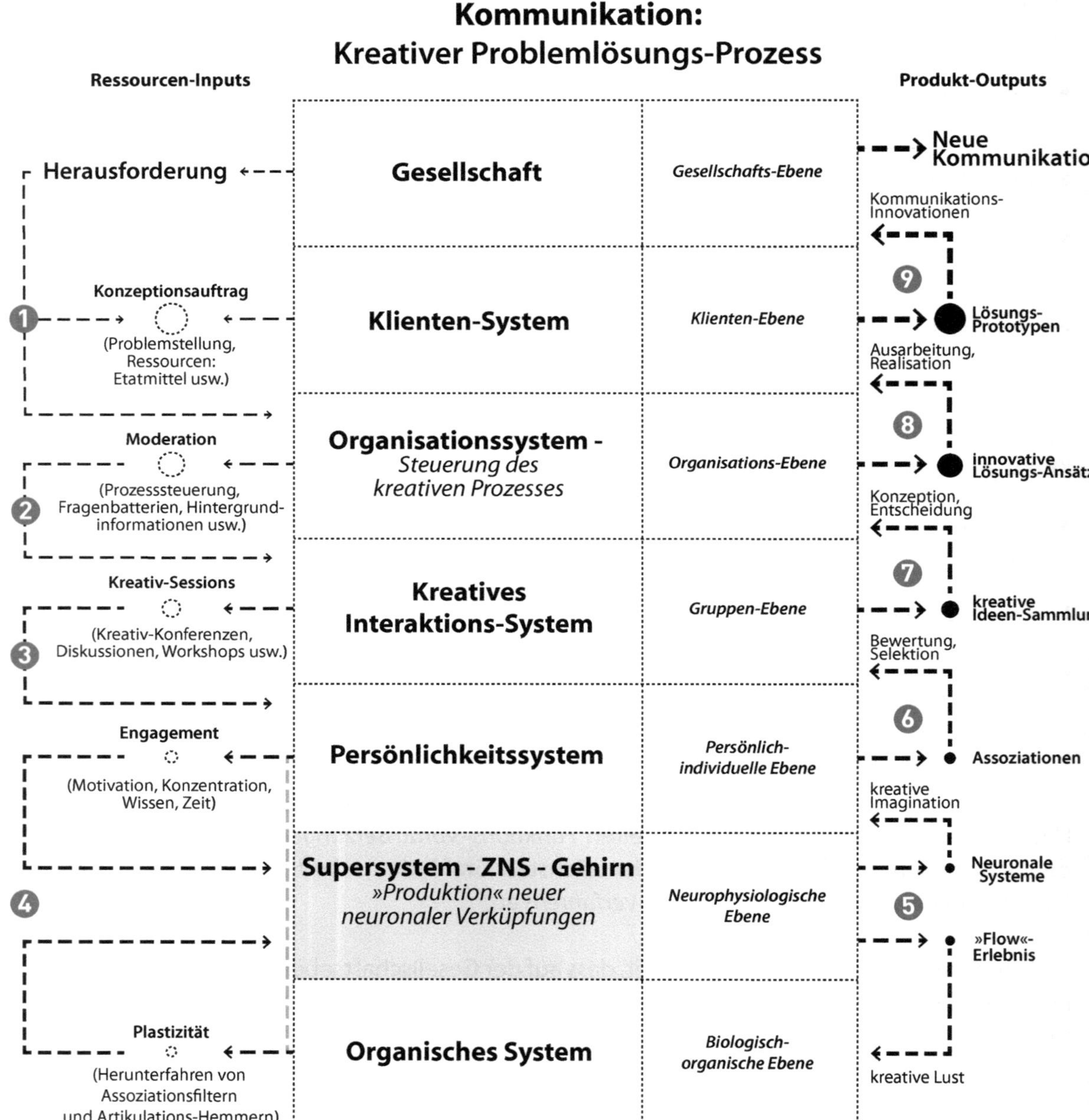

Kommunikation:
Kreativer Problemlösungs-Prozess
Ressourcen-Inputs
Produkt-Outputs
Herausforderung
Gesellschaft
Gesellschafts-Ebene
Neue Kommunikatio
Kommunikations-Innovationen
Konzeptionsauftrag
(Problemstellung, Ressourcen: Etatmittel usw.)
1
Klienten-System
Klienten-Ebene
9
Lösungs-Prototypen
Ausarbeitung, Realisation
Moderation
(Prozesssteuerung, Fragenbatterien, Hintergrund-informationen usw.)
2
Organisationssystem - Steuerung des kreativen Prozesses
Organisations-Ebene
8
innovative Lösungs-Ansätz
Konzeption, Entscheidung
Kreativ-Sessions
(Kreativ-Konferenzen, Diskussionen, Workshops usw.)
3
Kreatives Interaktions-System
Gruppen-Ebene
7
kreative Ideen-Sammlur
Bewertung, Selektion
Engagement
(Motivation, Konzentration, Wissen, Zeit)
Persönlichkeitssystem
Persönlich-individuelle Ebene
6
Assoziationen
kreative Imagination
4
Supersystem - ZNS - Gehirn
»Produktion« neuer neuronaler Verküpfungen
Neurophysiologische Ebene
Neuronale Systeme
5
»Flow«-Erlebnis
Plastizität
(Herunterfahren von Assoziationsfiltern und Artikulations-Hemmern)
Organisches System
Biologisch-organische Ebene
kreative Lust

Von der großen Herausforderung …

1. *Der Klient registriert eine Herausforderung, für die eine Kommunikations–Lösung zu entwickeln ist. Das Management definiert die Problemstellung, gibt bei den Kommunikations–Verantwortlichen eine Konzept–Entwicklung in Auftrag und stellt Etatmittel und Ressourcen zur Verfügung.*

2. *Auf der Organisationsebene wird der Konzept–Auftrag bearbeitet. Es bilden sich Teams, welche die notwendige Arbeitsteilung vornehmen. Es wird ein Moderations–, ein Auswertungs– und ein Projekt–Team zusammengestellt.*

3. *Als nächstes wird das Moderations–Team aktiv und kümmert sich um die Prozessteuerung, die Bereitstellung von Fragebatterien, Hintergrundinformationen zur Vorbereitung der anschließend veranstalteten Kreativ–Sessions.*

4. *In den von Moderations–Teams angeleiteten Kreativ–Meetings engagieren sich die Teilnehmer an der Sammlung von Lösungs–Ideen. Je besser diese Sessions angeleitet werden, desto besser gelingt es den einzelnen Persönlichkeiten, ihre »Schutz–Mechanismen« herunterzufahren, die alltäglichen Assoziationsfilter und Artikulations–Hemmer in ihrem Bewusstsein auszuschalten. Auf diese Weise steigt die Wahrscheinlichkeit, dass sich in den beteiligten Gehirnen neue, plastische neuronale Verknüpfungen anbahnen.*

5. *Laufen die Kreativ–Konferenzen erfolgreich ab, bilden sich in den Hirnen der beteiligten Personen stabile neue neuronale Systeme. Die Existenz dieser Systeme registrieren die betreffenden Hirnträger meist an Hand von »Flow–Erlebnissen« und »Flow–Glücksgefühlen« – sie meinen »mit einem Mal durchzublicken« oder zu hören, dass der »Groschen gefallen ist«. Sie registrieren in ihrem Bewusstsein Gedanken, die ihnen als radikal neuartig und ungewöhnlich erscheinen.*

6. *Sie sind daraufhin in der Lage, diese neuen Gedanken in Form von verschiedenen Assoziationen (Worte, Bilder usw.) in den Interaktions–Fluss der Gruppe einzubringen. Diese Assoziationen und Ideen werden vom Moderations–Team dokumentiert.*

7. *Die Dokumentation der Ideen und Assoziationen aus der Gruppe werden vom Auswertungs–Team geordnet und bewertet. Die dabei entstehende kreative Ideen–Sammlung wird an das Projekt–Team weitergeleitet.*

8. *Das Projekt–Team wählt die Erfolg versprechenden Ideen aus und entwickelt diese zu umsetzbaren Problemlösungs–Ansätzen weiter.*

9. *Auf der Ebene des Managements des Klienten–Systems wird entschieden, welche Problemlösungs–Ansätze weiter verfolgt werden sollen. Im Anschluss werden Lösungs–Prototypen getestet.*

... zur neuen Kommunikation

10. *Die Lösungs–Prototypen, die sich in diesem Schritt bewährt haben, werden in die Maßnahmen–Planungen der PR–Projektleiterinnen übernommen, und ermöglichen neue Formen der Kommunikation mit der Öffentlichkeit.*

Quellenhinweise und Anmerkungen

1. Vergleiche:

   - Mihaly Csikszentmihalyi; *Das flow–Erlebnis. Jenseits von Angst und Langeweile: im Tun aufgehen;* Stuttgart 1993

   - *– Kreativität. Wie Sie das Unmögliche schaffen und Ihre Grenzen überwinden*; Stuttgart 1997

2. Wir folgen an dieser Stelle Mario Bunges Aufsatz *»Explaining Creativity (1993)«* und seinen Ausführungen über die Grundlagen einer modernen neurophysiologischen Psychologie :

   - Bunge, Mario; *Scientific Realism; Amherst, New York 2001; S. 281–7*

   - Bunge, Mario; Rubén Ardila; *Philosophie der Psychologie;* Tübingen 1990

   - Bunge, Mario; Martin Mahner; *Philosophische Grundlagen der Biologie;* Berlin, Heidelberg, New York 2000

   Bunges Psychologie–Konzept wurde bereits hier im Detail erläutert:

   - Droste, Heinz W. ; *Kommunikation – Planung und Gestaltung öffentlicher Meinung. Band 2: Mechanismen;* Neuss 2011; S. 314–41

3. Ein typisches akademisches Beispiel für den realitätsfernen Versuch, die überkommene und »tote« Gestaltpsychologie zu »reanimieren« (»Schematheorie«), ist:

   - Bruhn, Manfred; *Integrierte Unternehmens– und Markenkommunikation. Strategische Planung und operative Umsetzung;* Stuttgart 2006, S. 36–51

4. Details zum moralisch–ethischen Aspekt der Entwicklung von Kommunikations–Technologie finden sich hier:

   - Droste, Heinz W.; *Kommunikation: Planung und Gestaltung öffentlicher Meinung; Band 2: Mechanismen;* Neuss 2011; S. 395–429

5. Vergleiche:

   - Isaksen, Scott G. ; *»A Review of Brainstorming Research: Six Critical Issues for Inquiry«*; Creativity Research Unit – Creative Problem Solving Group; University of Buffalo, New York; Monograph #302, 1998

6. Vergleiche:

   - Fehr, Ernst; Simon Gächter; *»Altruistic Punishment in Humans«*; in: *Natur*, Volume 415, 10. Januar 2002; S. 137–40

   - Droste, Heinz W.; *Kommunikation: Planung und Gestaltung öffentlicher Meinung; Band 2: Mechanismen;* Neuss 2011; S. 475–80

7. Bales wesentliche Veröffentlichungen zu seinem SYMLOG–Instrument sind:

   - Bales, Robert Freed; Stephen P. Cohen; *SYMLOG. Ein System für die mehrstufige Beobachtung von Gruppen;* Stuttgart 1982 (Originalausgabe: New York 1979)

   - Bales, Robert Freed; *SYMLOG Case Study Kit – with Instructions for a Group Self Study;* New York/London 1980

   - Bales, Robert Freed; *Social Interaction Systems. Theory and Measurement;* New Brunswick/London 2001

8. Die Gestaltung der Grafik orientiert sich an Darstellungen aus Bales› Veröffentlichungen, wie beispielsweise:

   - Bales, Robert Freed; *Social Interaction Systems. Theory and Measurement;* New Brunswick/London 2001; S. 6

9. Eine detaillierte Darstellung zur »Funktionsweise« des SYMLOG–Ansatzes findet sich hier:

   - Droste, Heinz W.; *Kommunikation: Planung und Gestaltung öffentlicher Meinung; Band 2: Mechanismen;* Neuss 2011; S. 347–93

10. Die Gestaltung der Grafik orientiert sich an einer Darstellung aus:

    - Koenigs, Robert J. ; Margaret Ann Cowen; *»SYMLOG as Action Research«* in: Polley, Richard Brian; A. Paul Hare; Philip J. Stone; *The SYMLOG Practitioner. Applications of Small Group Research*; New York, Westport/ Connecticut, London 1988; S. 61–87

11. Die Gestaltung der Grafik orientiert sich an einer Darstellung aus:

    - Bales, Robert Freed; *Social Interaction Systems. Theory and Measurement;* New Brunswick/London 2001; S. 61

12. Bales› Untersuchungsergebnis und Konzept der grafischen Darstellung entnommen aus:

    - Bales, Robert Freed; *Social Interaction Systems. Theory and Measurement;* New Brunswick/London 2001; S. 259–86

13. Informationen zum Hintergrund des CPSI finden sich im Internet unter folgender Adresse:

    - *http://www.creativeeducationfoundation.org/about–us/brief–history*

14. Vergleiche:

    - Osborn, Alex F.; *Applied Imagination. Principles and Procedures of Creative Problem–Solving; New York 1963*

15. Ebenda: S. 45

16. Einstein, Albert; Leopold Infeld; *Die Evolution der Physik*; Augsburg 1992; S. 103–104

17. Details entnommen aus:

    - Droste, Heinz W.; *Kommunikation: Planung und Gestaltung öffentlicher Meinung; Band 2: Mechanismen;* Neuss 2011; S. 337–41

18. Details entnommen aus:
    ebenda: S. 395–429

19. Details entnommen aus:
    ebenda: S. 337–41

20. Details entnommen aus:
    ebenda: S. 617–31

21. Details entnommen aus:
    ebenda: S. 529–83, 642–4

22. Details entnommen aus:
    ebenda: S.632–41

23. Details entnommen aus:

    - Droste, Heinz W.; *Praktikerhandbuch Investor Relations. Mit IPO–Kommunikationskalender für die erfolgreiche Börsenpräsenz; Stuttgart 2001; S. 111–28*

24. Details entnommen aus:
    ebenda: *S. 182–9*

25. Details entnommen aus:

    - Droste, Heinz W.; *Kommunikation: Planung und Gestaltung öffentlicher Meinung; Band 2: Mechanismen;* Neuss 2011; S.612–7

26. Details entnommen aus:
    ebenda: S.646–53, 659–66

»Ein Experte gebraucht
bloß methodisch,
was jedermann
ab und zu
durch Zufall tut.«
(1)
Moshé Feldenkrais

Ausblick:

So geht›s weiter!

Sieben Kompetenzen zukünftig erfolgreicher PR-Beraterinnen

Spätestens während der Lektüre des vorherigen Kapitels wird den Leserinnen und Lesern deutlich geworden sein, dass AGIL mehr als lediglich ein Verfahren enthält, mit dem in Zukunft zügig solide Kommunikations-Lösungen entwickelt werden. Denn der AGIL-Ansatz eröffnet PR-Beraterinnen eine umfassende innovative Expertinnen-Perspektive, die das Arbeitsfeld Public Relations von üblichen laienhaften PR-Vorgehensweisen und wenig zielführenden Routine-Maßnahmen befreit.

Was die Kennzeichen und besonderen Ingredienzien dieser neuen Perspektive sind? Schauen wir uns die wesentlichen Details an – vergegenwärtigen wir uns die »Essenz« dieses Buchs.

Die Ära der klassischen PR ist abgeschlossen.

In den vorhergehenden Kapiteln haben wir pointiert die veränderte Situation Revue passieren lassen, in der PR-Beraterinnen heute zu arbeiten haben. Hinter der massenmedialen Wirklichkeit wird zunehmend die bisher verborgene, dennoch für PR-Arbeit laufend wichtiger werdende reale Netzwerkstruktur unserer Gesellschaft sichtbar. Mit diesem Enthüllen der systemischen »Natur« unserer Kommunikation tritt die PR-Profession in eine neue Entwicklungs-Phase ein. Damit ist die Ära der klassischen PR, die Ära der Medien-Manager, abgeschlossen. Ein wichtiger Reifeprozess hat sich vollzogen. Es beginnt die Ära der kreativen Netzwerk-Strateginnen und -Strategen.

Bisher waren die PR-Verantwortlichen im Wesentlichen

- *Betreuerinnen und Betreuer von Presse- und Medienarbeit,*
- *Herausgeber und Herausgeberinnen unterschiedlichster Medien – Printmedien, Online-Medien, Filme, Social Media usw.,*
- *und Organisatorinnen und Organisatoren von Events.*

Damit ist das heutige PR-Berufsbild beinahe vollständig umrissen.

In der Ära der klassischen PR konzentriert sich die Aufmerksamkeit von PR–Beraterinnen vor allem Anderen auf Kommunikations–Mittlergruppen, so genannte »PR–Relaisstationen«, die als »professionelle Multiplikatoren« in Politik und Medien, als Opinion Leaders und Fashion Leaders usw.[2] Überzeugungsarbeit gegenüber Zielgruppen stellvertretend für PR–Professionals leisten sollen. Die eigentlichen Kommunikationsprozesse werden mehr oder weniger sich selbst überlassen. Im Zuge dieser Opinion Leader–Politik der Public Relations heißt Kommunikation für Unternehmen oder Institutionen in der Regel, *»sich vorhandener Meinungsmittler und deren Kanäle und Medien geschickt bedienen, um mit deren Kommunikations–Potenzialen zum Ziel zu gelangen«*.

Die neue Definition der Public Relations

Da diese Kanäle aber im Zuge der beschriebenen Entwicklung zunehmend »versanden« und ihre Funktion einbüßen, wird eine neue Definition benötigt. In Zukunft heißen Public Relations *»kompetent und verantwortlich die Kommunikationskanäle zu Dialoggruppen kreativ bestimmen und betreiben, mit dem Ziel, die legitimen Interessen des PR–Auftraggebers auf direktem Weg zu verwirklichen«*.

Mit Blick auf diese Definition besteht der Arbeits–Auftrag von PR–Beraterinnen darin, laufend kreative, wirkungsvolle Kommunikations–Konzepte zu entwickeln und umzusetzen. Insbesondere in den letzten beiden Kapiteln konnten wir detailreich verfolgen, dass ein umfassendes Know–how über Kommunikations–Mechanismen notwendig ist, um diesem Auftrag gerecht zu werden. Erforderlich ist insbesondere

- *solides Wissen über die vielfältigen Mechanismen der gesellschaftlichen Kommunikation*
- *da diese Mechanismen soziale Prozesse sind, die in weit verzweigten Subsystemen unserer Gesellschaft ablaufen, ist solides sozialwissenschaftlich fundiertes Know–how notwendig – sowohl zur Durchführung von Analysen dieser Kommunikationsprozesse sowie zur erfolgreichen Intervention in diese sozialen Prozesse*

Dieses Know–how erreichen PR–Beraterinnen, die ihre Kompetenz auf sieben grundlegenden Kompetenzstufen aufbauen und kontinuierlich ausbauen. Das nachfolgende Kompetenz–Modell gibt einen Überblick darüber, um welche Einzelkompetenzen es hierbei geht.

Das Kommunikations-Kompetenz-Modell

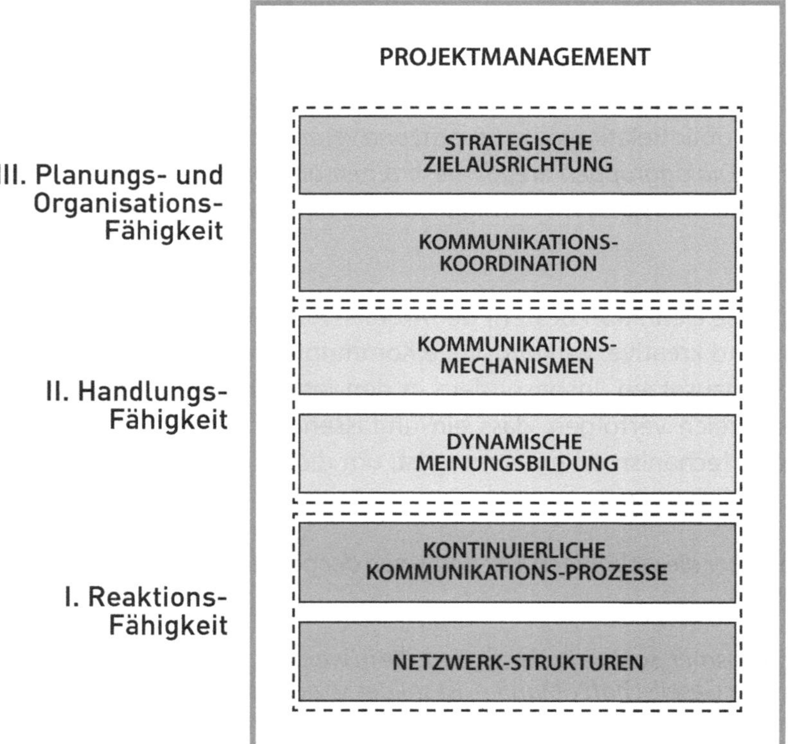

I. Reaktions-Fähigkeit

Das erste Kompetenz-Feld, das PR-Beraterinnen bestellen, ist die Reaktions-Fähigkeit. Angesichts der sich radikal und grundlegend verändernden Ausgangssituation für PR-Maßnahmen im 21. Jahrhundert besteht die erste herausfordernde Aufgabe darin, im Feld der gesellschaftlich verzweigten Kommunikation reaktionsfähig zu werden und ständig zu bleiben. Angesichts der häufig in den verzweigten gesellschaftlichen Netzwerken hochschlagenden »Wogen öffentlicher Meinungsbildung« haben PR-Beraterinnen im Auftrag von Unternehmen und Institutionen den »Kopf über dem Wasser« zu halten und stetig »Kurs auf verabredete Kommunikations-Ziele zu halten«:

Kompetenz 1 – Netzwerke managen

Die Grundkompetenz von PR-Beraterinnen besteht dabei darin, Netzwerk-Strukturen aufzubauen und zu managen. Sie kennen sich mit diesen Interaktions-Beziehungen aus, können Kommunikations-Systeme systematisch analysieren und nutzen.

Da die Bedeutung der Massenmedien als Mittler der Kontaktaufnahme zu wichtigen Dialoggruppen ständig schwindet, sind PR-Beraterinnen darauf angewiesen, eigene Netzwerk-Interaktionen und -Strukturen aufzubauen. Kommunikation benötigt offenbar neue Verbindungs-Kanäle zu den relevanten Dialogpartnern. In Zukunft steht dieser Netzwerk-Aufbau im Mittelpunkt der Kommunikations-Arbeit.

Kompetente PR-Beraterinnen wissen, wie relevante Netzwerke und Kommunikations-Systeme gefunden und analysiert werden. Darüber hinaus verstehen sie es, im Auftrag ihrer Klienten Interaktions-Netze zielgerecht aufzubauen.

Kompetenz 2: Meinungsbildung kontrollieren

PR–Beraterinnen haben in diesem Feld darüber hinaus die Aufgabe, kontinuierlich die Meinungsbildung in relevanten Netzwerken zu kontrollieren.

Kompetente PR–Beraterinnen überwachen die typischen Phasen der öffentlichen Meinungsbildung, indem sie die Kommunikations–Funktionen in der Organisation ihres Auftraggebers systematisch auf die entsprechenden Interaktions–Prozesse ausrichten. PR–Beraterinnen verstehen es, die Kommunikations–Fähigkeit von Unternehmen und Institutionen durch systematisches Bedienen dieser Kommunikations–Funktionen zu optimieren. Sie überwinden dadurch die Krisenanfälligkeit bisheriger Kommunikations–Konzeptionen, die aufgrund von zu spät erkannten öffentlichen Meinungsumschwüngen zustande kam.

II. Handlungs–Fähigkeit

Im zweiten Kompetenz–Feld geht es darum, nach der Reaktions–Fähigkeit entsprechend Handlungs–Fähigkeit zu erreichen. Hierbei geht es darum, die Qualifikation zu erreichen, Meinungsbildungsprozesse nicht nur kommen zu sehen und abzufedern, sondern diese bei Bedarf selber zu initiieren.

Kompetenz 3 – Meinungsdruck managen

Meinungsbildungsprozesse zeichnen sich dadurch aus, dass sie Energien bei Individuen und Gruppen freisetzen, die starken fördernden Einfluss, aber per Meinungsdruck auch störenden Einfluss auf die Aktivitäten von Unternehmen und Institutionen ausüben.

PR–Beraterinnen sind in der Lage, die Energien hinter Kommunikationsprozessen zu analysieren, diese zu kanalisieren, Risiko–Potenziale auszuräumen und insbesondere die Unterstützung von Gesprächspartnern zu sichern, um positive Meinungs-Wirkungen zu stärken und negative Wirkungen zu drosseln.

PR-Beraterinnen setzen dazu beispielsweise systematisch das im letzten Kapitel beschriebene Wertbilanzierungs-Verfahren ein. Die dadurch koordinierbare Legitimierung der Politik von Unternehmen und von Institutionen sichert die Überzeugungskraft von Kommunikations-Inhalten und die kontinuierliche öffentliche Unterstützung der legitimen Ziele des Auftraggebers.

Kompetenz 4 – Mechanismen einsetzen

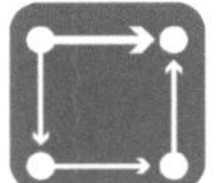

Während bisher PR-Verantwortliche darauf fixiert waren, von der vermeintlichen Meinungs-Führerschaft der Medien und anderer Multiplikatoren zu profitieren, gehen Beraterinnen in Zukunft alternative Wege.

Vor dem Hintergrund heutiger Netzwerk-Kommunikation nutzen sie eine ganze Bandbreite wirkungsvoller Meinungsbildungs-Mechanismen, die sie, differenziert, Aufgaben- und Funktions-bezogen einsetzen.

Kompetente PR-Beraterinnen wissen, wie Meinungsbildungs-Mechanismen im Einzelnen wirken. Sie können deren Wirkungs-Potenzial in der Kommunikationsplanung und in der Umsetzung zielführend zum Einsatz bringen. Und sie sind geübt darin, Kommunikations-Inhalte mechanismengerecht zu entwickeln, zu gestalten und in Medien und Netzwerk-Strukturen umzusetzen.

III. Planungs- und Organisations-Fähigkeit

Im dritten Kompetenzfeld geht es um die Planungs- und Organisations-Fähigkeiten von PR-Beraterinnen und ihren Klienten. Im Rahmen zukünftiger Kommunikations–Planung passen PR–Beraterinnen rigoros Ressourcen innerhalb der Organisations–Struktur ihres Auftraggebers an, um den größtmöglichen Erfolg ihrer Maßnahmen »vorzuprogrammieren«.

Kompetenz 5 – Kommunikations–Wirkungen organisieren

Das Organisieren von Kommunikationsprozessen stellt PR–Beraterinnen vor große fachliche und persönliche Herausforderungen. Denn erfolgreiche PR–Maßnahmen sind sowohl verteilt als auch flexibel zu organisieren.

Für diese beiden rationalen Planungsprinzipien haben PR–Beraterinnen erfolgreich Akzeptanz beim Management und bei leitenden Mitarbeitern zu erarbeiten, die häufig wenig Verständnis für die Planungserfordernisse von Kommunikations–Maßnahmen haben.

Begrenzungen der Kommunikations–Fähigkeit von Klienten sind oft fest in dessen historisch gewachsenen Organisations–Strukturen verankert. Kompetente PR–Beraterinnen sind in der Lage, mit diesen Defiziten und Dysfunktions–Syndromen umzugehen und die Kommunikations–Kompetenz der Auftraggeber–Organisation für die Bewältigung von Kommunikations–Aufgaben weiterzuentwickeln.

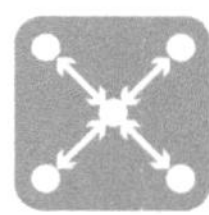

Kompetenz 6 – Kommunikation strategisch ausrichten

Wir haben gesehen, dass die Kommunikations–Strategie heute ein wesentliches Instrument der Führung von Unternehmen und Institutionen darstellt. Jedes Management–Ziel ist mit erfolgreich von PR–Beraterinnen zu erledigenden parallelen kommunikativen Aufgaben unlösbar verbunden.

Eventuell dominierende Vermeidungsziele im Bereich der Public Relations oder andere Anzeichen kommunikativer »Unreife« stellen vor diesem Hintergrund ein großes Risiko für den Erfolg des Managements von Unternehmen und Institutionen dar.

Orientiert am Modell der Interessen-zentrierten Kommunikation definieren kompetente PR-Beraterinnen Annäherungsziele und entwickeln einen Plan zum kontinuierlichen Auf- und Ausbau der Kommunikations-Reife der Mitarbeiter ihrer Auftraggeber.

IV. Souveräne Meinungsgestaltung

Das abschließende vierte Kompetenzfeld betrifft die langfristige Kommunikations-Planung und das kontinuierliche Projekt-Management.

Kompetenz 7 – Kommunikations-Maßnahmen planen und umsetzen

Die bisher üblichen PR-Planungs-Modelle berücksichtigten noch nicht das für unsere Arbeit entscheidende Faktum, dass unsere Ansprechpartner »da draußen in der Gesellschaft« fest in Netzwerk-Strukturen integriert sind. Dass auch die Organisation des PR-Auftraggebers ein soziales System mit nicht ignorierbaren Beziehungsstrukturen ist, kam auch nicht zur Sprache. Damit wurden die entscheidenden »materiellen« Vorraussetzungen erfolgreicher Kommunikations-Arbeit aus den Planungsüberlegungen ausgeblendet.

Im Rahmen der gerade beschriebenen Kommunikations-Kompetenzen wird dieses Ausblenden verhindert. Dadurch haben wir die wesentlichen Wirkungsfaktoren für Meinungsbildungsprozesse stets vor Augen und können deren Gestaltung gezielt und strategisch planen – vom Aufbau der umgebenden Netzwerke, über die laufende Verbesserung der Abdeckung von Kommunikations-Funktionen, der Gestaltung von Meinungsbildungsprozessen usw. Kommunikationsplanung wird auf diese Weise laufend an die Kommunikations-Wirkungen in den für unseren Auftraggeber relevanten Netzwerken und der Öffentlichkeit angepasst. Das PR–Projektmanagement und die PR–Konzeption werden zu einem kontinuierlichen Meinungsgestaltungsprozess, also zu einem kontinuierlichen Interaktions–Vorgang, der als kreisförmiger Ablauf von Teilaufgaben in einer Grafik darstellbar ist.

Abschluss

Kommen wir zum Abschluss: Ob eine Kommunikations–Konzeption wirksam ist, konnten PR–Beraterinnen bisher vor allem daran ablesen, ob ihre Maßnahmen ihren Zweck erreichten. Manches Mal gelang dies – bedauerlicherweise oft auch nicht. Das ist als Arbeits–Resultat deutlich zu wenig. Wir benötigen eine Alternative:

Kompetenz ermöglicht kontinuierliches Lernen.

Lebendige und sich entwickelnde Kommunikations–Kompetenz gemäß des gerade umrissenen Konzeptions–Modells ermöglicht verbesserte Arbeitsergebnisse. Diese Verbesserung liegt nicht allein darin, dass aufgrund detailliert ermittelter Fakten und detaillierten Wirkungswissens verbesserte Kommunikations–Maßnahmen zur Verfügung stehen. Sie zeichnet sich darüber hinaus insbesondere durch einen vorher nicht möglichen Lernprozess aus.

Denn durch das Verständnis für Mechanismen und Meinungsbildungsprozesse wächst bei PR–Beraterinnen beständig ein Wirkungswissen, mit dessen Hilfe bei jeder nachfolgenden, entsprechenden Interaktions–Situation Maßnahmen und Kommunikations–Aktivitäten noch zweckmäßiger ausgeführt werden können.

Die Kommunikations–Arbeit auf der Basis dieses Modells trägt also die Tendenz zum laufenden Lernen und Optimieren in sich. Statt weiterhin Maßnahmen nach dem heute üblichen Versuch–Irrtum–Prinzip einzusetzen,[3] praktizieren Beraterinnen in den Public Relations zukünftig eine solide professionelle Tätigkeit, die gekennzeichnet ist durch eine Kommunikations–Fähigkeit und –Expertise, die ständig wächst, reift und sich kontinuierlich vertieft.

Konzeptions-Modell

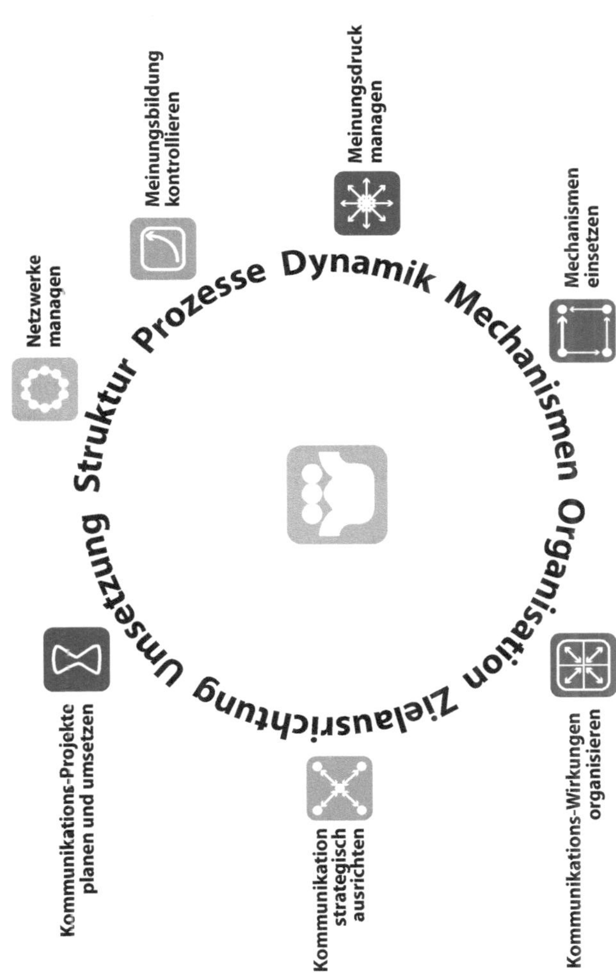

Quellenhinweise und Anmerkungen

1. Feldenkrais, Moshé; Das starke Selbst – *Anleitung zur Spontaneität;* Frankfurt/Main 1985; S. 253

2. *Die* »klassische« Konzeptionslehre basiert beinahe ausschließlich auf dem Relaisstationen–Mechanismus bzw. der Opinion Leader–Politik. Siehe beispielsweise:

   - Dörrbecker, Klaus; Renée Fissenewert; *Wie Profis PR–Konzeptionen entwickeln. Das Buch zur Konzeptionstechnik;* Frankfurt/Main 2003 (4); S. 67

3. Wer die heute in der PR–Profession verbreiteten Vorgehensweisen methodologisch untersucht, kommt zum Schluss, dass sich Public Relations noch weitestgehend in einer »vor–professionellen Verfassung« befinden. Eine detaillierte Analyse des »PR–Approachs« findet sich hier:

   - Droste, Heinz W.; *Kommunikation. Planung und Gestaltung öffentlicher Meinung. Band 1: Grundlagen*; Neuss 2011; S. 19–99

Literatur:

Bücher und Veröffentlichungen

Albert, Hans; *Erkenntnislehre und Sozialwissenschaft. Karl Poppers Beitrag zur Analyse sozialer Zusammenhänge*; Wien 2003
– *»Probleme der Wissenschaftslehre in der Sozialforschung«* in: René König (Hg.); *Handbuch der empirischen Sozialforschung; Band 1;* Stuttgart 1973
– (Hg.); *Theorie und Realität. Ausgewählte Aufsätze zur Wissenschaftslehre der Sozialwissenschaften*; Tübingen 1972 (2)

Alexander, Jeffrey C.; Bernhard Giesen; Richard Münch; Neil J. Smelser (Hg.); *The Micro–Macro Link;* Berkeley, Los Angeles, London 1987

Arlt, Hans–Jürgen; Wolfgang Storz; *Wirtschaftsjournalismus in der Krise. Zum massenmedialen Umgang mit Finanzmarktpolitik*; Eine Studie der Otto Brenner Stiftung, Frankfurt/Main 2010

Aus Politik und Zeitgeschehen (APuZ); *Postdemokratie?* (hg. v. Bundeszentrale für politische Bildung); 1–2/2011; Bonn 03.01.2011

Baker, Herbert G.; A. Paul Hare; Joseph Powers; Endre Sjøvold (Hg.); *Analysis of Social Interaction Systems. SYMLOG Research and Applications*; Lanham, Maryland 2005

Bales, Robert Freed; *Personality and Interpersonal Behavior;* New York, Chicago, San Francisco, Atlanta, Dallas, Montreal, Toronto, London, Sydney 1970
– *Interaction Process Analysis. A Method for the Study of Small Groups*; Chicago, London, Neudruck 1976 (1950)
– *SYMLOG Case Study Kit – with Instructions for A Group Self Study;* New York, London 1980
– *Social Interaction Systems. Theory and Measurement;* New Brunswick, London 2001

Bales, Robert Freed; Stephen P. Cohen; *SYMLOG. Ein System für die mehrstufige Beobachtung von Gruppen;* Stuttgart 1982 (englischsprachige Originalausgabe: 1979)

Böhnke, Petra; »*Ungleiche Verteilung politischer und zivilgesellschaftlicher Partizipation*«; in: Aus Politik und Zeitgeschehen (APuZ); 1–2/2011; Bonn 03.01.2011; S. 18–25

Bortz, Jürgen; Nicola Döring; *Forschungsmethoden und Evaluation;* Berlin, Heidelberg, New York 1995 (2)

Boudon, Raymond; *Die Logik des gesellschaftlichen Handelns. Eine Einführung in die soziologische Denk– und Arbeitsweise;* Neuwied, Darmstadt 1980
– *Theories of Social Change. A Critical Appraisal;* Cambridge 1986
– »Social Mechanisms without black boxes«; in: Hedström, Peter; Richard Swedberg (Hg.); *Social Mechanisms – An Analytical Approach to Social Theory;* Cambridge 1998; S. 172 – 203

Bunge, Mario; *Intuition and Science*; Englewood Cliffs/New Jersey 1962
– *Scientific Research I. The Search for System*; Berlin, Heidelberg, New York 1967
– *Scientific Research II. The Search for Truth;* Berlin, Heidelberg, New York 1967
– *Treatise on Basic Philosophy Volume 4. Ontology II (A World of Systems);* Dordrecht, Boston, London 1979
– *Treatise on Basic Philosophy Volume 5; Epistemology & Methodology I (Exploring the World);* Dordrecht, Boston, London 1983
– *Treatise on Basic Philosophy. Volume 6: Epistemology & Methodology II (Understanding the World);* Dordrecht, Boston, London 1983
– *Treatise on Basic Philosophy. Volume 8: Ethics (The Good and the Right);* Dordrecht, Boston, Lancaster 1989
– *Finding Philosophy in Social Science;* New Haven, London 1996
– *Social Science under Debate. A philosophical perspective;* Toronto, Buffalo, London 1998
– *The Sociology–Philosophy Connection – with a foreword by Raymond Boudon;* New Brunswick,London 1999
– *Philosophy in Crisis. The Need for Reconstruction;* Amherst, New York 2001
– *Emergence and Convergence. Qualitative Novelty and the Unity of Knowledge;* Toronto, Buffalo, London 2003
– *Philosophical Dictionary. Enlarged Edition;* Amherst, New York 2003
– *Chasing Reality. Strife over Realism;* Toronto, Buffalo, London 2006
– *Political Philosophy. Facts, Fiction and Vision;* New Brunswick, London 2009

– *Matter and Mind. A Philosophical Inquiry;* Dordrecht, Heidelberg, London, New York 2010
– *Evaluating Philosophies;* Dordrecht, Heidelberg, London New York 2012

Bunge, Mario; Rubén Ardila; *Philosophie der Psychologie;* Tübingen 1990

Bunge, Mario; Martin Mahner; *Philosophische Grundlagen der Biologie;* Berlin, Heidelberg, New York 2000.
– *Über die Natur der Dinge. Materialismus und Wissenschaft;* Stuttgart, Leipzig 2004

Bruhn, Manfred; *Integrierte Unternehmens– und Markenkommunikation. Strategische Planung und operative Umsetzung;* Stuttgart 2006

Cohn, Ruth; *Von der Psychoanalyse zur themenzentrierten Interaktion;* Stuttgart 1975

Cohn, Ruth; Alfred Farau; *Gelebte Geschichte der Psychotherapie. Zwei Perspektiven;* Stuttgart 1999 (2)

Coleman, James S.; »Microfoundation and Macrosocial Behavior«; in: Alexander, Jeffrey C.; Bernhard Giesen; Richard Münch; Neil J. Smelser (Hg.); *The Micro–Macro Link;* Berkeley, Los Angeles, London 1987; S. 153–75
– *Grundlagen der Sozialtheorie. Band 1 (Handlungen und Handlungssysteme);* München 1991

Coleman, James S.; Elihu Katz; Herbert Menzel; »The Diffusion of an Innovation among Physicans«; in: *Sociometry,* Volume 20, No. 4, S. 253–70

Crouch, Colin; *Postdemokratie*; Frankfurt 2008 (2005)

Mihaly Csikszentmihalyi; *Das flow–Erlebnis. Jenseits von Angst und Langeweile: im Tun aufgehen;* Stuttgart 1993.
– *Kreativität. Wie Sie das Unmögliche schaffen und Ihre Grenzen überwinden;* Stuttgart 1997.

Deutsch, Karl W.; *Politische Kybernetik. Modelle und Perspektiven*; Freiburg 1973

Dörrbecker, Klaus; Renée Fissenewert; *Wie Profis PR–Konzeptionen entwickeln. Das Buch zur Konzeptionstechnik;* Frankfurt/Main 2003 (4)

Droste, Heinz W.; *Die methodologischen Grundlagen der soziologischen Handlungstheorie Talcott Parsons»;* Inaugural–Dissertation, Düsseldorf 1985
– *Public Relations – Analyse-Schema für die Praxis des PR-Beraters ;* Wiesbaden 1989
– *Risiko–Kommunikation – Hyperbook;* Düsseldorf 1995
– *Innovations–Monitor 2000 Mittelstand;* Grevenbroich 2000
– *Investor Relations Monitor Neuer Markt 1997–2000;* Grevenbroich 2000
– *Praktikerhandbuch Investor Relations. Mit IPO–Kommunikationskalender für die erfolgreiche Börsenpräsenz;* Stuttgart 2001
– *Kommunikation. Planung und Gestaltung öffentlicher Meinung. Band 1: Grundlagen*; Neuss 2011
– *Kommunikation. Planung und Gestaltung öffentlicher Meinung. Band 2: Mechanismen*; Neuss 2011

Einstein, Albert; Leopold Infeld; *Die Evolution der Physik*; Augsburg 1992

Esser, Hartmut; Klaus Klenovitz; Helmut Zehnpfennig; *Wissenschafttheorie 1. Grundlagen und Analytische Wissenschaftstheorie;* Stuttgart 1977
– *Wissenschaftstheorie 2. Funktionalanalyse und hermeneutisch–dialektische Ansätze;* Stuttgart 1977

Fehr, Ernst; Simon Gächter; »Altruistic Punishment in Humans«; in: *Nature*, Volume 415, 10. Januar 2002; S. 137–40

Feldenkrais, Moshé; Das starke Selbst – *Anleitung zur Spontaneität;* Frankfurt/Main 1985

Fissenewert, Renée; Stephanie Schmidt; *Konzeptionspraxis;* Frankfurt/Main 2004 (2)

Fox, Renée C.; »*Talcott Parsons – Mein Lehrer*«; in: Staubmann, Helmut; Harald Wenzel (Hg.); *Talcott Parsons – Zur Aktualität eines Theorieprogramms*; Österreichische Zeitung für Soziologie, Sonderband 6, Wiesbaden 2000; S. 15–30

Friedrichs, Jürgen; *Methoden der empirischen Sozialforschung;* Reinbek 1976.

Granovetter, Mark S.; »The Strength of Weak Ties«; in: *American Journal of Sociology*, Volume 78, November 1973; S. 1360–80
– »Threshold Models of Collective Behavior«; in: *American Journal of Sociology,* Volume 83, Mai 1978; S. 1420–43
– »The Strength of Weak Ties: A Network Theory Revisited«; in: *Sociological Theory*, Volume 1 (1983: hg. v. American Sociological Association); S. 201–233
– »Economic Action and Social Structure: The Problem of Embeddedness«; in: *American Journal of Sociology,* Volume 91, November 1985; S. 481–510
– »Business Groups«, in: Smelser, Neil J.; Richard Swedberg (Hg.); *The Handbook of Economic Sociology*; Princeton/New Jersey, New York 1994; S. 453–75

Granovetter, Mark S.; Roland Soong; »Threshold Models of Diffusion and Collective Behavior«; in: *Journal of Mathematical Sociology*, November 1983; S. 165–179

Grossner, Claus; *Verfall der Philosophie;* Hamburg 1971

Hägerstrand, Torsten; »A Monte Carlo approach to diffusion«; in: *Archives européennes de Sociologie*, 6, 1965; S. 43 – 57

Hare, A. Paul; Richard Brian Polley; Philip J. Stone (Hg.); *The SYMLOG Pracititioner. Applications of Small Group Research;* New York, Westport, Connecticut, London 1988

Hare, A. Paul; Sharon E. Hare (Hg.); *SYMLOG Field Theory. Organizational Consultation, Value Differences, Personality and Social Perception;* Westport/ Connecticut, London 1996

Hebb, Donald Olding; *The Organization of Behavior: A neuropsychological theory;* New York 1949

Hedström, Peter; Richard Swedberg; »Social mechanisms: An introductory essay«; in: Hedström, Peter; Richard Swedberg (Hg.); *Social Mechanisms – An Analytical Approach to Social Theory;* Cambridge 1998; S. 1 – 31
– (Hg.); *Social Mechanisms. An Analytical Approach to Social Theory;* Cambridge 1998

Hempel, Carl G.; »Wissenschaftliche und historische Erklärungen«, in: Albert, Hans (Hg.); *Theorie und Realität; Ausgewählte Aufsätze zur Wissenschaftslehre der Sozialwissenschaften;* Tübingen 1972 (2); S. 237 – 261

Hendrix, Jerry; *Public Relations Cases;* Belmont/Kalifornien 2003 (6)

Isaksen, Scott G. ; *»A Review of Brainstorming Research: Six Critical Issues for Inquiry«*; Creativity Research Unit – Creative Problem Solving Group; University of Buffalo, New York; Monograph #302, 1998

Jörke, Dirk; *»Bürgerbeteiligung in der Postdemokratie«*; in: Aus Politik und Zeitgeschehen (APuZ); 1–2/2011; Bonn 03.01.2011; S. 13– 18

Kant, Immanuel; *Kritik der reinen Vernunft;* hg. v. Raymund Schmidt; Hamburg (Felix Meiner Verlag) 1956 (1781/1787)
– *Prolegomena zu einer jeden künftigen Metaphysik, die als Wissenschaft wird auftreten können* hg. v. Karl Vorländer; Hamburg (Felix Meiner Verlag) – 1976 (1783)

Kendall, Robert; *Public Relations Campaign Strategies. Planing for implementation;* New York 1997 (2)

Knödler–Bunte, Eberhard; Klaus Schmidbauer; *Das Kommunikationskonzept. Konzepte entwickeln und präsentieren;* Potsdam 2004

Koenigs, Robert J. ; Margaret Ann Cowen; *»SYMLOG as Action Research«* in: Polley, Richard Brian; A. Paul Hare; Philip J. Stone; *The SYMLOG Practitioner. Applications of Small Group Research*; New York, Westport/Connecticut, London 1988; S. 61–87

König, René (Hg.); *Handbuch der empirischen Sozialforschung; Band 1;* Stuttgart 1973

Kotler, Philip; Eduardo L. Roberto; Ned Roberto; *Social Marketing. Improving the Quality of Life;* Thousand Oaks/Kalifornien 2002 (2)

Kröger, Friedeberg; Dieter Wälte (Hg.); *Interaktionsforschung mit dem SYMLOG-Methodeninventar. Theorie und Praxis;* Frankfurt/Main 2000

Kunczik, Michael; *Public Relations. Konzepte und Theorien;* Stuttgart 2010

Leipziger, Jürg W.; *Konzepte entwickeln. Handfeste Anleitungen für bessere Kommunikation;* Frankfurt/Main 2007 (2)

Marston, John E.; *The Nature of Public Relations;* New York 1963

Merten, Klaus; *»Der gesellschaftliche Bedarf für Täuschung«*; PDF-Datei, Quelle: Internet (http://www.complus-muenster.de)

Merton, Robert K.; *Soziologische Theorie und soziale Struktur;* Berlin, New York 1995
- *»The Thomas Theorem and the Matthew Effect«*, in: *Social Forces*, 74 (2), December 1995; S. 379 – 424
- *»Die Eigendynamik gesellschaftlicher Voraussagen«*; in: Topitsch, Ernst (Hg.); *Logik der Sozialwissenschaften*; Königstein/Taunus 1980; S. 144–61

Mouffe, Chantal; *»›Postdemokratie› und die zunehmende Entpolitisierung«*; in: Aus Politik und Zeitgeschehen (APuZ); 1–2/2011; Bonn 03.01.2011; S. 3–5

Münch, Richard; *Gesellschaftstheorie und Ideologiekritik;* Hamburg 1973
- *Theorie sozialer Systeme. Eine Einführung in Grundbegriffe, Grundannahmen und logische Struktur;* Opladen 1976
- *Theorie des Handelns. Zur Rekonstruktion der Beiträge von Talcott Parsons, Emile Durkheim und Max Weber;* Frankfurt/Main 1982

Neske, Fritz; *PR–Management;* Gernsbach 1977

Newton, Sir Isaac, *Letter to Robert Hooke (15 February 1676)*

Oeckl, Albert; *PR–Praxis. Der Schlüssel zur Öffentlichkeitsarbeit;* Düsseldorf, Wien 1967

Osborn, Alex F.; *Applied Imagination. Principles and Procedures of Creative Problem–Solving; New York 1963*

Parsons, Talcott; *The Structure of Social Action 1. Marshall, Pareto, Durkheim;* New York/London 1968/1937 (Paperback Edition 1)
– *The Structure of Social Action 2. Weber;* New York/London 1968/1937 (Paperback Edition 1)
– *The Social System*; Glencoe, Illinois 1951.
– *Zur Theorie sozialer Systeme (hg. v. Stefan Jensen);* Opladen 1976

Parsons, Talcott; Charles Ackerman; »Der Begriff ‹Sozialsystem› als theoretisches Instrument« in: Parsons, Talcott; *Zur Theorie sozialer Systeme (hg. v. Stefan Jensen);* Opladen 1976

Parsons, Talcott; Robert F. Bales; Edward A. Shils; *Working Papers in the Theory of Action;* New York, London 1953

Parsons, Talcott; Robert F. Bales; James Olds; Morris Zelditch; Philip E. Slater; *Family, Socialization, and Interaction Process;* New York 1955

Popper, Sir Karl Raimund: »Philosophische Selbstinterpretation und Polemik gegen die Dialektik«; in: Grossner, Claus; *Verfall der Philosophie;* Hamburg 1971; S. 278–89
– *Objektive Erkenntnis. Ein evolutionärer Entwurf;* Hamburg 1973

Project on Information Technology and Political Islam (PITTPI); *Opening Closed Regimes: What Was the Role of Social Media During the Arab Spring?:* http://pitpi.org/index.php/2011/09/11/opening–closed–regimes–what–was–the–role–of–social–media–during–the–arab–spring/

Schiffer, Sabine ; *»Informationsmedien in der Postdemokratie. Zur Bedeutung von Medienkompetenz für eine lebendige Demokratie«*; in: in: Aus Politik und Zeitgeschehen (APuZ); 1–2/2011; Bonn 03.01.2011; S. 27– 32

Schulze–Fürstenow, Günther (Hg.); *Handbuch für Öffentlichkeitsarbeit (PR) – (Loseblattsammlung);* Neuwied

Scott, David Meerman; *Die neuen Marketing– und PR–Regeln im Web;* Heidelberg/München/Landsberg/Frechen/Hamburg 2010

Smith, Ronald D.; *Strategic Planning for Public Relations;* Mahwah/New Jersey 2005 (2)

Stegmüller, Wolfgang; *»Einige Beiträge zum Problem der Teleologie und der Analyse von Systemen mit zielgerichteter Organisation«*; in: *Synthese*, 1961: Band 13,1; S. 5–40
– *Probleme und Resultate der Wissenschaftstheorie und Analytischen Philosophie. Band 1 – Wissenschaftliche Erklärung und Begründung;* Berlin, Heidelberg, New York 1969

Stiglitz, Joseph E.; *Im freien Fall. Vom Versagen der Märkte – zur Neuordnung der Weltwirtschaft*; München 2011

Szyszka, Peter; Uta–Micaela Düring (Hg.); *Strategische Kommunikations–Planung (Praxis PR);* Konstanz 2008

Topitsch, Ernst (Hg.); *Logik der Sozialwissenschaften*; Königstein/Taunus 1980

Watzlawick, Paul; Janet H. Beavin; Don D. Jackson; *Menschliche Kommunikation – Formen, Störungen, Paradoxien (1969)*; Bern/Göttingen/Toronto/Seattle 2000 (1969)

Weintraub Austin, Erica; Bruce E. Pinkleton; *Strategic Public Relations Management. Planing and Managing Effective Communication Programs;* Mahwah/New Jersey 2006 (2)

Wittgenstein, Ludwig; *Tractatus logico–philosophicus –Logisch–philosophische Abhandlung* (1918)

Index:

Namen- und Sachregister

A

B

C

G

H

I

J

K

L

M

N

O

P

R

S

T

U

V

W

Y

Z

Noch mehr Know-how:

Bücher und Links

Noch mehr Know-how

Die Basis der PR Formel: »Kommunikation«

Heinz W. Droste
Kommunikation - Planung und Gestaltung öffentlicher Meinung
Band 1: Grundlagen

- *312 Seiten, 13 Abbildungen*
- *Paperback-Ausgabe: € 10.99 (im Buchhandel ab Oktober 2019 erhältlich)*
- *E-Book: € 9.90; ISBN: 978-3-9814882-0-3*
  (Online-Shop: www.pedion-verlag.de)

Heinz W. Droste
Kommunikation - Planung und Gestaltung öffentlicher Meinung
Band 2: Mechanismen

- *460 Seiten, 56 Abbildungen*
- *Paperback-Ausgabe: € 14.99 (im Buchhandel ab Oktober 2019 erhältlich)*
- *E-Book: € 12.90; ISBN: 978-3-9814882-2-7*
  (Online-Shop: www.pedion-verlag.de)

Über das Buch

»Kommunikation« stellt ein realistisches, empirisch abgesichertes Modell für die systematische Gestaltung von öffentlichen Meinungsbildungsprozessen vor. Basis des Buchs ist die vermutlich weltweit erste detaillierte Studie über die konzeptionellen Voraussetzungen von Kommunikation.

»Kommunikation« ist trotz der komplexen und schwierigen Thematik klar und verständlich formuliert. Annahmen und Thesen des Buchs werden für den Leser durchgängig nachvollziehbar und reich illustriert belegt. Der Autor stellt zahlreiche Fall-Beispiele aus Wirtschaft und Politik vor.

Zum Autor

Heinz W. Droste hat an der Heinrich-Heine-Universität, Düsseldorf, Soziologie, Psychologie und Philosophie studiert (M.A.). Mit einer Arbeit über Handlungs- und Systemtheorie promovierte er beim Soziologen Richard Münch.

Seit über 30 Jahren ist Droste als Kommunikations-Berater und Konzeptioner für Klienten aus Wirtschaft und Politik tätig. Darüber hinaus leitete er Projekte zur Erforschung von Innovations- und Kommunikationsprozessen in Wirtschaftsunternehmen und politischen Institutionen.

Droste hat bereits eine Reihe von Veröffentlichungen zur Konzeptionslehre und Kommunikationsberatung vorgelegt – darunter unter anderem Standardliteratur zur Finanzkommunikation (»Praktiker-Handbuch Investor Relations«).

Stimmen zu »Kommunikation«

Prof. Dr. Mario Bunge, McGill University, Montreal, Kanada, renommierter Wissenschafts-Philosoph - begutachtet Drostes neue Konzeptionslehre:

»To my knowledge, this is the first detailed study on the conceptual foundations of Communication and, in particular, Public Relations. Its author regards this field as a social technology, as well as needing a closer contact with sociology, and deserving of more empirical research, and a far more rigorous conceptual analysis than heretofore. (...)«

»Droste writes very clearly and elegantly, proposes good reasons for adopting or rejecting the views he examines, and includes a number of pertinent diagrams. Besides, he examines many pertinent examples from business and politics.«

Arne Girgensohn, *langjähriger Geschäftsführer eines internationalen Agentur-Netzwerkes und Inhaber einer Public Relations-Agentur:*

»(...) ***Lohnende Lektüre*** *- Interessant, ja sogar spannend bleibt die Begleitung des Autors über diese lange und bisweilen »steile« Text-Strecke durch den kontinuierlichen Bezug zur Praxis, zur Realität der Kommunikation. Zusätzliche Motivation erhält der Leser durch regelmäßige Zusammenfassungen und Übungsangebote am Ende eines jeden Kapitels. Wichtig ist das zweibändige Werk für alle, die mit Kommunikation zu tun haben. In Praxis und Wissenschaft, Wirtschaft, Verbänden und Politik. Für Anfänger ebenso wie für Fortgeschrittene in Public Relations und Werbung.«*

Der PR-Report rezensierte »Kommunikation« *(PR-Report 06/2011)*:

»***Der Zukunft zugewandt: Kommunikation braucht neue Konzeptionsansätze.*** *Manchmal lohnt es sich, das Pferd von hinten aufzuzäumen. Das, was der Kommunikationsberater Heinz W. Droste mit seinem zweibändigen Werk Kommunikation vorlegt, ist nicht nur ein Konzeptions-, sondern in erster Linie ein Wirkungsbuch. Das heißt: Wer die möglichen Folgen von Kommunikation nicht kennt, kann keine erfolgreiche Konzeptionsarbeit leisten. Und wer keine funktionierenden Konzepte entwickelt, kann Meinungsbildung nicht kontrollieren, verfehlt also das Ziel professioneller Kommunikation (...)«*

Die PR Formel laufend aktuell:
neue Beiträge, Fachinfomationen, Trainings und Workshops

Webseiten und Weblogs des Autors:

- *https://a-g-i-l.de*
- *https://droste-workshop.de*
- *https://droste-psychologie.de*

Kontakt zum Autor:

- *hd@droste-effect.com*